JA職員のための

融資・査定・経営相談に活かす

# 決算書の読み方

有限責任監査法人 トーマツ
JA支援室 著

経済法令研究会

3307

2015 年 11 月 17 日
経済法令研究会

## 『ＪＡ職員のための 融資・査定・経営相談に活かす 決算書の読み方』 お詫びと訂正のお願い

　標記書籍において、内容の一部に誤りがありました。誠に申し訳ございません。
　お詫びして下記のとおり訂正いたします。

記

◆ **90頁　11行目**
　（誤）インスタント・カバレッジ・レシオ
　（正）**インタレスト**・カバレッジ・レシオ

以　上

# はじめに

　昨今、農協改革や金融庁による検査の導入、組合員の高齢化などＪＡを取り巻く環境は激変し、ＪＡには、これまで以上に組合員や地域に寄り添った組織であることが求められるようになっています。一方で、社会的な注目が集まることで協同組合組織としての存在意義が広く認知され、ＪＡグループが飛躍的に発展する機会が増えているともいえます。

　本書では、ＪＡ職員の方々が組合員等の決算書を十分に活用し、融資の実行可否の判断や自己査定における債務者区分の判定、さらには組合員に対する経営相談機能の発揮に役立てることができるよう、とくに現場で悩みの多い「決算書の読み方」について、わかりやすく解説します。

　具体的には、まず、決算書を作成する前提である簿記の仕組みを解説するとともに、簿記から損益計算書、貸借対照表、キャッシュ・フロー計算書といった決算書が作成されるまでの流れやそれぞれの決算書の概要を、簡潔に解説します（第１章）。次に、中小零細な法人および個人事業主の決算書について、一般的な勘定科目および決算書分析の手法に加え、農業と不動産賃貸業の業種に絞ってポイントとなる勘定科目および決算書分析の目線を解説します（第２章～第５章）。さらに、応用として自己査定および経営相談時の決算書の活用について解説します（第６章、第７章）。

　本書が、ＪＡ職員の方々の行う日常の与信管理業務や資産査定業務に活用されるだけでなく、組合員等とのコミュニケーションに役立ち、その結果、農業をはじめとしたＪＡ組合員等の事業伸長、さらには地域社会の発展につながることができれば幸いです。

　なお、本書の意見にわたる部分については、執筆者の私見であることをあらかじめ申し添えます。

　最後になりますが、本書の執筆に際しまして、柳原正知氏が有限責任監査法人トーマツＪＡ支援室に残していただいた、膨大かつ緻密な知見、ＪＡグループとのリレーションに敬意を表します。また、編集および校正、そして当法人の至らない執筆作業にご尽力賜り、寛大なご配慮をいただいた経済法令研究会出版事業部の菊池一男氏、北脇美保氏に心より御礼を申し上げます。

2015年９月

有限責任監査法人　トーマツ　ＪＡ支援室

JA職員のための
融資・査定・経営相談に活かす
# 決算書の読み方

はじめに

## 第1章　簿記と決算書の関係

　第1節　簿記とは……………………………………………………2
　第2節　取引と記帳の関係…………………………………………6
　第3節　決算と確定申告……………………………………………10
　第4節　損益計算書とは……………………………………………14
　第5節　貸借対照表とは……………………………………………19
　第6節　キャッシュ・フロー計算書とは…………………………24

## 第2章　法人決算書・確定申告書のポイント

　第1節　法人決算について…………………………………………32
　第2節　法人貸借対照表のポイント………………………………35
　第3節　法人損益計算書のポイント………………………………45
　第4節　勘定科目明細書……………………………………………50

iv

## 第3章　個人決算書・確定申告書のポイント

　第1節　個人決算書と確定申告書の関係……………………56
　第2節　確定申告書の構成……………………………………61
　第3節　債務者が死亡した場合の準確定申告書の取扱い………68

## 第4章　決算書分析の基礎

　第1節　定量分析と定性分析…………………………………74
　第2節　単年度及び複数期間実数分析………………………77
　第3節　財務比率分析…………………………………………87
　第4節　定性分析………………………………………………96
　第5節　粉飾の兆候……………………………………………99

## 第5章　農業および不動産賃貸業の決算書分析

　第1節　農業の決算書等の特徴………………………………106
　第2節　農業の決算書分析……………………………………111
　第3節　不動産賃貸業の決算書等の特徴……………………125
　第4節　不動産賃貸業の決算書分析…………………………130

## 第6章　与信管理および自己査定の基礎

　第1節　与信管理とは…………………………………………140
　第2節　与信管理と決算書……………………………………143
　第3節　自己査定とは…………………………………………146

| 第4節 | 債務者情報としての決算書 | 152 |
| --- | --- | --- |
| 第5節 | 実態貸借対照表と実態損益計算書 | 154 |
| 第6節 | 債務者区分の総合判断 | 158 |
| 第7節 | キャッシュ・フローによる債務償還年数 | 161 |
| 第8節 | 実質債務超過解消年数 | 169 |
| 第9節 | 担保評価 | 171 |

## 第7章　経営改善への取組み

| 第1節 | 経営相談機能の必要性 | 180 |
| --- | --- | --- |
| 第2節 | 経営改善計画とは | 183 |
| 第3節 | 経営理念と経営目標 | 186 |
| 第4節 | 現状分析 | 189 |
| 第5節 | 経営分析フレームワーク | 191 |
| 第6節 | 具体的な計画の作成と管理 | 195 |
| 第7節 | 債務者区分と経営改善計画（実抜計画・合実計画）の関係 | 200 |
| 第8節 | ＪＡにできる経営改善支援の具体策 | 203 |

参考文献・資料

著者紹介

---

**本書の内容に関する訂正等の情報**

　本書は内容につき精査のうえ発行しておりますが、発行後に訂正（誤記の修正）等の必要が生じた場合には、当社ホームページ（http://www.khk.co.jp/）に掲載いたします。

　　　　（ホームページトップ：メニュー　内の　追補・正誤表　）

# 簿記と決算書の関係

第1節　簿記とは
第2節　取引と記帳の関係
第3節　決算と確定申告
第4節　損益計算書とは
第5節　貸借対照表とは
第6節　キャッシュ・フロー計算書とは

# 第 1 節　簿記とは

> **Key Message**
> 簿記の基本的なルールを押さえれば、法人や個人の経済活動を記録することができます

## 簿記と決算書を学ぶにあたって

　この本を読まれている方には「決算書の読み方がわからない」「決算書はとっつきにくい」「なんだか数字ばかりで難しそう」といった感想をお持ちの方も多いのではないでしょうか。

　決算書は簿記とよばれる経済活動の記録に基づいて作成されます。決算書や簿記にはルールがあるので、「専門知識がないとわからない」と誤解されがちですが、決算書を読めるようになるために押さえておくべきルールは、実はそれほど多くはありません。まずは、簿記の基本を押さえること、それから実務で慣れていくことが、決算書の読み方を身につける早道です。この節では決算書を読むための簿記の基本を説明します。

## 簿記の意義と目的

　簿記の語源は諸説ありますが、「帳**簿記**録」が短縮されたとする説や、英語の簿記を表す「**bo**ok **ke**eping」が語源との説があります。この語源の話からもわかるように、帳簿に法人や個人の経済活動、すなわち、お金の出入りやモノの出入りを記録することを簿記といいます。そして、簿記には次の2つの目的があります。

**目的①**　お金やモノの出入りを記録し、法人や個人の「財政状態」を明らかにすること

　財政状態とは、現金や預貯金、商品、土地、建物のような「資産」（財産）と、借入金や経費の未払金のような「負債」（債務・マイナスの資産）が、どのようになっているかを表したものです。

**目的②**　お金やモノの出入りを記録し、法人や個人の「経営成績」を明らかにすること

　経営成績とは、「儲け」（利益）がいくらであるのかを表したものです。

図表1－1　簿記の目的

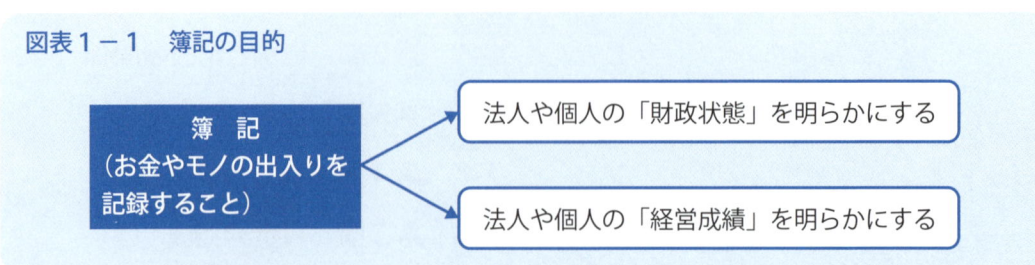

## 単式簿記と複式簿記

　簿記を考えるにあたって、一番身近な現金の出入りを記録する帳簿である「現金出納帳」を例に考えてみましょう。家計簿のような現金出納帳では、現金の収入と支出（例えば、給料による現金収入や電気代・水道代・食費等といった家計の支出）が記録されます。このように現金という特定の財産の増減を記録する簿記を**単式簿記**といいます。特定の財産の増減（現金出納帳の場合は「現金」）に着目していることがポイントです。

　現金出納帳では現金の収支が赤字なのか黒字なのか、今現金がいくらあるのかということはわかります。しかし、現金が使われた結果どのような財産が増えたのか、あるいは借入金のような負債がいくら残っているのかといったことは、別途集計しなければ把握することができません。

　個人の家計であれば、家計簿で現金の残高を管理しておけば必要な情報は概ね収集できますが、さまざまな経済活動を行っている法人や個人事業主にとっては、現金の収支のみでは事業経営にあたって十分な情報とはいえません。そのため、情報量が多く、取引記録を財政状態と経営成績に集約できる簿記の方法である**複式簿記**を採用するのが一般的です。決算書は通常、複式簿記を前提に作成されており、本書でも複式簿記を前提に説明を行います。

> **参考1　単式簿記だけでは経営成績と財政状態が把握できない理由**
>
> **設例**：ある法人は現金1,000万円を元手に設立されました。設立後1年間の現金収支は以下のとおりです。法人の経営成績（利益）と財政状態（資産と負債）を計算してください。
> ・収入：3,000万円（現金売上1,000万円、売掛金回収1,000万円、借入金1,000万円）
> ・支出：1,700万円（商品仕入1,000万円、水道光熱費支払100万円、備品購入500万円、借入金返済100万円）

　設例の記載から、1年間の現金収支が1,300万円（3,000万円－1,700万円）であること、手元現金残高が2,300万円（1,000万円＋1,300万円）であることはわかりますが、経営成績（利益）や財政状態（資産と負債）となるとこれだけでは集計ができません。なぜでしょうか。

　利益を計算するためには、売上高－（売上原価＋経費）＝利益という計算式で計算を行うことになり、1年間の売上高、売上原価、経費を把握する必要があります。

　まず、売上高ですが、現金売上が1,000万円となっていますが、実はこれ以外にも掛販売した売上（後日入金される条件で販売した売上）が存在しています。掛売上の回収金額1,000万円とありますが、未回収額がいくらなのかここからは読み取ることができません。売上高の総額を把握するには、掛売上が総額でいくらあるのかという情報が必要です。

　次に、売上原価（販売した売上の原価）についてはどうでしょうか。売上原価は商品仕入高から売れ残っている在庫を差し引いて計算しますが、掛で仕入れた金額や売れ残った在庫の金額を帳簿から把握できないため、こちらも集計することができません。

　経費では、水道光熱費で請求書は届いているが未払いになっているものがある場合、この金額を経費に加えなければなりません。また、備品が複数年にわたって使用できる場合には、購入した年度に支出額全額を利益の計算に含めることは適切ではないといえます。

　このように、現金出納帳のような単式簿記では情報が少なく、経営成績や財政状態を把握することができません。複式簿記により経済活動に関する幅広い情報を収集する必要があります。

|   |   | 収入 | 支出 |
|---|---|---|---|
| 設立 | 元手 | 1,000 |  |
| 1年間の活動 | 借入金 | 1,000 |  |
|  | 商品仕入 |  | 1,000 |
|  | 現金売上 | 1,000 |  |
|  | 売掛金回収 | 1,000 |  |
|  | 水道光熱費支払 |  | 100 |
|  | 備品購入 |  | 500 |
|  | 借入金返済 |  | 100 |

- 掛での仕入分はいくら？
- 仕入れた商品は、すべて売れた？
- どれだけ残っている？
- 掛での売上分はいくら？
- 売掛金は、すべて回収されている？
- 今年度分の水道光熱費は、すべて支払った？
- 購入した備品は、1年間で全部使った？

⬇

結局、1年間で、いくら儲かった？？　　商品や掛での取引は、どれくらい残っている？？

#### 参考2　経営成績と財政状態を計算してみましょう

参考1の設例に以下の追加の情報があるとして、経営成績と財政状態を計算してみましょう。売掛金未回収額は1,000万円、商品在庫（売れ残った商品）500万円、掛による商品仕入の未払額1,000万円、請求書は到着しているが支払未了の水道光熱費200万円、備品の減価償却費（1年間の資産価値の目減り額）50万円です。

〈経営成績の計算〉

売上高3,000万円[*1]、売上原価1,500万円[*2]、経費350万円[*3] ⇒利益1,150万円

* 1　現金売上1,000万円＋掛売上2,000万円（回収済1,000万円＋未回収額1,000万円）
* 2　商品仕入高2,000万円（現金仕入1,000万円＋掛仕入1,000万円）－商品在庫500万円
* 3　現金支払経費100万円＋請求書到着分200万円＋減価償却費50万円

〈財政状態の計算〉

現金2,300万円、売掛金1,000万円、商品500万円、備品450万円[*1] ⇒資産合計4,250万円
借入金900万円[*2]、買掛金1,000万円、未払金200万円 ⇒負債合計2,100万円

* 1　500万円－減価償却費50万円
* 2　借入収入1,000万円－返済額100万円

## 簿記と決算書

　複式簿記で経済活動を記録する際に使用する数値には、**フロー**と**ストック**という考え方があります。フローとは一定期間（計算期間）の取引額のことで、ストックは一定時点における金額を意味します。例えば、1年間の売上高やその売上原価、支払手数料といったものはフロー、決算日時点（期末ともいいます）の現金残高や商品金額、借入金の残高はストックというように用います。

　簿記には一定時点の財政状態を明らかにする目的と一定期間の経営成績を明らかにする目的があると説明しましたが、決算書はこの目的に合うように作成されています。

　決算書のうちストックの数値を使って一定時点の財政状態を表すために作成されるのが貸借対照表で、フローの数値を使って一定期間の経営成績を表すために作成されるのが損益計

算書です。貸借対照表と損益計算書は、決算書のなかで最も重要です。

なお、法人には、貸借対照表と損益計算書を作成する際の基本的なルールとして、「企業会計原則」という基準が存在します。

図表１－２　簿記の目的と使用数値、決算書の関係

| 目　的 | 使用する数値 | 決算書の名称 |
|---|---|---|
| 財政状態を明らかにする | ストック（時点） | 貸借対照表 |
| 経営成績を明らかにする | フロー（期間） | 損益計算書 |

## 複式簿記の５要素

複式簿記では、法人や個人事業主のすべての経済活動を「資産」「負債」「純資産（資本）」「費用」「収益」の５つの要素に分解し、その５つの要素の増減を記録することにより、簿記の目的である財政状態と経営成績の計算を行います。

この５つの要素のうち、資産・負債・純資産はストックの数値として貸借対照表の構成項目となり、財政状態を表します。また、収益と費用はフローの数値として損益計算書の構成項目となり、経営成績を表します。

図表１－３　複式簿記の５要素

| ５要素 | 説　明 | 決算書の構成 |
|---|---|---|
| 資　産 | 現金、預貯金、商品、土地や建物等の不動産等の財産 | 貸借対照表 |
| 負　債 | 買掛金、未払金、預り金、借入金といった債務 | |
| 純資産（資　本） | 個人事業主や株主が拠出した元手 | |
| 収　益 | 売上、預貯金利息、資産売却益等の利益を増やす項目 | 損益計算書 |
| 費　用 | 売上原価、支払利息、経費等の利益を減少させる項目 | |

貸借対照表に関連する３つの要素には「資産＝負債＋純資産」という関係が成立します。これは貸借対照表等式とよばれます。損益計算書に関連する収益、費用については、「費用＋純利益＝収益」という関係が成立します。これは損益計算書等式とよばれます。

複式簿記では、あらゆる経済活動が５つの要素に分解されて、その増減が記録されます。例えば、現金の増加が800万円あった場合、単式簿記では現金の増加のみを記録しますが、複式簿記では、なぜ現金が増加したか（例えば、売掛金を回収した場合は資産が減少したことにより現金が増加した、借入により現金が増加した場合には負債が増加したことにより現金が増加した等）の原因を考え、現金の増加という結果とその原因に整理して記録します。

単式簿記では現金の収入、支出の側面に注目した記録が行われなかったことと比較して、複式簿記では、現金がなぜ動いたのかという原因についても記録されることが大きな違いとなります。これにより、常に結果と原因が複式簿記の５要素に分解して記録されることになります。

## 第2節　取引と記帳の関係

**Key Message**
　8パターンの仕訳ルールの理解と全体像の理解が複式簿記のポイントです

### 簿記上の取引

　簿記の世界では、帳簿に記入される「商品の販売」や「借入金の返済」といった経済活動の一つひとつのことを「取引」とよびます。取引とは複式簿記の5要素、すなわち「資産・負債・純資産・収益・費用」を増減させる事象と定義することができます。

　顧客に商品を販売したり、商品を買ったり、金融機関から借入を行ったりといった事象はもちろん取引ですが、火災で建物が焼失したことや商品が盗難にあったといった、世間一般では取引とはいわない事象についても、複式簿記の5要素を増減させるため、簿記上は取引として取り扱います。

**図表1－4　簿記上の取引**

◆現金で商品を購入

→　現金（資産）の減少と商品（資産）の増加　→　**取引**

◆火災で建物が焼失

→　建物（資産）の減少と損失（費用）の増加　→　**取引**

### 勘定科目

　複式簿記は取引を資産・負債・純資産・収益・費用の5要素に分けて記録しますが、実際の記録にあたっては、5要素をより性質を表すように細分化した「勘定科目」とよばれる単位まで分解して記録します。例えば資産については、現金、預貯金、商品、土地、建物といったものが資産を表す勘定科目となります。勘定科目は決算書につながる記録の集計単位であり、すべての取引はこれらの勘定科目単位で記録されます。

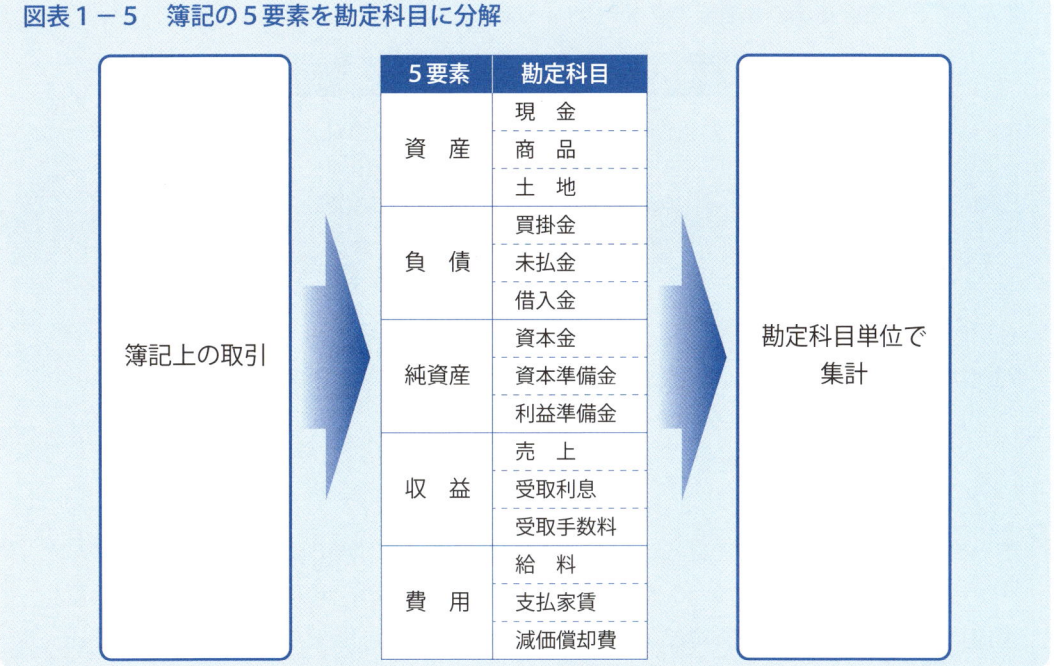

図表1－5　簿記の5要素を勘定科目に分解

## 仕訳

　簿記を理解するうえで重要なポイントの1つが**仕訳（しわけ）**とよばれる作業です。複式簿記は、取引を結果と原因の2つの面に分解して記録する特徴があると説明しました（本章第1節「複式簿記の5要素」参照）。仕訳とは、取引を2つの面に分けて、勘定科目ごとに「分け」て帳簿に記入することを意味します。理解するためのポイントは次の3点です。

**ポイント①　借方（かりかた）と貸方（かしかた）を理解する**

　仕訳を行うときには、勘定科目を左側と右側に区分して記載を行います。簿記の世界では慣習的に左側のことを**「借方」**、右側のことを**「貸方」**とよんでいます。勘定科目を借方と貸方に分けて集計を行っていくことがポイントの1つ目になります。

**ポイント②　複式簿記の5要素の仕訳ルールを理解する**

　仕訳で取引を分解するにあたっては、取引によってどの勘定科目がどのように増減したかを考えます。そして、次の図表に示す8パターンの基本的なルールに従って、借方または貸方に記録することになります。

　例えば現金や商品のような資産が増えるときには借方（左側）に記入する、借入金のような負債が増加したときには貸方（右側）に記入する、といったものです。複式簿記の5要素ごとに増加、減少の記入ルールがあります。

**ポイント③　借方の合計と貸方の合計は必ず一致することを理解する**

　取引を原因と結果の2つの面に分解して記録するため、1つの取引で必ず2つ以上の勘定科目に記入が行われます。借方と貸方それぞれに1つ以上記入されるとともに、借方と貸方の合計額が一致します。これを、**「貸借一致の原則」**といいます。

図表１－６　複式簿記の５要素の基本的なルール

| 借方（かりかた） | 貸方（かしかた） |
|---|---|
| 資産の増加 | 資産の減少 |
| 負債の減少 | 負債の増加 |
| 純資産の減少 | 純資産の増加 |
| 費用の増加 | 収益の増加 |

〈仕訳の例〉

◆取引内容：現金での売上10万円が発生した（資産の増加：収益の増加）

　　　　（借）　現　金　　100,000　　　（貸）　売　上　　100,000

> 取引を勘定科目単位の借方と貸方に分解します。分解の基本ルールは上に示した８つのパターンとなります。この例の場合、売上計上という「収益の増加」により現金という「資産が増加」しているため、現金の増加を借方に記載し、収益の増加を貸方に記載しています。

◆取引内容：300万円の車を現金で購入した（資産の増加：資産の減少）

　　　　（借）　車両運搬具　3,000,000　　（貸）　現　金　　3,000,000

◆取引内容：借入金50万円を現金で返済した（負債の減少：資産の減少）

　　　　（借）　借入金　　500,000　　（貸）　現　金　　500,000

◆取引内容：給料100万円を、預貯金から支払った（費用の増加：資産の減少）

　　　　（借）　給　料　　1,000,000　　（貸）　預貯金　　1,000,000

◆取引内容：商品80万円を40万円は現金で残りの40万円は掛で購入した（資産の増加：資産の減少・負債の増加）

　　　　（借）　商　品　　800,000　　（貸）　現　金　　400,000
　　　　　　　　　　　　　　　　　　　　　　　買掛金　　400,000

> 仕訳では、借方・貸方それぞれ勘定科目が複数となる場合があります。借方と貸方の合計額は必ず一致します。

## 簿記の全体像

　簿記の理解にあたり、仕訳の理解が非常に重要であることを説明しましたが、もう1つの重要なポイントが、簿記の全体像を理解することになります。「全体像」というと難しく聞こえますが、仕訳によって記帳された取引が、その後どのような流れを経て貸借対照表や損益計算書になっていくのかという流れの理解と考えてください。仕訳から最終的な決算書作成までの流れを「簿記一巡」といいますが、この一巡の理解が簿記の理解を深めるうえで非常に重要です。

　簿記一巡は次の図表のとおりであり、ポイントは2つあります。

ポイント①　日常業務と決算業務の違いを理解する

　簿記には日常業務で行われる記録という段階と、決算という計算期間の区切りごとに実施する総まとめ・修正作業という2つの段階があります。決算業務については本章第3節で解説します。

ポイント②　日常業務における、取引の仕訳から総勘定元帳への流れを理解する

　日常業務において、取引が発生した場合には、その内容を分解して仕訳を行い「仕訳帳（仕訳伝票）」へ記入します。「仕訳帳（仕訳伝票）」では取引の発生順に仕訳が記入・保管されるため、それぞれの勘定科目の合計がいくらになっているか把握することができません。そこで、仕訳のつど、現金や売上といった勘定科目ごとの取引発生額を「総勘定元帳」（そうかんじょうもとちょう）という帳簿に記入して、合計金額を常に把握できるようにします。

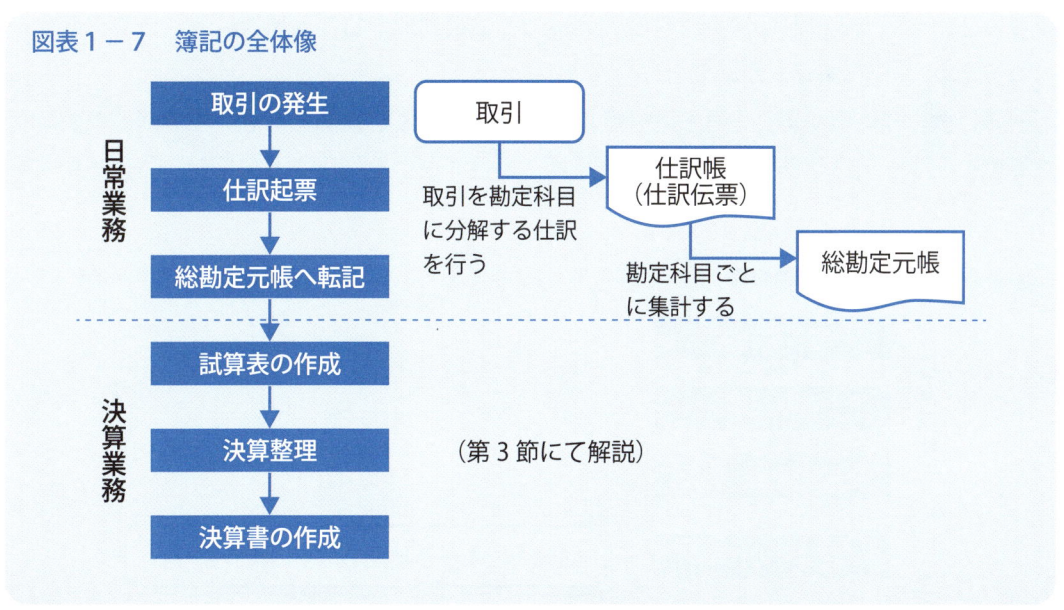

図表1-7　簿記の全体像

# 第3節 決算と確定申告

**Key Message**
決算で算定された利益が確定申告により申告する税金計算の基礎となります

## 決算の意義

　前節では、簿記の全体像には日常業務の段階と「決算業務」という計算期間の区切りごとに実施する総まとめ・修正作業の段階があることを解説しました。ここではこの決算について解説します。なお、計算期間の区切りのことを会計期間といいます。

　1年を会計期間とする法人の場合、日常業務で仕訳帳に起票され、総勘定元帳に転記された取引は1年分蓄積されることになり、膨大な情報が記録されています。この1年間の取引を集約して一覧にしたものが**「試算表」**（しさんひょう）です。試算表をみると、1年間の売上がいくらであったのか、経費はいくらであったのかなどの情報を読み取ることができます。

　この試算表に、決算にあたり修正が必要となる処理（これを**決算整理**とよびます）を反映させて、貸借対照表と損益計算書が作成されます。ここで重要な点は、日常業務で積み上げられたもののみでは決算書が完成しないということです。日常業務で積み上げられた結果を試算表という形で集計し、決算整理を加えることで最終的な貸借対照表、損益計算書が作成されるため、「決算業務」が必要となります。

　決算日後、経理部が忙しくなるということを耳にすることがあると思いますが、これは、試算表を作成し決算整理を行い、貸借対照表と損益計算書を作成する業務が一気に集中するためです。

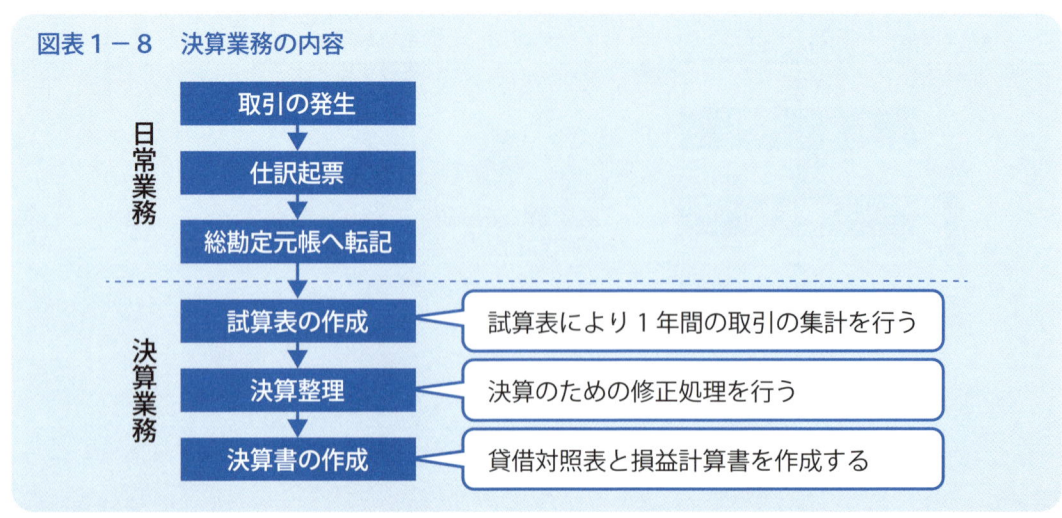

図表1-8　決算業務の内容

## 決算と税金計算

決算書や簿記の目的について、これまで法人や個人事業主の財政状態や経営成績を明らかにすることだと説明してきましたが、決算書には税金計算の面でも大きな役割があります。

税金の計算は、法人の場合も個人事業主の場合も、基本は決算書によって計算された利益を基礎に「所得」を算定し、その所得に税率を掛けることによって行います。この所得の計算において、仕訳による帳簿記録や決算書により算定された利益が用いられるところがポイントです。つまり、決算により算定された利益は、所得という形に調整が行われて税金計算のベースとなる関係にあり、税金計算とも密接な関係があります。

図表1－9　決算書の利益の利用目的

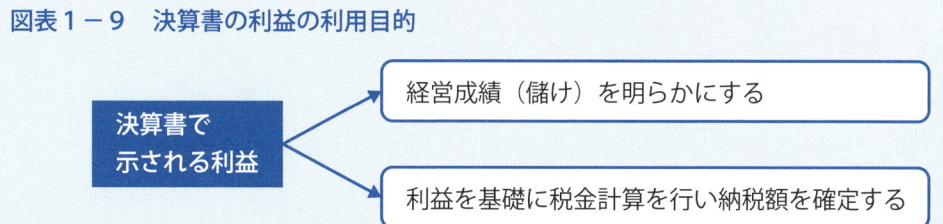

## 簿記と確定申告

法人や個人事業主は、決算によって利益（所得）の計算を行い、これに基づいて税務申告書を作成して税金を納付しなければなりません。これを「**確定申告**」といいます。

簿記と確定申告の関係については、決算で算定された利益が税金の確定申告の基礎となることに加え、もう1つ重要なポイントがあります。

複式簿記により帳簿を作成し、税務署長から承認を得た法人や個人は、「**青色申告**」という特典を得ることができます。「青色申告」に比較される申告方法としていわゆる「白色申告」がありますが、青色申告をすると（複式簿記による帳簿作成という手間がかかることに対する特典として）白色申告に比べて、税務上のさまざまな特典を受けることができます。

図表1－10　青色申告制度の代表的な特典の例

| 内　容 | 説　明 |
|---|---|
| 青色申告特別控除 | 事業所得等から最大65万円を控除することができる（個人のみ） |
| 青色事業専従者給与 | 一定の要件を満たした家族を「青色専従者」として届けることにより、家族への給与を費用として計上することができる（個人のみ） |
| 少額減価償却資産の特例 | 30万円未満の固定資産を購入した場合、一括で費用処理することができる（個人または中小企業者である法人） |
| 損失(赤字)の繰越 | 損失（赤字）が出た場合にはこれを繰り越して、翌年以降の利益と相殺し、翌年以降の課税所得を節減することができる（繰越可能期間は法人は原則として9年、個人は3年） |

## 申告調整とは

　先ほど、決算書によって計算された利益を基礎に「所得」を算定し、その所得に税率を掛けることによって税金計算が行われることを説明しました。ここでは「利益」と「所得」の関係と法人や個人事業主の税金計算の概要をみていきましょう。

　まず、簿記や決算書において計算される利益は、「収益－費用＝利益」の計算式で算定され、会計上の利益とよばれます。収益、費用は複式簿記の5要素のうちフローとしての性質を有するものであり、損益計算書の構成項目です。

　次に、税金計算では、法人の場合は「益金（えききん）－損金（そんきん）＝所得」、個人事業主の場合は「総収入－必要経費＝所得」の計算式で所得の計算が行われ、所得は税務上の利益とよばれることもあります。

　法人の税金計算で使用される益金と損金は、法人税法上の用語です。税金計算も法人の簿記記録を基礎に行われることから、収益と益金、費用と損金は重なる部分が多いといえます。しかし、完全に同じではないということに注意する必要があります。法人税申告書を作成するには、簿記によって記録された会計上の利益をスタート金額としてさまざまな調整をして所得を算定しますが、この調整作業・過程のことを「申告調整」といいます。

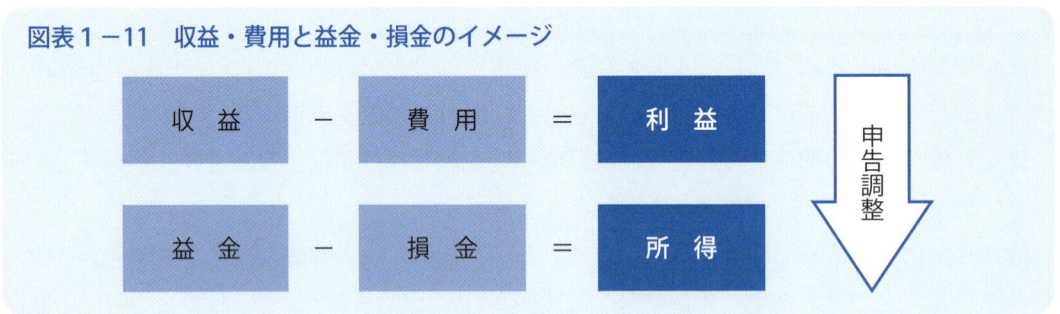

図表1－11　収益・費用と益金・損金のイメージ

　申告調整は大別して4種類あります（益金算入、益金不算入、損金算入、損金不算入）。例えば、法人が保有している子会社株式からの配当金は、簿記では「受取配当金」として収益に計上されますが、税務上は益金に入りません（益金不算入）。また、交際費についても、簿記では「交際費」として費用に計上されますが、税務上は一定金額以上の交際費は損金として認められません（損金不算入）。

　簿記によって記録および集計される会計上の利益と、税金計算上の所得が完全には一致しないのは、利益と所得の目的が異なるためです。利益は「経営成績（儲け）を明らかにする」ことを目的に計算されるのに対し、所得は課税を目的に計算される点で相違します。すなわち、会計上の利益は「利益（儲け）が過大となっていないか」という観点から、収益の過大計上・費用の過小計上を慎重に取り扱うことを求められるのに対して、課税を目的として算定される税務上の利益（所得）は「所得が過小となっていないか」という観点から、益金の過小計上・損金の過大計上を慎重に取り扱うことが求められることになります。こうした目的の違いが収益と益金の違い、費用と損金の違い、そして利益と所得の違いとして表れ

ます。

　なお、個人事業主の税金計算で使用される総収入と必要経費は、所得税法の用語です。法人と同様に、収益と総収入、費用と必要経費はそれぞれ重なる部分が多くなります。しかし、個人の所得税申告書の作成にあたっては「申告調整」という作業はなく、法人とは異なり会計上の利益をスタート金額とせずに、所得税法の規定に従って総収入と必要経費を集計し、所得を求めることになります。もっとも、個人の場合であってもとくに青色申告を行う場合には、簿記記録を用いて事業所得を算定することが求められるため、簿記記録は必要です。

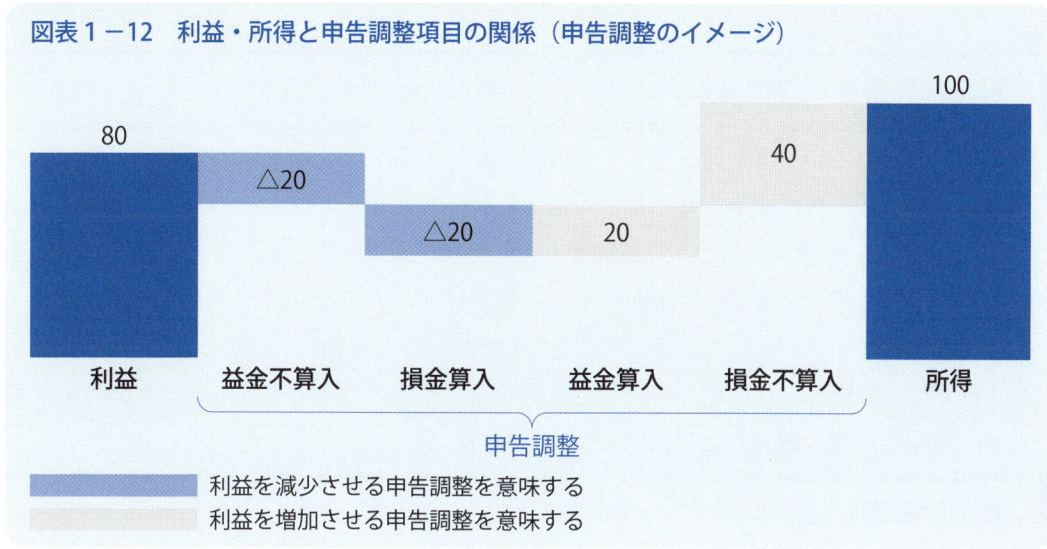

図表1－12　利益・所得と申告調整項目の関係（申告調整のイメージ）

利益を減少させる申告調整を意味する
利益を増加させる申告調整を意味する

図表1－13　収益・費用と益金・損金の相違の例

| 内　容 | 具体例 |
|---|---|
| 収益と益金が一致する例 | 売上、受取利息、受取手数料など |
| 収益に該当しないが、益金となる例（「益金算入」） | 利益計算において売上計上がもれてしまったものを所得計算上、加算するような例が考えられる |
| 収益に該当するが益金とならない例（「益金不算入」） | 所得計算上、受取配当金の一部は益金不算入となる |
| 費用と損金が一致する例 | 売上原価、支払利息、給与など |
| 費用に該当しないが、損金となる例（「損金算入」） | 青色申告法人の場合、所得計算にあたり、繰越欠損金を控除することができる |
| 費用に該当するが損金とならない例（「損金不算入」） | 一定限度を超過した交際費は所得計算において、損金不算入となる |

　申告調整は大別して4種類あると説明しましたが、調整の大部分は「損金不算入」項目の調整となります。これは、所得計算の目的が課税のためであることに深く関係しています。すなわち、帳簿記録で記載された費用を税金計算上無制限に損金としてしまうと、税金の徴収に支障が生じるため、費用と損金の間の調整が申告調整の中心となります。

# 第4節 損益計算書とは

損益計算書は、どのようにいくら儲けたかを示します

## 損益計算書からわかること

　営利を目的としている事業体（法人・個人事業主）であれば、事業体の最大の目的はできる限り大きな儲けを獲得することです。ただし、製品を販売して儲けることと、預貯金を預けて利息を受け取り儲けることは、同じ儲けでも意味が全く異なってきます。儲けにもさまざまな種類があります。損益計算書を読めば、事業体がどのような活動を通じて儲けたか、一目瞭然となります。

　この節では、最終的には取引先の損益計算書を読むことができるようになるための第1歩として、損益計算書の概念および構造について解説します。

## 損益計算書とは

　**損益計算書**とは、出資者、債権者その他の利害関係者に対して事業体の**経営成績**を明らかにするために、ある会計期間に発生したすべての収益とそれに対応するすべての費用とを記載し、その事業体がその期間にどれだけの利益を儲けたかを示す決算書のことです。損益計算書は、英語でProfit and Loss Statementと表記されるため、略して**P/L（ピーエル）**とよぶこともあります。

　ここで利益とは、収益から費用を差し引いたものをいい、次の図表のようなイメージとなります。

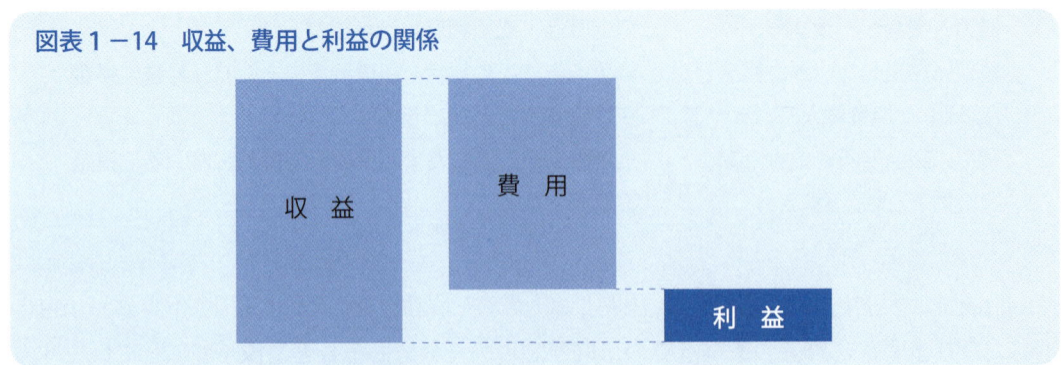

図表1-14　収益、費用と利益の関係

図表とは反対に、費用が収益よりも大きい場合にはマイナスの差額となり、これを損失といいます。収益、費用、利益、損失の関係を示すと次のようになります。

**収益＞費用 → 利益**
**収益＜費用 → 損失**

　事業体が利益を計上することは、本章第５節「貸借対照表とは」で説明する純資産を増加させますが、一方で損失は事業体の純資産を減少させます。これを数式で示すと、次の等式が成り立ちます。

**期首（前期末）純資産＋利益＝期末純資産**
**期首（前期末）純資産－損失＝期末純資産**

　損益計算書は、利益や損失、つまり損益が事業体のどのような活動を通じて発生したかを開示する決算書であるともいえます。

## 損益計算書の様式

　損益計算書の様式には、貸方に収益に関する科目、借方に費用に関する科目を記載する、いわゆるＴ字型の勘定形式を採用した勘定式損益計算書と、最初に売上高を記載してそこから区分ごとに各科目を上から順に加減算して記載していく報告式損益計算書の２つの様式があります。それぞれの様式のイメージについては、次の図表を参照してください。

　損益計算書の様式には２つありますが、企業会計原則において損益計算書は報告式を採用すべきとしており、また、勘定式損益計算書では営業利益や経常利益等が表示されないなどの不都合があるため、ほとんどの事業体が報告式損益計算書を採用しています。その結果、一般的に損益計算書とは報告式損益計算書を指すことが多くなっています。

**図表１－15　勘定式損益計算書**

損益計算書
平成　年　月　日から平成　年　月　日まで
（単位：円）

| 費　用 | 金　額 | 収　益 | 金　額 |
|---|---|---|---|
| 売　上　原　価 | ○○○ | 売　上　高 | ○○○ |
| 販売費及び一般管理費 | ○○○ | 受　取　利　息 | ○○○ |
| 支　払　利　息 | ○○○ | 固定資産売却益 | ○○○ |
| 固定資産売却損 | ○○○ |  |  |
| 法人税、住民税及び事業税 | ○○○ |  |  |
| 当　期　純　利　益 | ○○○ |  |  |
| 合　　　　　計 | ○○○ | 合　　　　　計 | ○○○ |

### 図表1−16 報告式損益計算書

**損益計算書**

自 平成○○年○月○日
至 平成○○年○月○日

(単位:百万円)

| 項　目 | 金　額 | |
|---|---|---|
| 売上高 | | ○○○ |
| 売上原価 | | ○○○ |
| 　　　　売上総利益 | | ○○○ |
| 販売費及び一般管理費 | | ○○○ |
| 　　　　営業利益 | | ○○ |
| 営業外収益 | | |
| 　受取利息 | ○○ | |
| 　受取配当金 | ○○ | |
| 　雑収入 | ○○ | |
| 　　　　営業外収益合計 | | ○○ |
| 営業外費用 | | |
| 　支払利息 | ○○ | |
| 　手形譲渡損 | ○○ | |
| 　雑支出 | ○○ | |
| 　　　　営業外費用合計 | | ○○ |
| 　　　　経常利益 | | ○○ |
| 特別利益 | | |
| 　固定資産売却益 | ○○ | |
| 　投資有価証券売却益 | ○○ | |
| 　前期損益修正益 | ○○ | |
| 　　　　特別利益合計 | | ○○ |
| 特別損失 | | |
| 　固定資産売却損 | ○○ | |
| 　減損損失 | ○○ | |
| 　災害による損失 | ○○ | |
| 　　　　特別損失合計 | | ○○ |
| 　　　　税引前当期純利益 | | ○○ |
| 　　　　法人税、住民税及び事業税 | | ○○ |
| 　　　　法人税等調整額 | | ○○ |
| 　　　　当期純利益 | | ○○ |

(出典)中小企業庁「中小企業の会計34問34答(平成23年指針改正対応版)ツール集」をもとにトーマツ作成

## 損益計算書の構造

　実際の損益計算書には、さまざまな科目、数字が並びますが、損益計算書の基本的な構造は、モノ（商品や製品）やサービスを売った対価である「売上高」から、さまざまな費用を差し引いた最終的な儲けである「当期純利益」までを計算するだけの非常に単純なものです。

　費用には、製品を作る際に発生した材料費、人件費から、製品を売るために支払った広告宣伝費、借入金の支払利息、税金までさまざまな費用があるため、損益計算書のなかでは、費用をいくつかの種類に分類し、最終的な儲け（当期純利益）を計算するまでの途中段階での各段階利益を計算する構造となっています。いいかえると、収益－費用＝利益の反復の結果、最終的な儲けである当期純利益を計算するのが、損益計算書になります。

　各段階利益の説明と損益計算書の基本的な構造は、次の図表のとおりです。

### 図表1－17　損益計算書の構造

基本的に、「収益（売上）－費用＝利益」を繰り返し、最終的な儲け（当期純利益）を把握する

**損益計算書**

| | | |
|---|---|---|
| ＋ | 売上高 | 製品を売って得たお金 |
| － | 売上原価 | 製品を作るのにかかったお金 |
| ＝ | **①売上総利益（「粗利」）** | 売った製品そのものの儲け |
| － | 販売費及び一般管理費（「販管費」） | 製品を売るためにかかったお金 |
| ＝ | **②営業利益** | 本業での儲け |
| ＋ | 営業外利益 | 受け取った利息など |
| － | 営業外費用 | 支払った利息など |
| ＝ | **③経常利益** | 通常の経営活動での儲け |
| ＋ | 特別利益 | 固定資産を売って得たお金など |
| － | 特別損失 | 災害で失ったお金など |
| ＝ | **④税引前当期純利益** | 会計期間に起こったすべてを加味した儲け |
| － | 法人税、住民税及び事業税 | 支払う税金 |
| ＝ | **⑤当期純利益** | 最終的な儲け |

　利益を何段階にも分けることによって、事業体がどのような活動によっていくらの利益を獲得したかを区分して示すことができます。事業体は決算書の利用者への活動報告をより詳細に行うことが可能となり、また、決算書の利用者にとっては、事業体の活動内容をより詳細に把握することが可能となります。

　全部で5つある各段階利益のイメージは次の図表のとおりです。

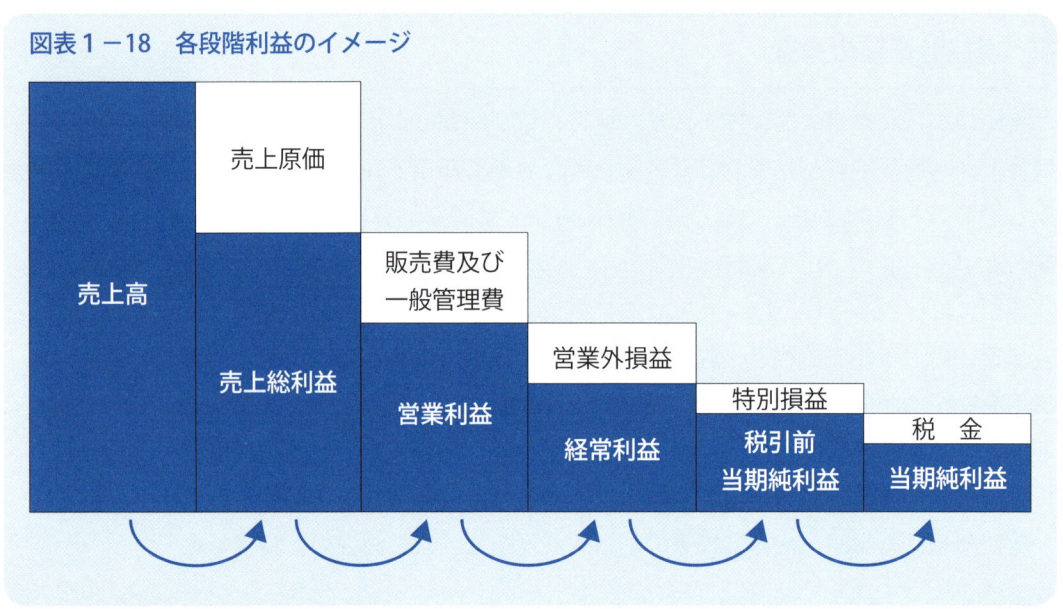

図表1－18　各段階利益のイメージ

## 期間損益計算と会計期間

　損益計算書は事業体の**経営成績**を明らかにすることを目的として作成され、会計期間を計算対象としています。

　会計期間とは、半永久的に事業を継続すると仮定された事業体の全存続期間を1年以下の一定の期間ごとに人為的に区切ったものをいいます。そしてその区切られた期間ごとに損益計算を行うこととしています。これを期間損益計算といいます。

　個人事業主の場合は、12月31日を決算日とすることが税法により定められているため、1月1日から12月31日までの期間が会計期間となります。一方、法人の場合、定款のなかで会計期間、決算日を定めることとされています。決算日に関しては、3月末、もしくは12月末とする法人が多く、会計期間は、ほとんどの法人が1年を採用しています。例えば3月決算の会社であれば、4月1日から3月31日までの1年間が会計期間となります。

## 発生主義

　損益計算書は、原則として発生主義に基づいて作成します。発生主義とは、現金の収入・支出にかかわらず、取引の事実が発生した時点で収益・費用を認識するという原則です。発生主義を採用することにより、費用・収益の認識を現金収支という事実にとらわれることなく認識し、タイムリーかつ適正な期間業績の把握が可能となります。

　一方で、この発生主義を採用することにより、損益計算書は現金の収支と乖離するため、現金の収支を把握することができません。したがって、現金の収支を報告するものとして、損益計算書とは別に、本章第6節で解説するキャッシュ・フロー計算書が存在します。

# 第5節　貸借対照表とは

> **Key Message**
> 貸借対照表は、事業体の財産と、その財産を買うためのお金をどのように調達したかを示します

## 貸借対照表からわかること

　本章第4節で、営利を目的としている事業体であれば、事業体の最大の目的はできる限り大きな儲けを獲得することであり、損益計算書では事業体がどのようにいくら儲けたかを把握できるということを解説しました。事業体が利益を獲得するためには、金融機関や資本市場から資金を調達し、工場を建てたり、製品を作るための材料を買ったりすることなどが必要となります。貸借対照表では、利益を獲得するために事業体がお金をどのように調達しているか、調達したお金でどういった財産を購入し、保有しているかが一目瞭然となります。

　この節では、最終的には取引先の貸借対照表を読むことができるようになるための第1歩として、貸借対照表の概念および構造について解説します。

## 貸借対照表とは

　貸借対照表とは、出資者、債権者その他の利害関係者に対し事業体の財政状態を明らかにするために、決算日におけるすべての資産、負債及び純資産を一覧表にしたものです。なお、貸借対照表は、英語でBalance Sheetと表記されるため、略してB/S（ビーエス）とよぶこともあります。

　資産とは事業体の財産であり、負債及び純資産は財産を買うために集めたお金を意味します。負債は金融機関等から借りたお金であり「返さなければいけないお金」、純資産は自ら調達したお金であり「返さなくてもいいお金」を意味します。

　財産と元手のお金は等しくなるため、貸借対照表の基本は、次の等式が成り立ちます。

**資産**（事業体の財産）＝**負債**（返さなければいけないお金）＋**純資産**（返さなくてもいいお金）

図表1－19　貸借対照表のイメージ

| 事業体の財産 → | 資　産 | 負　債 | ← 返さなければいけないお金 |
|---|---|---|---|
| | | 純資産 | ← 返さなくてもいいお金 |

第1章　簿記と決算書の関係

## 貸借対照表の様式

　貸借対照表についても、損益計算書と同様に報告式貸借対照表と勘定式貸借対照表の2種類の様式があります。ただし損益計算書と異なり、勘定式貸借対照表が一般的に利用されており、報告式貸借対照表を見かけることはほとんどありません。ここでは、勘定式貸借対照表のみを図表にて示します。

図表1-20　勘定式貸借対照表

**貸借対照表**
（平成○○年○月○日現在）
（単位：百万円）

| 項　目 | 金　額 | 項　目 | 金　額 |
|---|---|---|---|
| （資産の部） | | （負債の部） | |
| Ⅰ　流動資産 | | Ⅰ　流動負債 | |
| 　　現金及び預金 | ○○ | 　　支払手形 | ○○ |
| 　　受取手形 | ○○ | 　　買掛金 | ○○ |
| 　　売掛金 | ○○ | 　　短期借入金 | ○○ |
| 　　有価証券 | ○○ | 　　未払金 | ○○ |
| 　　製品及び商品 | ○○ | 　　リース債務 | ○○ |
| 　　短期貸付金 | ○○ | 　　未払法人税等 | ○○ |
| 　　前払費用 | ○○ | 　　賞与引当金 | ○○ |
| 　　繰延税金資産 | ○○ | 　　繰延税金負債 | ○○ |
| 　　その他 | ○○ | 　　その他 | ○○ |
| 　　貸倒引当金 | △○○ | 　　　　流動負債合計 | ○○○ |
| 　　　　流動資産合計 | ○○○ | Ⅱ　固定負債 | |
| Ⅱ　固定資産 | | 　　社債 | ○○ |
| 　（有形固定資産） | | 　　長期借入金 | ○○ |
| 　　建物 | ○○ | 　　リース債務 | ○○ |
| 　　構築物 | ○○ | 　　退職給付引当金 | ○○ |
| 　　機械及び装置 | ○○ | 　　繰延税金負債 | ○○ |
| 　　工具、器具及び備品 | ○○ | 　　その他 | ○○ |
| 　　リース資産 | ○○ | 　　　　固定負債合計 | ○○○ |
| 　　土地 | ○○ | 　　負債合計 | ○○○ |
| 　　建設仮勘定 | ○○ | （純資産の部） | |
| 　　その他 | ○○ | Ⅰ　株主資本 | |
| 　（無形固定資産） | | 　　資本金 | ○○ |
| 　　ソフトウェア | ○○ | 　　資本剰余金 | |
| 　　のれん | ○○ | 　　　資本準備金 | ○○ |
| 　　その他 | ○○ | 　　　その他資本剰余金 | ○○ |
| 　（投資その他の資産） | | 　　　　資本剰余金合計 | ○○ |
| 　　関係会社株式 | ○○ | 　　利益剰余金 | |
| 　　投資有価証券 | ○○ | 　　　利益準備金 | ○○ |
| 　　出資金 | ○○ | 　　　その他利益剰余金 | |
| 　　長期貸付金 | ○○ | 　　　　××積立金 | ○○ |
| 　　長期前払費用 | ○○ | 　　　　繰利益剰余金 | ○○ |
| 　　繰延税金資産 | ○○ | 　　　　利益剰余金合計 | ○○ |
| 　　その他 | ○○ | 　　自己株式 | △○○ |
| 　　貸倒引当金 | △○○ | 　　　　株主資本合計 | ○○ |
| 　　　　固定資産合計 | ○○○ | Ⅱ　評価・換算差額等 | |
| Ⅲ　繰延資産 | ○○ | 　　その他有価証券評価差額金 | ○○ |
| | | 　　　　評価・換算差額等合計 | ○○ |
| | | Ⅲ　新株予約権 | ○○ |
| | | 　　純資産合計 | ○○○ |
| 　　資産合計 | ○○○ | 　　負債・純資産合計 | ○○○ |

（出典）中小企業庁「中小企業の会計34問34答（平成23年指針改正対応版）ツール集」

## 貸借対照表の構造

貸借対照表の構造は、右側に資本の調達源泉として負債および純資産が示され、左側にその運用形態として資産が示される、というものです。

調達源泉とは、「お金（資本）をどのように調達してきたか」を意味し、負債は金融機関等の債権者から調達した資本（返さなければいけないお金）、純資産は出資者等からの出資により調達した資本（返さなくてもいいお金）となります。負債は返さなければいけないお金のため他人資本、純資産は返さなくてもいいお金のため自己資本ともいいます。

運用形態とは、「調達した資本をどのように使っているか」を意味します。

つまり、貸借対照表を簡単にいうと、「事業体の財産と、その財産を買うためのお金をどうやって調達したか示すもの」、または「集めたお金を、どのように運用しているか示すもの」です。

### 図表1－21　貸借対照表の構造

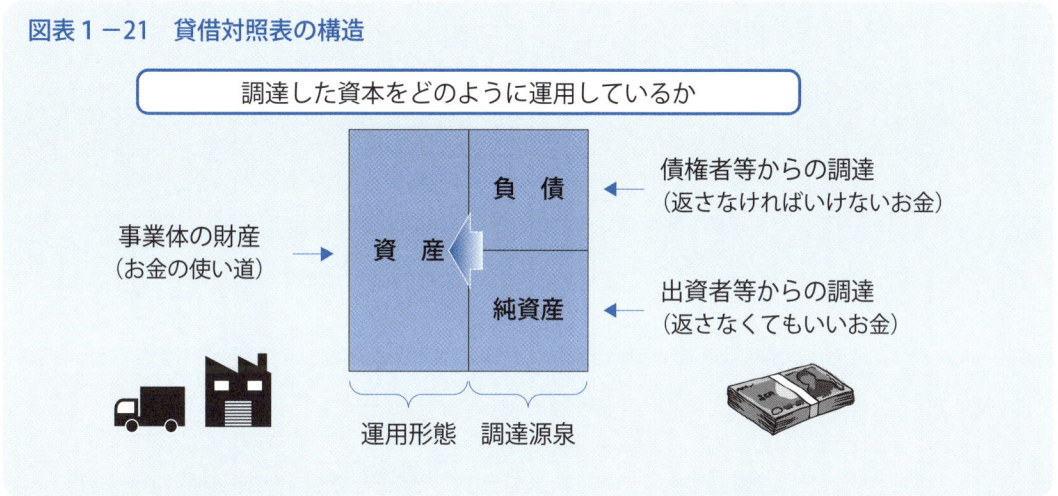

## 貸借対照表の区分

貸借対照表は、資産の部、負債の部、純資産の部の3つに区分されます。資産の部はさらに流動資産、固定資産[1]に区分され、負債の部も同様に、流動負債、固定負債に区分されます。

この「流動」と「固定」という区分は、原則として「1年以内か否か」を基準として分けられます。資産の部であれば現金及び預貯金のほか、「1年以内に現金化できる資産」が流動資産として区分され、それ以外の資産は固定資産に区分されます。負債の部であれば「1年以内に返済が必要な負債」が流動負債として区分され、それ以外の負債は固定負債に区分されます。

---

[1] 資産の部は、厳密には流動資産、固定資産、繰延資産に区分されますが、ここでは簡便的に繰延資産は割愛しています。

図表1－22　貸借対照表の区分

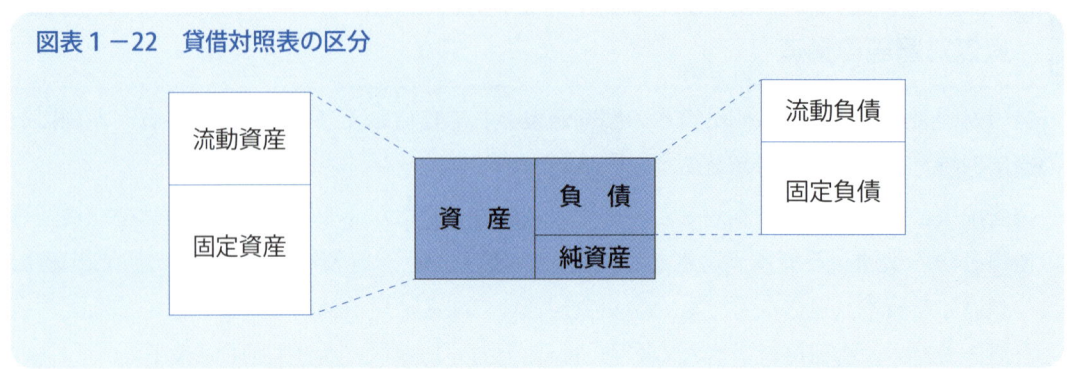

## 貸借対照表の配列

貸借対照表の勘定科目を記載する順番（配列）については、企業会計原則等において一定のルールが定められています。貸借対照表の配列のイメージが次の図表です。

図表1－23　貸借対照表の配列

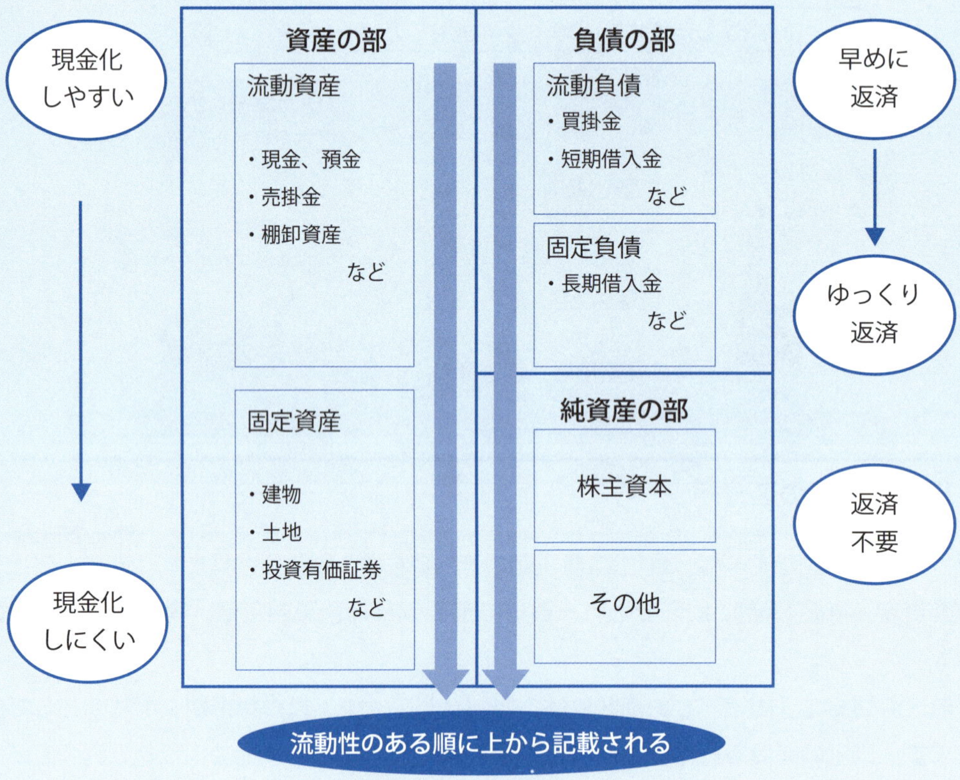

資産と負債の部には、それぞれ上部に流動資産、流動負債が、下部に固定資産、固定負債が記載されます。すなわち、流動性のある項目が上から順に並ぶという基本構造となっており、これを流動性配列法といいます。

なお、純資産の部は負債の部の下に記載されます。これは、負債は返済義務があるのに対して、純資産は返済義務がないためです。

## 貸借対照表と損益計算書の関係

損益計算書で計算された一会計期間における利益は、事業体が獲得した返済不要の項目であり、貸借対照表では純資産の部の繰越利益剰余金として計上されることになります。計算式およびイメージは次の図表のとおりです。

$$前期繰越利益剰余金＋当期損益計算書で計算される当期利益＝\frac{当期末貸借対照表}{繰越利益剰余金}$$

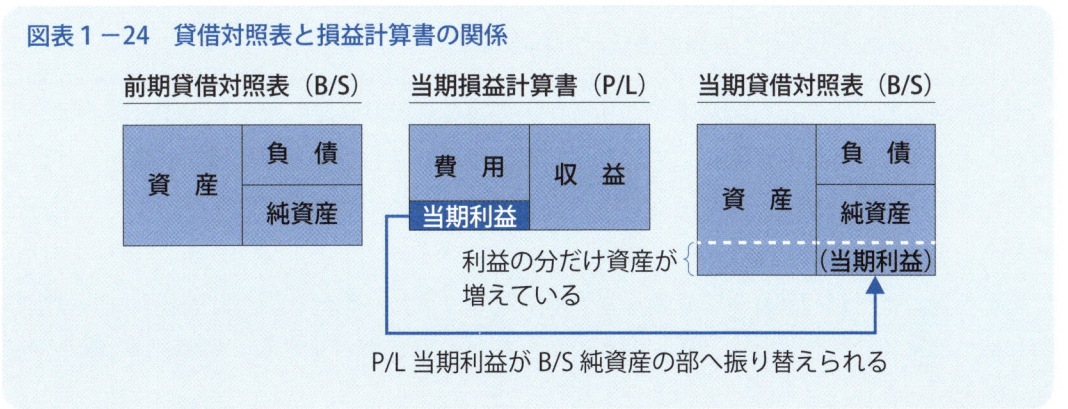

図表1-24 貸借対照表と損益計算書の関係

このように、収益と費用の差額である利益が貸借対照表に計上されることにより、簿記の5要素すべての集計額が最終的に貸借対照表に含まれることになるため、貸借対照表の左側と右側は必ず一致します。

# 第6節　キャッシュ・フロー計算書とは

**Key Message**　キャッシュ・フロー計算書は、現金の増減そのものを把握できる決算書です

## キャッシュ・フロー計算書からわかること

　事業経営において、損益計算書では利益が出ている（黒字）にもかかわらず、実態は過大在庫などにより資金繰りが悪化しており、結果として倒産してしまう、黒字倒産とよばれる事象が発生する場合があります。これは、事業経営においては利益管理だけでなく、資金繰り管理が重要であることを表しています。

　キャッシュ・フロー計算書を読めるようになると、貸借対照表、損益計算書では読み取れなかった事業体の資金繰りや、黒字倒産に至らないまでも黒字であるが実際は資金繰りが厳しい、といった状況も理解できるようになります。

　この節では、キャッシュ・フローおよびキャッシュ・フロー計算書の概念、貸借対照表、損益計算書との関係（キャッシュ・フロー計算書は貸借対照表、損益計算書とともに財務3表とよばれることもあります）、キャッシュ・フロー計算書の算出方法と計算構造、キャッシュ・フロー計算書の読み方のポイントを解説します。

　キャッシュ・フロー計算書は、損益計算書や貸借対照表と同様に決算書の1つですが、上場会社等の有価証券報告書の提出が義務付けられている法人以外は作成が任意であるため、中小零細な法人や個人事業主がキャッシュ・フロー計算書を作成することはほとんどありません。しかし、キャッシュ・フロー計算書の仕組みを理解することは、ＪＡで融資実行の可否を判断する際や自己査定を行う際に非常に有用です。その方法については、第6章第7節「キャッシュ・フローによる債務償還年数」を参照してください。

## キャッシュ・フローと他の決算書との関係

　キャッシュ・フロー計算書とは、その名前のとおりキャッシュ（≒現金）のフロー（＝流れ）を表した決算書のことであり、事業体の資金繰り、すなわち資金の獲得・支払能力を出資者、債権者その他の利害関係者に対して明らかにするために作成されます。

　キャッシュ・フロー計算書は、損益計算書と同様に通常は1年を会計期間として、その期間におけるキャッシュの「入金」と「出金」を原因別に明らかにするとともに、貸借対照表と同様に決算日におけるキャッシュの残高を表します。

　つまり、キャッシュ・フロー計算書は、1年間の現金の増減そのものに着目した決算書です。

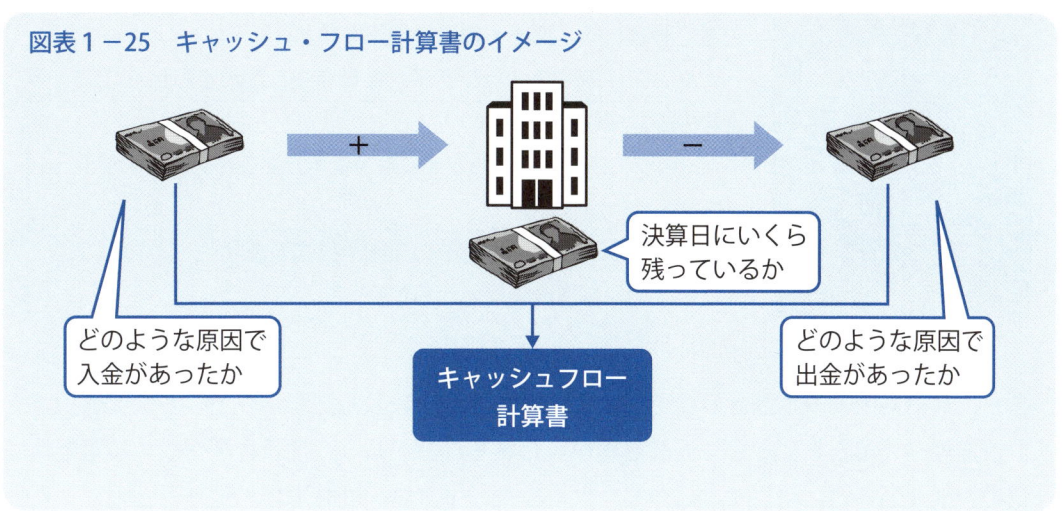

図表1-25 キャッシュ・フロー計算書のイメージ

　キャッシュ・フロー計算書が必要とされるのは、貸借対照表、損益計算書だけは事業体のキャッシュの増減を把握することが難しいことが多いためです。

　例えば、商品を仕入れて販売するという単純な事業を想定した場合、現金による仕入と現金による販売のみである場合には、物の移動とキャッシュの移動が一致するため、販売が増えるとキャッシュが増え、仕入が増えるとキャッシュが減少します。これに対して、掛による仕入と掛による販売を行った場合には、販売や仕入が増えても、すぐに現金が増減するわけではなく、売掛金や買掛金が増減するのみです。すなわち、販売という収益と仕入という費用が、キャッシュとは必ずしも同じ動きをしないということです。

　そのため、損益計算書からは売上高、売上原価、販売費及び一般管理費などの収益や費用と、その差引で算定される利益といった経営成績を把握することができますが、収益と費用がキャッシュと必ずしも同じ動きをしないため、キャッシュがいくら入りいくら出ていったかというキャッシュの動きを把握することはできません。また、貸借対照表は、決算日時点の現金、売掛金、棚卸資産・在庫、買掛金などの財政状態を把握することはできますが、その動きを把握することはできず、前期と比較してキャッシュの増加や減少がわかったとしても、キャッシュが動いた原因を把握することはできません。

　一方で、キャッシュ・フロー計算書では、キャッシュの動きとその原因や残高を把握することはできますが、財政状態や経営成績を把握することはできません。それぞれの決算書には役割があり、相互に補完する関係にあるといえます。

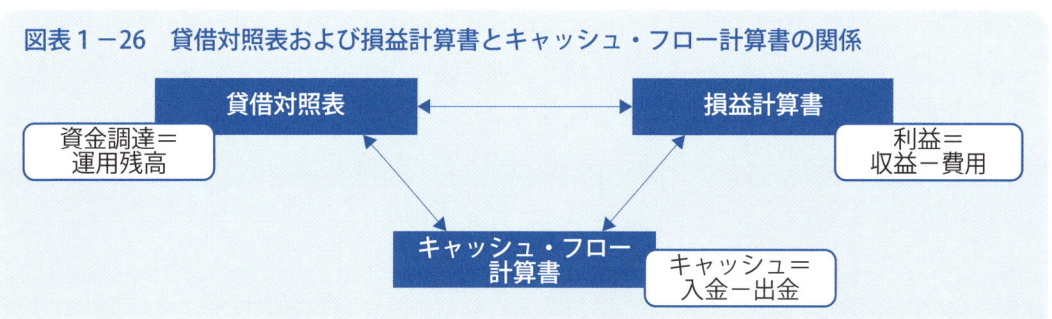

図表1-26 貸借対照表および損益計算書とキャッシュ・フロー計算書の関係

| | |
|---|---|
| 貸借対照表 | 企業の**財政状態**、調達・運用の状況を表す<br>→キャッシュの残高はわかるが、なぜ増減したかはわからない |
| 損益計算書 | 企業の**経営成績**を表す<br>→キャッシュの動きを伴わない収益や費用があるため、キャッシュの動きはわからない |
| キャッシュ・フロー計算書 | 企業の**キャッシュの動き**とその原因や残高を表す<br>→財政状態や経営成績はわからない |

　また、貸借対照表や損益計算書を作成する際には、複数の方法から任意の方法を選択できる会計処理や見積もりに基づく会計処理が行われることがあり、決算書を作成する事業体に裁量の余地があるといえます。しかし、キャッシュ・フロー計算書はキャッシュという現物そのものの動きを表す決算書であるため、裁量の余地が非常に小さいといえます。この点からも、事業体の分析を行う際にキャッシュ・フローの情報は非常に有用です。

## キャッシュ・フロー計算書におけるキャッシュの範囲

　前に「キャッシュ≒現金」と記載したのは、キャッシュ・フロー計算書におけるキャッシュの範囲は、現金だけでなく、資金繰り管理上は現金と同様の性質をもつ現金同等物も含むためです。

　現金同等物は、①普通預金、当座預金などのいつでも出し入れが可能な預金、②預入期間３ヵ月以内の定期預金、③リスクが僅少な投資等その他の現金同等物から構成されます。当然、ＪＡに預けられている普通貯金や当座貯金もキャッシュに含まれます。

　事業体によって現金同等物に相当するものの範囲が異なるため、キャッシュ・フロー計算書を作成する場合には、どのような現金同等物を資金の範囲に含めたのか決算書（財務諸表）に注記することが求められています。

## キャッシュ・フロー計算書の３つの区分

　キャッシュ・フロー計算書の構成は、営業活動によるキャッシュ・フロー、投資活動によるキャッシュ・フロー、財務活動によるキャッシュ・フローの３つに区分されています。

　営業活動によるキャッシュ・フローには、**主たる営業活動に伴うキャッシュ**の動き、例えば製造業では、材料の仕入れと製品の販売に伴うキャッシュの動きなどが区分されます。

　投資活動によるキャッシュ・フローには、土地や建物などの有形固定資産および配当や売却利益の獲得を目的とした株式等の有価証券の購入や、それら資産の売却に伴うキャッシュの動きが区分されます。

　財務活動によるキャッシュ・フローには、ＪＡをはじめとした金融機関からの借入や、その返済に伴うキャッシュの動きが区分されます。これ以外に、資金調達を目的とした株式や社債の発行に伴うキャッシュの動きも財務活動によるキャッシュ・フローに区分されます。

第6節 キャッシュ・フロー計算書とは

図表1-27 キャッシュ・フロー計算書区分のイメージ

営業活動によるキャッシュ・フロー
→主たる営業活動

投資活動によるキャッシュ・フロー
→固定資産の取得・売却、有価証券の取得・売却等

財務活動によるキャッシュ・フロー
→借入金の新規借入・返済、株式発行等の資金調達・返済等

| | |
|---|---|
| 営業活動によるキャッシュ・フロー | |
| 　税金等調整前当期純利益 | ××× |
| 　減価償却費 | ××× |
| 　減損損失 | ××× |
| 　のれん償却額 | ××× |
| 　貸倒引当金の増減額（△は減少） | ××× |
| 　受取利息及び受取配当金 | △××× |
| 　支払利息 | ××× |
| 　有形固定資産売却損益（△は益） | ××× |
| 　損害賠償損失 | ××× |
| 　売上債権の増減額（△は増加） | ××× |
| 　たな卸資産の増減額（△は増加） | ××× |
| 　仕入債務の増減額（△は減少） | ××× |
| 　　小計 | ××× |
| 　利息及び配当金の受取額 | ××× |
| 　利息の支払額 | △××× |
| 　損害賠償金の支払額 | △××× |
| 　法人税等の支払額 | △××× |
| 　営業活動によるキャッシュ・フロー | ××× |
| 投資活動によるキャッシュ・フロー | ××× |
| 　有形固定資産の取得 | ××× |
| 　有価証券の購入 | ××× |
| 　有価証券の売却・満期償還 | ××× |
| 財務活動によるキャッシュ・フロー | ××× |
| 　借入金 | ××× |
| 　借入金の返済 | ××× |
| 　配当金支払 | ××× |
| 現金及び現金同等物に係る換算差額 | ××× |
| 現金及び現金同等物の増減額（△は減少） | ××× |
| 現金及び現金同等物の期首残高 | ××× |
| 現金及び現金同等物の期末残高 | ××× |

## 営業活動によるキャッシュ・フロー

　営業活動によるキャッシュ・フローは、営業活動に伴うキャッシュの入出金を示すものです。

　営業活動によるキャッシュ・フローの表示方法には、直接法と間接法があります。直接法はキャッシュの入出金を主要な取引ごとに収入総額と支出総額で表示する方法であり、キャッシュの動きが直接的に表示されます。間接法は当期利益をスタートにし、当期利益に必要な調整を加えることでキャッシュの入出金を間接的に表示する方法です。多くの日本企業ではこの間接法を採用していますので、以下では間接法を前提に解説します。

　なお、表示方法に直接法と間接法の違いがあるのは、営業活動によるキャッシュ・フローの区分のみあり、投資活動と財務活動は直接法による表示方法しかありません。

　間接法によった場合の営業活動によるキャッシュ・フロー区分の表示は、当期利益額をスタートに作成されますが、これは何も調整がなければ、当期1年間の利益額＝当期1年間のキャッシュの増加額という計算式が成り立つことを意味します。しかし、実際には、収益と収入、費用と支出がそれぞれ同じ動きをしないため、収益と費用から算定される利益額がそのままキャッシュの増加額とならず、キャッシュの動きを把握するには当期利益に必要な調整を加えていくことになります。

主要な勘定科目について、キャッシュ・フローを算定するための調整の考え方を解説します。

① 減価償却費

第2章でも解説しますが、減価償却費とは固定資産の取得に要した支出額を、その使用できる期間にわたって一定のルールに基づいて費用化するものです。すなわち、減価償却費は損益計算書で費用として計上される際にはキャッシュの支出を伴っておらず、利益の算定上マイナスの項目となっているものです。そのため、キャッシュ・フロー計算書では、キャッシュの支出を伴わない費用として当期利益額に加算するよう調整します。

② 売上債権

売掛金や受取手形といった売上債権が前期と比べ増加した場合は、当期利益額よりマイナスします。逆に売上債権が前期と比べ減少した場合は、当期利益額にプラスします。これは売上債権が回収される場合、売上債権残高が減少するのに対して、回収代金としてキャッシュが手許に入るためであり、キャッシュの動きとしてプラスの調整をします。一方、売上が計上され利益が増加する場合でも、売上債権が回収されない限りキャッシュは増えませんので、売上債権の増加分はキャッシュの動きとしてマイナスの調整をします。

間接法ではこのように、貸借対照表の残高を比較して、間接的にキャッシュの入出金を把握します。

③ 仕入債務

買掛金や支払手形といった仕入債務は、売上債権と反対に、仕入債務を支払うと貸借対照表の残高が減少するのと合わせて手許のキャッシュが出て行くため、キャッシュの動きとしてマイナスになります。したがって、仕入債務が前期と比べ減少した場合は、当期利益額にマイナスの調整をします。一方、仕入債務が増加した場合には、支払われるまでキャッシュは減りませんので、キャッシュの動きとして当期利益額にプラスの調整をします。

④ 棚卸資産

棚卸資産は、期末において材料や製品などの在庫が手許に残っている場合に計上される勘定科目です。棚卸資産は資産科目ですが、販売された場合に費用である売上原価に振り替えられ、利益の算定上マイナスの項目となります。すなわち、棚卸資産が減少した場合には、その分だけ費用が大きくなることになります。しかし、その時点でキャッシュは移動していないことから、棚卸資産が減少した場合には、当期利益額に対してプラスの調整をします。一方、棚卸資産が増加した場合は費用が小さくなることになりますが、その時点でキャッシュは移動していることから、当期利益額に対してマイナスの調整をします。

②〜④について要約すると、貸借対照表を2期間比較して、資産側の売上債権と棚卸資産が増加した場合にはキャッシュについてマイナスの影響があるといえ、減少した場合にはプラスになります。逆に負債側の仕入債務が増加した場合にはプラス、減少した場合にはマイナスの影響がそれぞれあることになります。

この考え方は、キャッシュ・フロー計算書を見る場合だけに当てはまるのではなく、貸借対照表を見る場合にも利用できる考え方です。とくに売上債権や棚卸資産が増加している場合には、資金繰りの状況について悪化の傾向がないか注意する必要があります。

## キャッシュ・フロー計算書の読み方と活用

　次の事例では、同業種、同規模のX社、Y社という2社のキャッシュ・フロー計算書を示しています。この2社のキャッシュ・フロー計算書を使って1年間の経営活動と資金繰りについてどのようなことが読み取れるか解説します。

●事例●

〈X社〉

| I　営業活動によるキャッシュ・フロー | |
|---|---:|
| 　税金等調整前当期純利益 | 5,000 |
| 　減価償却費 | 600 |
| 　売上債権の減少額 | 500 |
| 　仕入債務の減少額 | △400 |
| 　　小計 | 5,700 |
| 　法人税等の支払額 | △2,000 |
| 　営業活動によるキャッシュ・フロー | 3,700 |
| II　投資活動によるキャッシュ・フロー | |
| 　有形固定資産の取得による支出 | △4,000 |
| 　有価証券の売却による収入 | 1,000 |
| 　投資活動によるキャッシュ・フロー | △3,000 |
| III　財務活動によるキャッシュ・フロー | |
| 　短期借入れによる収入 | 2,000 |
| 　短期借入金の返済による支出 | △1,000 |
| 　長期借入れによる収入 | 4,000 |
| 　財務活動によるキャッシュ・フロー | 5,000 |
| IV　現金及び現金同等物の増加額（又は減少額） | 5,700 |
| V　現金及び現金同等物の期首残高 | 6,000 |
| VI　現金及び現金同等物の期末残高 | 11,700 |

〈Y社〉

| I　営業活動によるキャッシュ・フロー | |
|---|---:|
| 　税金等調整前当期純利益 | 1,000 |
| 　減価償却費 | 200 |
| 　売上債権の増加額 | △500 |
| 　仕入債務の減少額 | △400 |
| 　　小計 | 300 |
| 　法人税等の支払額 | △400 |
| 　営業活動によるキャッシュ・フロー | △100 |
| II　投資活動によるキャッシュ・フロー | |
| 　有形固定資産の取得による支出 | △1,000 |
| 　有価証券の売却による収入 | 5,000 |
| 　投資活動によるキャッシュ・フロー | 4,000 |
| III　財務活動によるキャッシュ・フロー | |
| 　短期借入れによる収入 | 3,000 |
| 　短期借入金の返済による支出 | △3,000 |
| 　長期借入金の返済による支出 | △2,000 |
| 　財務活動によるキャッシュ・フロー | △2,000 |
| IV　現金及び現金同等物の増加額（又は減少額） | 1,900 |
| V　現金及び現金同等物の期首残高 | 6,000 |
| VI　現金及び現金同等物の期末残高 | 7,900 |

### 解説

キャッシュ・フロー計算書から、次のような分析を行うことができます。

〈X社の経営活動と資金繰り状況のポイント〉

| | |
|---|---|
| 営業活動によるキャッシュ・フローの状況 | 会社の営業活動の結果、キャッシュ・フローはプラスとなっている |
| 投資活動によるキャッシュ・フローの状況 | 有形固定資産の取得により資金が減少している。積極的な投資の結果と考えることができる。有価証券を売却したことでキャッシュが増加している |
| 財務活動によるキャッシュ・フローの状況 | 有形固定資産の取得のために長期借入をしていると考えることができる |
| 全体 | 全体を通してキャッシュは増加している。借入は有形固定資産を取得する投資であり、資金繰りに問題があるという状態ではない。有価証券を売却しているので、売却理由を確認したいところだが、営業活動や投資活動の状況から早急な資金繰り対策を必要とする会社ではないと想定される |

〈Y社の経営活動と資金繰り状況のポイント〉

| | |
|---|---|
| 営業活動によるキャッシュ・フローの状況 | 会社の営業活動の結果、キャッシュ・フローはマイナスとなっている。X社と同業種、同規模だが、利益額が小さいことがキャッシュ・フローのマイナスの主たる要因と考えられる |
| 投資活動によるキャッシュ・フローの状況 | 有形固定資産を取得しているが、それ以上に有価証券を売却したことによりキャッシュが増加している |
| 財務活動によるキャッシュ・フローの状況 | 長期借入金を返済している。短期借入金は、返済して借入をしているようである（借り換え）。全体として長期借入金を返済することでキャッシュはマイナスとなっている |
| 全体 | 全体を通してキャッシュは増加している。主な増加理由は、有価証券の売却によるもの。本来、プラスであるべき営業活動からのキャッシュ・フローはマイナスであり、長期借入金を返済するために有価証券を売却したと考えることができる。また、短期借入が借り換えのため結果としてキャッシュに増減はないが、全体的にキャッシュが減少しているため借り換え理由を確認しておきたいところである。X社と比べると、今後の資金繰りの状況に注意する必要がありそうである |

　上記ではキャッシュ・フロー計算書のみの分析ですが、実際は、キャッシュ・フロー計算書だけではなく、貸借対照表や損益計算書とあわせて分析することで、資金繰りと経営成績、財政状態といったさまざまな観点からの経営活動の状況を理解できるようになります。

　Y社のキャッシュ・フロー計算書をみると、資金繰りがあまりよくないという印象を受けます。このような場合には過去数年の損益計算書を見ることにより業績推移を把握し、利益水準の低い状態が継続しているのか、あるいは直近のみのことであるのか確認します。とくに利益水準が低い状態が継続している場合は、資金繰りが厳しい状態が続いている可能性があるため注意が必要です。

　また、Y社の貸借対照表の借入残高や現金及び預貯金、有価証券残高についても、過去からの推移を把握する必要があります。とくに有価証券の売却が一部なのかあるいは全部なのかを把握し、全部である場合には、借入返済に必要な資金を捻出するための換金可能な資産がなくなってきているといえることから、今後の資金繰りに注意が必要です。

# 第2章

# 法人決算書・確定申告書のポイント

第1節　法人決算について
第2節　法人貸借対照表のポイント
第3節　法人損益計算書のポイント
第4節　勘定科目明細書

# 第1節　法人決算について

> **Key Message**
> 法人には決算書に基づく財政状態と経営成績の開示が求められます

## 法人とは

法人決算書の必要性を学ぶ前に、まずは、「法人とは何か」を考えてみましょう。

**法人**とは、「自然人以外のもので、**法律上の権利義務の主体とされるもの**」（三省堂「デジタル大辞林」より）です。「一定の目的のために結合した人の集団や財産について権利能力（法人格）が認められ」ます。

自然人とは、私たち人間のことですので、私たち人間以外で、法律上の権利義務の主体となることができるものが法人です。法律上の権利義務の主体とは、事業経営や契約の当事者となることができる存在のことをいいます。

ソニーやトヨタ自動車といった大会社や、協同組合、もちろんＪＡも法人です。

具体的には、その目的に従い、次の図表のようなものがあります。

図表２－１　法人の種類

| ◆営利法人 | ◆非営利法人 | ◆公的法人 |
|---|---|---|
| 会社（株式会社、有限会社、合資会社、合名会社）<br>外国会社<br>特定目的会社<br>弁護士法人、監査法人等<br>ほか | 一般社団・財団法人<br>学校法人、医療法人等<br>協同組合（ＪＡ、生協、漁協等）<br>信用金庫、労働金庫<br>企業年金基金・国民年金基金　ほか | 国<br>地方公共団体<br>特殊法人（公団、公庫、公社等）<br>独立行政法人（国立大学、公立大学、国立美術館、造幣局　ほか） |

## 法人格が認められる背景

法人という、自然人以外のものに人格を与え権利義務の主体とする仕組みの必要性について、Ａさんという個人が甲商品を販売する事業を行う場合を例に解説します。

販売事業を行うには２つの方法があります。まずは、①個人で事業を行うケースです。このケースでは、ＡさんがＡさんの名前で、甲商品を仕入れ、販売することになります。

図2-2　①個人で事業を行うケース

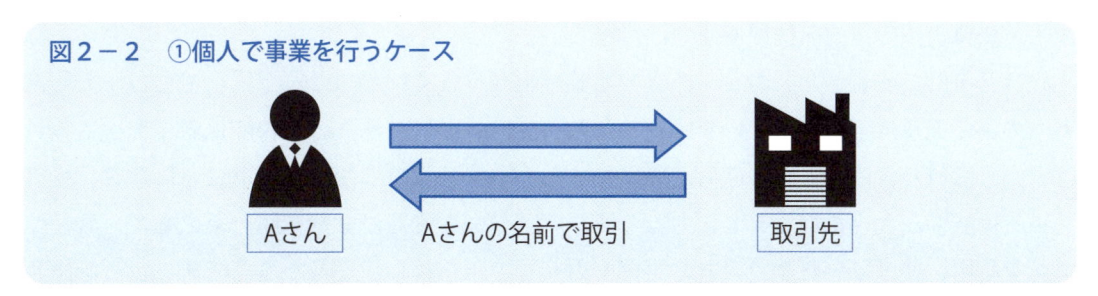

続いて、②法人を用いて事業を行うケースです。このケースでは、Aさんが会社（B社）を設立し、B社の経営者であるAさんがB社の名前で甲商品を仕入れ、販売することになります。

図表2-3　②法人を用いて事業を行うケース

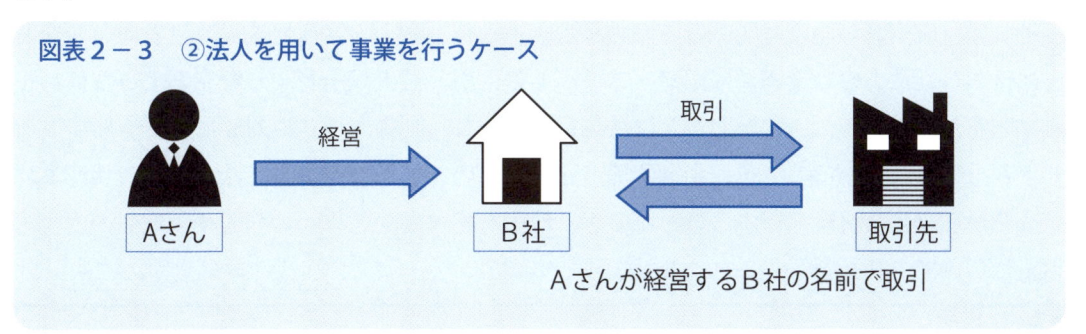

甲商品の販売事業の当事者は、①のケースでは個人であるAさんですので、Aさんが不在のときは甲商品を販売できません。対して②のケースでは当事者は法人つまりはB社であるため、Aさんが不在でも、B社は甲商品の販売を続けることができます。

また、①の個人で事業を行うケースでは、個人が事業の責任をすべて負いますので、甲商品の販売事業がうまくいかなかった場合、Aさんは取引先や借入先等の利害関係者に自分の財産を提供する必要があります。

対して②の法人を用いて事業を行うケースでは、法人が自らの名で事業を行うので、その責任は事業主である法人が負います。つまり、事業経営がうまくいかなかった場合は、法人つまりB社の財産を利害関係者に対して提供する必要はありますが、B社の経営者であるAさんの財産の提供は、担保として資産を提供していた場合のその資産等に限定されます。

このように、法人という人格を用いることで、個人に依存しない効率的な事業の運営が可能となるとともに、法人の財産と経営者の財産が分離され、規模の大きい事業やリスクのある事業を経営することが可能となります。その結果、社会全体の経済活動が安定的に行われることになります。このような理由から、法人格という制度が設けられています。

## 法人に決算書の作成が求められる理由

法人は、私たち人間のように、生まれて当然に「人」としての権利義務を持っているわけではなく、法人を設立した目的の範囲内で、必要な手続を実施して、初めて「人」として、権利義務の主体となることが認められることになります。

法人が人格を継続して認められるために必要な手続のうち、とくに重要なものは、厳格な

記帳、決算書類の作成・提出です。

　先ほど事例で解説したとおり、法人の事業経営がうまくいかなかった場合でも、法人経営者への責任追及は限定されています。しかし、このことは、法人の利害関係者にとってみれば、例えば貸し付けたお金の回収手段が個人と取引するよりも限定されることになり、損害を被る可能性が大きくなることにもなります。万が一Aさんが B 社を隠れ蓑にして、B 社の財産を私用に使っていたり、B 社の事業や財産をでたらめに管理したりしているような場合には、取引先に不測の損害を与えることになり、また、実際には管理が十分であったとしても、そのような不安がある場合には損害を恐れて取引を控えることになり、結果として社会全体の経済活動が停滞してしまうことに繋がりかねません。

　そこで、取引先等の利害関係者を保護する観点から、法人の財産と法人経営者の財産を明確に区別し、法人の事業経営に関連するすべての取引、法人が所有する資産および負債を正確に記録したうえで、一定期間ごとに決算書を作成し、利害関係者に対して報告・解説することが求められているのです。利害関係者は、決算書を見ることで当該法人の財政状態や経営成績から経営状況を把握することができ、取引をすべきかどうかの判断や、取引の内容・程度についての判断を行うことになります。

## 法人の決算書の種類について

　金融機関への借入申込時や法人税等の申告にあたって提出が求められる主な決算書類は、次の図表のとおりです。

**図表2－4　法人の決算書類**

| 決算書の種類 | 内　容 |
|---|---|
| 貸借対照表 | 決算日時点の財政状態 |
| 損益計算書 | 一会計期間の経営成績 |
| 製造原価報告書 | 売上原価の構成要素である製造原価の明細（製造業の場合のみ） |
| 株主資本等変動計算書 | 利益（損失）処分等、株主資本の変動の明細 |
| 勘定科目（内訳）明細書 | 貸借対照表や損益計算書の主要科目の内訳 |
| キャッシュ・フロー計算書 | 一会計期間の資金繰りの状況および決算日時点の資金残高（上場会社等のみが作成を義務付けられている） |

　このなかで、中小零細な法人の経営状況を把握するにあたってとくに重要となるのは**貸借対照表**と**損益計算書**です。また、貸借対照表と損益計算書の主な勘定科目の内訳を記載する**勘定科目明細書**を見ることも重要です。次節以降では、法人の貸借対照表および損益計算書、勘定科目明細書の見るべきポイントについて解説します。

# 第2節 法人貸借対照表のポイント

**Key Message**
資産は資産性、負債は網羅性、純資産は株主資本がポイントです

## 資産の部の内訳と評価方法について

第1章では、貸借対照表の概念および構造についてみてきましたが、第2章では法人の貸借対照表について、「資産」「負債」「純資産（資本）」の主な内訳ごとに、見るべきポイントを解説します。

資産とは、日常生活では土地や家、車、お金などのモノである財産を指す場合が多いと思われますが、貸借対照表に計上される資産には、そのような財産のほか、権利や会計処理上設けられる特別な勘定などが含まれます。利害関係者にとっては、回収手段となる項目です。

**図表2-5 貸借対照表の区分**

| 項目 | 項目 |
|---|---|
| 流動資産 | 流動負債 |
| 固定資産 | |
| ①有形固定資産 | 固定負債 |
| ②無形固定資産 | |
| ③投資その他の資産 | 純資産 |
| 繰延資産 | |

しかし、それらすべてが資産として計上できるのではなく、①法人が所有しているものであること、②価値がお金で測定できること、③法人が資産を所有することによって将来法人が儲かること、この3つの条件を満たすものだけが、貸借対照表に資産として計上されます。

資産の部を見るうえでのポイントは、次の2点です。

**ポイント①　資産として計上されている財産や権利が実際に存在しているかどうか**

まずは、計上されている財産を法人が本当に所有しているかどうか、また権利が本当に法人の権利であるかどうかを確かめることが基本です。これは貸借対照表に記載された数値を見ているだけでは把握できないことも多く、必要に応じて現物や関連書類を直接見たり、問い合わせたりして確かめることも必要です。

財産や権利が実際に存在するかどうかを確かめることを、資産の「実在性」を確かめるといいます。

**ポイント②　計上されている金額が妥当かどうか**

次に、計上されている金額の価値が妥当なものかどうかを確かめる必要があります。上記の3つの条件のうち、③法人が資産を所有することによって将来法人が儲かることという条

件から、使っていない固定資産や陳腐化して売れない在庫は、資産の要件を満たさないため、貸借対照表には計上されないか、あるいは売却できる金額まで評価額を切り下げられることになります。これも決算書に記載された数値を見ているだけでは把握できないことも多く、本章第4節で解説する勘定科目明細書の内容を確かめたり、問い合わせたりして確かめることも必要です。

　計上されている資産が正しく評価されているか確かめることを、資産の「**評価の妥当性**」を確かめるといいます。

　資産の部を見るポイントである「実在性」と「評価の妥当性」をあわせて、「**資産性**」といいます。

　資産の部は、主に営業活動の過程で継続的に発生するかどうか、もしくは1年以内に現金となるかどうかの観点から「**流動資産**」の部と「**固定資産**」の部に分かれ、それ以外に、特定の費用を繰り延べるための勘定科目である「**繰延資産**」の部の3つの区分に分かれます。

## 流動資産の内容

　流動資産は、現金及び預貯金、未回収の販売代金（売掛金、受取手形）、販売用の棚卸資産などで、現金に換金することが容易に可能な資産が多く含まれます。ここで、容易に現金化が可能な資産とは、通常の営業活動の過程で増減する資産、もしくは決算日の翌日から起算して1年以内に現金となる資産です。

　代表的な勘定科目とその内容については、次の図表のとおりです。

**図表2－6　主な流動資産の内容**

| 勘定科目 | 内　容 |
| --- | --- |
| ① 現金及び預貯金 | 手許にある現金、当座預貯金や定期預貯金など |
| ② 受取手形及び売掛金 | 商品や製品などの販売代金のうち、回収されていない掛代金の残高および手形残高 |
| ③ 有価証券 | 短期の売買を意図して所有する株式や公社債等 |
| ④ 棚卸資産 | 商品、製品、仕掛品、原材料など販売目的の資産 |
| ⑤ 短期貸付金 | 取引先、関係会社、株主、役員、従業員などに対する貸付金のうち、決算日の翌日から起算して1年以内に返済されるもの |
| ⑥ 前払費用 | 一定の契約に従い、継続して役務の提供を受ける場合、未だ提供されていない役務に対して支払われた対価のうち、決算日の翌日から起算して1年以内に役務の提供を受けるもの<br>費用の支出の効果を会計上複数期間に按分するために設けられる勘定科目であり、原則として換金可能性はない |
| ⑦ 繰延税金資産 | 税効果会計の適用によって計上される資産勘定であり、短期的な将来において取り戻すことのできる税金の前払分としての性質をもつ |

| ⑧ 貸倒引当金（△） | 受取手形、売掛金、貸付金などの金銭債権のうち、回収できないと見込まれる額を積み立てておくもの |

　流動資産には資金もしくは近い将来資金となる科目が計上されることから、流動資産をみるにあたっては、資産性に加えて、短期的に債権を回収するための資金となり得るかどうか、「**換金可能性**」の観点から内容を確かめる必要があります。

　とくにポイントとなるのは、②受取手形及び売掛金と、④棚卸資産です。

### ① 受取手形及び売掛金

　通常、法人間の取引は、販売時点では現金を回収せず、後日販売代金をまとめて回収する掛取引になります。したがって、商品、製品の販売時点から代金回収までの期間は、代金を請求する権利である売上債権が売掛金や受取手形の勘定科目名で資産として計上されます。

　事業経営の最も重要な活動である販売によって発生する勘定科目であり、販売や代金回収によって頻繁に増減することから、その内容を十分に把握することが重要です。

　内容の把握にあたっては、権利が実在しているか、評価が妥当であるかを、複数期間の計上残高の比較、勘定科目明細書における相手先の確認、必要な場合には手形の現物などから確かめます。

　受取手形及び売掛金の資産性に疑義がある場合には、回収できないと見込まれる額を貸倒損失として費用を認識し、当該部分の資産計上額を直接的に減額してゼロとするか、損益計算書上で貸倒引当金繰入額として費用を認識し、貸借対照表上は貸倒引当金（債権の控除科目としてマイナス表記）を計上して、売上債権の金額を間接的に減額することになります。図表２－６の⑧貸倒引当金が間接的に減額する際に発生する勘定科目であり、貸倒引当金が計上されている場合には、その対象となっている売上債権の内容を慎重に確かめる必要があります。

### ② 棚卸資産

　棚卸資産とは、商品・製品など将来販売する目的で所有する在庫をいいます。棚卸資産については管理簿を作成し、仕入れた際や販売した際には、その数量および価格を正確に記録します。また、実在性を検証するために、棚卸資産の実数量が帳簿上の数量と合致していることを定期的に確かめる必要があります。これを「実地棚卸」といい、原則として決算にあたって実施することが必要です。

　棚卸資産の評価額は、仕入れた際に支払った額あるいは製造に要した額とすることが原則です。しかし、将来的に販売できる見込みがない在庫や仕入もしくは製造に要した金額以上での販売が困難と見込まれる在庫に関しては、損益計算書上で評価損失として費用を認識し、貸借対照表上は資産計上額を販売可能見込額まで減額する必要があります。

　内容の把握にあたっては、複数期間の計上残高の比較、勘定科目明細書における内訳の確認、実地棚卸の状況などを確かめます。

上記では、流動資産のうち重要な２つの科目について解説をしました。貸借対照表を読む際、流動資産項目については、資産性があるか否かという観点と換金可能性の観点から読むことが重要となります。

## 固定資産の内容と減価償却費

　固定資産とは、１年を超えても現金化されず、長期的に使用・所有することによって法人の事業経営に貢献する資産であり、「有形固定資産」「無形固定資産」「投資その他の資産」の３つに分類されます。
　代表的な勘定科目とその内容については、次の図表のとおりです。

**図表２－７　主な固定資産の内容**

| 勘定科目 | 内容 |
|---|---|
| **有形固定資産** | |
| ① 建物 | 土地の上に建設され、原則として屋根と壁を有する工作物で、事務所や店舗などとして使用されるもの |
| ② 構築物 | 建物以外の土地の上に定着した建造物、土木設備、工作物 |
| ③ 機械及び装置 | 工場などで営業の目的のために使用している製造・加工設備やこれに附属するベルトコンベヤーなどの搬送設備、その他建設業などで使用される作業用機械など |
| ④ 工具、器具及び備品 | 工場で使われる加工作業の道具および事務・通信機器など事務所等で使われる道具 |
| ⑤ リース資産 | ファイナンス・リース取引で貸手側に生じる資産 |
| ⑥ 土地 | 事業のために所有する土地 |
| ⑦ 減価償却累計額（△） | 毎年の減価償却計算の結果として累積される減価償却費の合計額。資産計上額の減額項目 |
| **無形固定資産** | |
| ① ソフトウェア | コンピュータ・ソフトウェアをいい、具体的にはコンピュータに一定の仕事を行わせるためのプログラムやシステム仕様書、フローチャート等の関連文書 |
| ② のれん | 事業体の買収や合併に際して生じる無形の超過収益力 |
| **投資その他の資産** | |
| ① 関係会社株式 | 子会社や関連会社など所有する関係会社の株式 |
| ② 投資有価証券 | 短期の売買を意図して所有する株式や公社債、子会社や関連会社以外の有価証券 |
| ③ 出資金 | 株式会社以外の会社や組合（合名会社、合資会社、合同会社、有限会社、信用金庫、信用組合、協同組合、匿名組合、その他民法上の法人）の持分 |
| ④ 長期貸付金 | 取引先、関係会社、株主、役員、従業員などに対する貸付金のうち、決算日の翌日から起算して１年を超えて返済されるもの |
| ⑤ 長期前払費用 | 一定の契約に従い、継続して役務の提供を受ける場合、未だ提供されていない役務に対して支払われた対価のうち、決算 |

| | | |
|---|---|---|
| | | 日の翌日から起算して1年を超えて役務の提供を受けるもの |
| ⑥ | 繰延税金資産 | 税効果会計の適用によって計上される資産勘定であり、長期的な将来において取り戻すことのできる税金の前払分としての性質をもつ |
| ⑦ | 貸倒引当金（△） | 長期貸付金などの金銭債権のうち、回収できないと見込まれる額を積み立てておくもの |

　固定資産は、流動資産のように近い将来資金となるものではなく、それを使用することによって債権を回収するための資金のもととなる利益を生み出す科目が計上されることから、固定資産をみるにあたっては、資産性に加えて、長期的な「使用可能性」の観点から内容を確かめる必要があります。

① 有形固定資産

　有形固定資産は、建物や工具、器具及び備品など長期的に使用することが予定されている、具体的な形のある資産をいいます。

　土地を除く有形固定資産は、時の経過とともに価値が目減りするということがポイントです。そこで有形固定資産は、取得に要した支出額（取得価額）を一度に費用計上せず、その使用できる期間にわたって毎年の価値減少額を費用として認識していきます。これを「減価償却」といいます。

　減価償却を行うには、有形固定資産の使用可能期間（これを「耐用年数」といいます）を見積もり、一定の方法で毎年の減価償却額を算出して累計記録します。毎年の減価償却額は減価償却費として損益計算書上で費用として認識し、貸借対照表上は資産を直接減額するか、毎年の減価償却費を減価償却累計額という科目に累積し、間接的に減額して表示します。

　なお、耐用年数は法人税法で定められた期間を用いられることが一般的です。

　主な減価償却の方法には、「定額法」と「定率法」があります。

　定額法は、固定資産の耐用年数期間中、毎年同じ「額」の減価償却費が計上される方法であり、固定資産も毎年同じ額だけ減額されることになります。毎年の減価償却費は次の計算式で計算されます。

$$\text{定額法}：\text{減価償却費} = \frac{\text{取得価額} - \text{残存価額}}{\text{耐用年数}}$$

　定率法は、固定資産の前期の減価償却後価額に対して毎年同じ「割合」で減価償却費が計上される方法です。減価償却費は固定資産の取得当初ほど大きく年の経過とともに小さくなり、固定資産も取得当初ほど減額される額が多くなります。毎年の減価償却費は次の計算式で計算されます。

$$\text{定率法}：\text{減価償却費} = (\text{取得価額} - \text{減価償却累計額}) \times \text{償却率}$$

　定額法と定率法、それぞれの固定資産の価値減少のイメージは、次の図表のとおりです。

**図表2−8　定額法と定率法における固定資産の価値減少のイメージ**

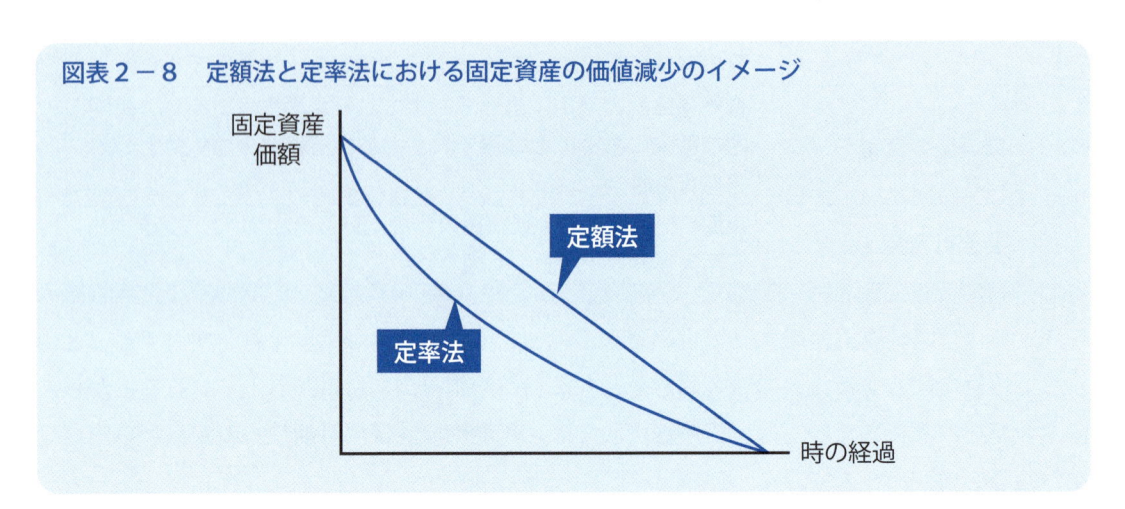

　減価償却の計算方法は、定額法、定率法どちらを選択することも可能ですが、建物は定額法を採用し、建物以外の有形固定資産は定率法を採用することが一般的です。これは、法人税法の定めで建物の減価償却方法は定額法しか認められておらず、それ以外の資産については法人の判断により費用をできるだけ早めに計上することを目的として定率法が採用されることが多いためです。なお、いったん選択した計算方法は継続して適用することが求められます。

　上記では基本的な「定額法」と「定率法」の考え方について解説しましたが、実務においては平成19年度税制改正前の減価償却方法である「旧定額法」および「旧定率法」、平成19年度税制改正後の減価償却方法である「定額法」および「定率法（250％定率法）」、平成23年度税制改正後の「定率法（200％定率法）」といった何通りかの選択肢があります。通常は決算書等の分析にあたって大きな影響を及ぼさないと考えられますが、重要な有形固定資産または減価償却費がある場合には留意が必要です。

② **無形固定資産**

　無形固定資産は、ソフトウェアや特許権など、長期的に使用することが予定されている、具体的な形のない資産です。

　無形固定資産についても、有形固定資産と同様に時の経過とともに価値が目減りすることが通常であるため、その権利等を使用できる期間にわたって減価償却を行います。無形固定資産は、法人税法上の定めにより定額法による償却計算を行うことが一般的です。また、貸借対照表上は減価償却累計額による間接的な減額は行わず、資産を直接減額して表示します。

　ところで、減価償却費は、損益計算書上で費用項目として計上されますが、その時点では現金の支出はなく、資産を取得した時に一括して現金を支出しています。したがって、損益計算書の当期利益からキャッシュ・フローを算定する場合、減価償却費は当期利益額に加算するよう調整します。

### 図表2-9 損益計算書とキャッシュ・フローの関係

〈損益計算書〉
| | | | |
|---|---|---|---|
| ＋収益 | 100 | → | 現金収入あり |
| －費用 | 90 | | |
| うち減価償却費 | 30 | → | 現金支出なし |
| うち減価償却費以外 | 60 | → | 現金支出あり |
| 当期利益額 | 10 | → | 当期獲得した現金等を表さない |

〈キャッシュ・フローへの調整〉
| | | | |
|---|---|---|---|
| 当期利益額 | 10 | | |
| 当期減価償却費 | 30 | → | 現金支出のない費用を加算する |
| 当期キャッシュ・フロー | 40 | → | 当期獲得した現金等を表す |

### ③ 投資その他の資産

投資その他の資産は、流動資産および有形固定資産、無形固定資産に含まれなかったさまざまな投資や融資などで、長期的に資金を回収することを目的としています。一般的に、中小零細な法人において、投資その他の資産に多額の資産が計上されることは少ないと考えられます。

ここまで、代表的な固定資産項目を解説しました。固定資産に関しても流動資産と同様に、資産性、つまり、実際にモノがあるかどうか（実在性）、評価が適切に行われているかどうか（評価の妥当性）を確かめることが重要です。とくに、評価の妥当性の観点から減価償却不足が発生していないかどうか、資産台帳や法人税申告書等を見て確かめる必要があります。

さらに、例えば工場の生産設備が陳腐化して使用できない（遊休）状態となり、今後稼動の見込みがないという状況になった場合など、固定資産取得時に予定していた使用目的を果たせなくなった場合には、減価償却計算を適切に実施していたとしても当該固定資産の評価額を一定額までさらに引き下げ、引下げ額を損失として計上する必要があります。このルールを「固定資産の減損会計」といいます。

決算書を読む際、固定資産項目については、資産性があるか否かという観点と使用可能性の観点から貸借対照表を読むことが重要となります。

## 繰延資産の内容

繰延資産とは、創立費、開業費、開発費などの費用を、支出の時点で一度に費用計上せず資産として繰り延べ計上し、効果を及ぼす将来の期間にわたって償却するものをいいます。

通常、固定資産の減価償却方法のうち定額法と同様の償却計算が行われ、キャッシュ・フローを算定する場合も同様に当期利益額に加算するよう調整します。

しかし、固定資産と異なり実際のモノや権利ではないため、財産として処分することを前

提とした場合には、一般的に資産性はないと考えられます。

## 負債の部の内訳と網羅性について

　負債とは、支払手形及び買掛金の仕入債務や借入金など、法人が負っている将来の支払義務をいいます。すなわち、第1章で解説した事業体のお金の調達方法のうち、返済義務のあるものが負債となります。

　資産の部では、資産性、すなわち資産の実在性と評価の妥当性がポイントでしたが、負債の部を見ることによって、支払義務である負債がどれだけあって、その返済原資となる資産が十分にあるかどうかを判断することになるため、負債が漏れなく計上されているかどうかがポイントになります。

　支払義務が漏れなく貸借対照表に計上されているかどうかを確かめることを、負債の「網羅性」を確かめるといいます。

　負債の部は資産の部と同様に、通常の営業活動の過程で継続的に発生するかどうか、もしくは決算日の翌日から1年以内に支払わなければならないかどうかの観点から「流動負債」の部と「固定負債」の部に分かれます。

## 流動負債・固定負債の内容

　流動負債は、通常の営業活動の過程で増減する負債、もしくは決算日の翌日から起算して1年以内に返済が必要となる負債です。また、それ以外の負債が固定負債となります。

　代表的な勘定科目とその内容については、次の図表のとおりです。

### 図表2-10　主な流動負債の内容

| 勘定科目 | 内容 |
| --- | --- |
| ① 支払手形及び買掛金 | 商品や原材料の購入代金の未払残高 |
| ② 短期借入金 | 金融機関等から借り入れた返済期限1年以内の資金 |
| ③ 未払金 | 有形固定資産等の購入代金の支払期限1年以内の未払残高 |
| ④ リース債務 | ファイナンス・リース取引で借手側に生じる支払期限1年以内の未払額 |
| ⑤ 未払法人税等 | 法人税、住民税及び事業税の未払額 |
| ⑥ 賞与引当金 | 翌年度の賞与支給日に支払うべき金額のうち、賞与計算期間開始日から決算日までの期間の労働に対応する金額を見積もって設定される引当金 |
| ⑦ 繰延税金負債 | 税効果会計の適用によって計上される負債勘定であり、短期的な将来において支払わなければならない税金の未払金としての性質をもつ |

図表2-11 主な固定負債の内容

| 勘定科目 | 内容 |
|---|---|
| ① 社債 | 株式会社等が、長期的かつ大量に資金調達するために発行する債券 |
| ② リース債務 | ファイナンス・リース取引で借手側に生じる支払期限が1年を超える未払額 |
| ③ 長期借入金 | 金融機関等から借り入れた返済期限が1年を超える資金 |
| ④ 繰延税金負債 | 税効果会計の適用によって計上される負債勘定であり、長期的な将来において支払わなければならない税金の未払金としての性質をもつ |
| ⑤ 退職給付引当金 | 将来、従業員が退職するときに支払われる退職給付（退職一時金と企業年金）のうち、決算日までに負担すべき金額を見積もり設定される引当金 |

　引当金とは、未確定な翌年度の賞与支払いや将来の退職金支払いなど、決算日時点では確定していないものの将来発生する可能性の高い支払義務がある場合、将来の支払いに備えるため、その原因が発生した決算期において前もって積み立てておく、会計処理上設けられる特別な勘定です。例えば、退職金制度が定められている法人の場合には、毎年度、従業員ごとに決算日時点の勤務年数等に応じた退職給付引当金を計上する必要があります。

　引当金は、引当金の繰入額が損益計算書上で費用として認識され、貸借対照表上では負債の部に計上されるか、資産の部に控除項目（マイナス表記）として計上されます。

　引当金の繰入額は、損益計算書上で費用項目として計上されますが、その時点では現金の支出はなく、実際に義務を果たす際に現金を支出することになります。したがって、損益計算書の当期利益からキャッシュ・フローを算定する場合、引当金の繰入額は当期利益額に加算するよう調整します。

　税務上、引当金の繰入額を損金算入できる場合が少ないことから、とくに中小零細な法人の場合には、引当金を計上している例は多くないと考えられます。決算書を読む場合には、本来、引当金となる将来の支払義務に重要なものがないかどうかという観点をもつことも重要です。

　負債項目については、仕入債務や借入金など現時点で発生している支払義務や将来の支払義務である引当金が漏れなく計上されているかという網羅性の観点から貸借対照表を読むことが重要になります。

## 純資産の部の内訳と株主資本について

　純資産は、資産の部から負債の部を差し引いたものであり、お金の調達方法のうち、返済義務のないもので、「自己資本」ともいいます。純資産の部は、「株主資本」「評価・換算差額等」「新株予約権」の3つの区分に分かれますが、中小零細な法人の場合には「株主資本」のみの場合が多いと考えられます。

　代表的な勘定科目とその内容については、次の図表のとおりです。

図表2-12　主な純資産の内容

| 勘定科目 | 内　容 |
|---|---|
| 株主資本 | |
| ①　資本金 | 株主が法人の設立、増資に伴い払い込んだ金額 |
| ②　資本剰余金 | 株主からの払い込み金額のうち、資本金として処理されなかった金額であり、資本準備金とその他資本剰余金から構成される |
| ③　利益剰余金 | 株主からの払い込みではなく、利益から株主への配当金を支払った後に法人に留保された金額であり、利益準備金とその他利益剰余金から構成される |
| ④　自己株式（△） | 自社が発行した株式の自己所有高であり、株主資本の控除項目 |
| 評価・換算差額等 | 有価証券を時価評価した結果生じる、時価と取得原価の評価差額であるその他有価証券評価差額金等 |
| 新株予約権 | 新株予約権が行使されることにより、資本金もしくは資本剰余金へ振り替わる可能性のある金額 |

　純資産のなかで、最も重要なのが株主資本です。株主資本は、資本金、資本剰余金、利益剰余金などに細かく分類されますが、簡単にいいますと「株主が拠出したお金」＋「法人がこれまでに稼いだ利益」です。一般的には、純資産の部の大部分を占める株主資本は、自己資本ともいう返済義務のない資金調達であり、まさに法人の骨格となる原資です。

　一般的に負債に対する純資産の割合が高ければ高いほど、返済義務のない資金調達が多いということができ、法人の「安全性」が高いと表現します。貸借対照表を読むときの着眼点として、この負債と純資産の割合に着目することが重要となります。

# 第3節　法人損益計算書のポイント

**Key Message**
「儲け」の意味と内容を把握することがポイントです

## 売上総利益

　第1章では、損益計算書の概念および構造について解説しましたが、第2章では法人向けの損益計算書について、損益計算書の「売上総利益」「営業利益」「経常利益」「税引前当期純利益」「当期純利益」の各段階利益ごとに、見るべきポイントを解説していきます。

　法人の本業の儲けである営業利益は、次の計算式で示すことができます。

売上高－営業費用＝営業利益

　売上高は、収益のうち法人の主要な事業からの収入です。営業費用は、売上に対して直接にかかるかどうかの観点から、さらに次の2つに分類されます。

営業費用＝<br>　　売上原価＋販売費及び一般管理費

図表2－13　損益計算書の各段階利益

| 項　目 | |
|---|---|
| 売上高 | A |
| 売上原価 | B |
| **売上総利益** | **C＝A－B** |
| 販売費及び一般管理費 | D |
| **営業利益** | **E＝C－D** |
| 営業外収益 | F |
| 営業外費用 | G |
| **経常利益** | **H＝E＋F－G** |
| 特別利益 | I |
| 特別損失 | J |
| **税引前当期純利益** | **K＝H＋I－J** |
| 法人税等 | L |
| **当期純利益** | **M＝K－L** |

　製品の製造にかかったコストや商品の仕入額など売上に対して直接にかかる費用は「売上原価」として区分され、それ以外の広告宣伝費や経理担当者の人件費など販売活動や法人の営業に必要な管理活動のための費用は「販売費及び一般管理費」に区分されます。

　そして、売上高から売上原価を差し引いたものが「売上総利益」です。

売上高－売上原価＝売上総利益

　この3つの計算式を損益計算書の形式で確認すると、次のようになります。

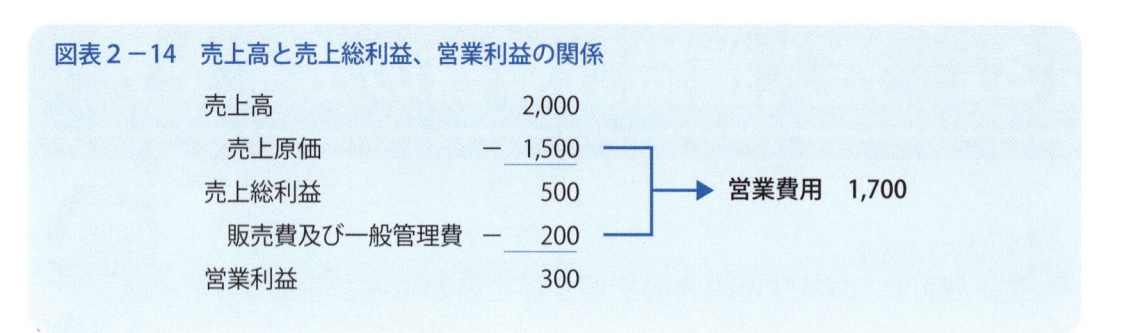

図表2-14　売上高と売上総利益、営業利益の関係

```
売上高                    2,000
  売上原価              − 1,500  ┐
売上総利益                  500  ├→ 営業費用　1,700
  販売費及び一般管理費  −   200  ┘
営業利益                    300
```

売上高は、製品や商品の販売代金のことで、サービスの提供に伴う報酬も売上高に含まれます。

売上原価は、販売された製品や商品の販売や仕入に直接かかったコストです。当期に製造した製品や当期に仕入れた商品すべてが費用計上されるのではなく、原則として、当期に販売された製品や商品のコストのみが売上高と個別的に対応して売上原価として費用計上されるということがポイントです。したがって、決算日時点で製品や商品の在庫として残っているものに関しては、当期の売上原価とはならず、棚卸資産として貸借対照表に計上されることになり、一方、前期末（期首）時点で在庫として残っていたものが当期中に売れた場合には、当該在庫残高が当期の売上原価になります。

このことを計算式で表すと次の等式が成り立ちます。

（製品の場合）期首製品残高＋当期製造原価－期末製品残高＝当期売上原価
（商品の場合）期首商品残高＋当期仕入原価－期末商品残高＝当期売上原価

なお、製造原価は、製品をつくるために必要な、材料費、工場での人件費、生産設備の減価償却費、工場での経費等さまざまな項目から構成されます。製造原価を計算するために、法人は原価計算を実施する必要があり、この原価計算の結果を示す報告書を「製造原価報告書」といいます。製造原価報告書は、損益計算書作成の元資料として作成されますが、中小零細な法人では作成されないことも多いと考えられます。

このように、売上総利益は、製品や商品を販売することで得ることのできる製品や商品そのものの収益力、「儲け」の源泉を示すものといえます。売上総利益は、粗利益（あらりえき）・粗利（あらり）ともいいます。

## 営業利益

売上総利益は、販売代金である売上高から売上原価を回収した後に残る利益ですが、さらにそこから販売費や一般管理費を差し引くと「営業利益」が計算されます。

売上総利益－販売費及び一般管理費＝営業利益

販売費及び一般管理費とは、工場で発生した材料費、人件費、経費等のうち製品の製造に直接かかったコストや商品の仕入額以外の費用、本業のために営業所が行う販売活動に必要

な人件費、経費等、本社の管理部門で発生する人件費、経費等が含まれます。販売費及び一般管理費は売上原価のように売上高と費用を個別に対応させることができないため、発生した期間を基準に費用計上されます。

そして、売上高は、売上原価を回収することはもちろんですが、販売活動や経営管理に係る人件費や経費も十分に回収し、さらに営業利益が生ずるだけの金額であることが必要となります。

営業利益を増やすためには、売上高を伸ばすこともちちろん重要ですが、同時に営業費用を抑えることも重要です。しかし、売上原価を引き下げれば製品の品質が落ちて売上高が減少するかもしれませんし、広告宣伝費を削れば当然売上高へのマイナスの影響があると考えられます。売上高に結びつく費用を、売上高の減少を防ぎながら、いかに無駄なく効率的に利用するかが法人経営のポイントとなります。

このように、営業利益は、法人の本業による収益力、「儲け」を示すものといえます。

## 経常利益

営業利益は、法人の本業によって得た利益ですが、これに法人の財務活動による損益を含んだ、総合的な収益力を示すものが「経常利益」となります。

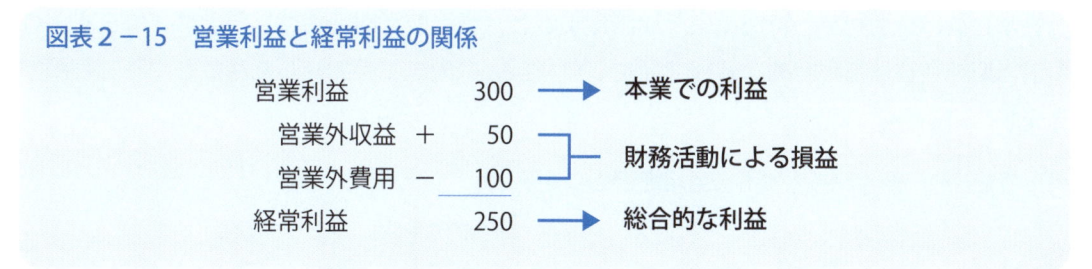

図表２－15　営業利益と経常利益の関係

| 営業利益 | 300 | → 本業での利益 |
|---|---|---|
| 営業外収益 | ＋ 50 | 財務活動による損益 |
| 営業外費用 | － 100 | |
| 経常利益 | 250 | → 総合的な利益 |

財務活動とは、資金の調達や運用に関連して生ずる取引です。例えば、運転資金や設備資金を賄うために金融機関から資金を借りた場合、金利の支払いは、製品や商品の販売という本来の営業活動以外の理由で発生するものなので「営業外費用」として計上されます。

逆に資金的な余裕がある場合、有価証券、預貯金にて資金を運用することもありますが、その場合、利息や運用による利益を受け取ることができます。これも同様の理由から「営業外収益」として計上されます。

財務活動は法人の通常の経営活動として行われるため、営業外収益と営業外費用は経常的に発生する項目です。法人の本業による営業活動で得た営業利益に、財務活動による営業外損益を加減算した結果が経常利益として示され、経常利益は、営業活動に加えて法人の財務活動の結果も加味した経常的に獲得できる法人の総合的な収益力を示す指標といえます。

資金的に余裕のある法人は、営業外費用（利息の支払い）よりも営業外収益（利息の収入）が多くなることで営業利益より経常利益が大きくなる傾向があり、反対に借入金が多いなど資金的に余裕のない法人は、支払利息負担が重くなり、営業利益よりも経常利益が少なくなる傾向にあります。その法人に資金的な余裕があるか否かは、貸借対照表の資産、負債

の内容でも確認できますが、損益計算書の営業外収益または営業外費用をみることで確認することも可能です。

また、貸借対照表の負債計上額が小さいにもかかわらず損益計算書の支払利息計上額が多額となっている場合、負債の計上が漏れている可能性があるなど、両者の整合性を確認することで、決算書の誤りを発見することができる場合もあります。

このように、経常利益は、法人の財務内容の良し悪しまでを反映した利益といえます。したがって、融資実行の可否を判断する際や自己査定を行う際など法人の総合的な収益力、「儲け」を把握するには、経常利益をみることになります。

## 税引前当期純利益と特別損益

損益計算書では、経常利益の次に「特別利益」と「特別損失」が記載されます。特別利益や特別損失は、法人の通常の経営活動と関係なく臨時的に発生した損益です。特別損益に含まれる項目には、次のようなものがあります。

- ・固定資産の売却損益
- ・火災等の災害による損失
- ・固定資産の減損

経常利益に特別利益、特別損失を加減算すると、「税引前当期純利益」が計算されます。税引前当期純利益は、臨時的な要因で発生した利益、損失までを加味した利益ということができます。

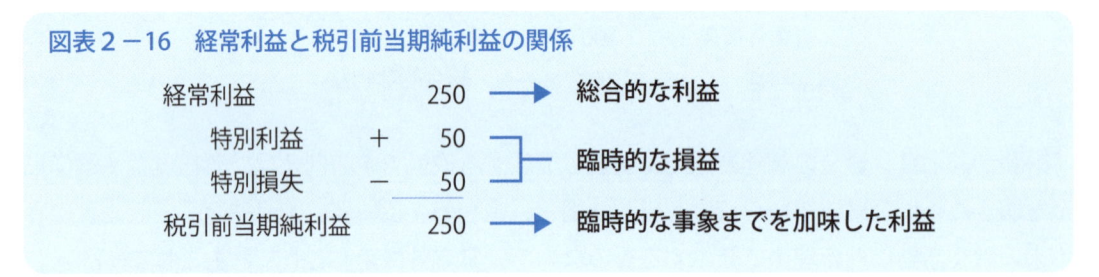

### 図表2-16　経常利益と税引前当期純利益の関係

| | | |
|---|---|---|
| 経常利益 | 250 | → 総合的な利益 |
| 特別利益 ＋ | 50 | ┐ 臨時的な損益 |
| 特別損失 － | 50 | ┘ |
| 税引前当期純利益 | 250 | → 臨時的な事象までを加味した利益 |

## 当期純利益と税金

最後に、税引前当期純利益から税金を差し引いたものが「当期純利益」となり、法人が1年間で獲得し、最終的に手許に残る利益すなわち最終的な「儲け」となります。

### 図表2-17　税引前当期純利益と当期純利益の関係

| | | |
|---|---|---|
| 税引前当期純利益 | 250 | → 臨時的な事象までを加味した利益 |
| 法人税、住民税及び事業税 － | 100 | → 税金 |
| 当期純利益 | 150 | → 最終的に手許に残る利益 |

ここで、差し引かれる税金は、利益（課税所得）の額に応じて支払額が増減する法人税、住民税及び事業税（法人税等）となります。そうではない固定資産税や印税といった利益の

額と連動しない税金は、販売費及び一般管理費に計上されます。

　法人税等の税制や税率は、時代や政府の方針により変わります。税制や税率の変更の影響は、最終的に手許に残る当期純利益に直結するため、経営者は税制や税率に対して大きな関心をもっています。また、国や地方公共団体は、法人がしっかり利益（課税所得）を出して税金を納めることに大きな関心をもっています。その意味では、国や地方公共団体も法人にとっての利害関係者であるともいえます。

# 第4節　勘定科目明細書

> **Key Message**
> 資産や負債、損益の具体的な内訳を把握することがポイントです

## 勘定科目明細書とは

　勘定科目明細書とは、決算書類である貸借対照表・損益計算書の、主要な勘定科目ごとの詳細な明細をいいます。借入や法人税の申告の際も、勘定科目の内訳を表す資料として提出が求められます。

　とくに、法人税の申告の際に求められる勘定科目の明細を「勘定科目内訳明細書」といい、その内容は次の図表のとおりです。

### 図表2－18　勘定科目内訳明細書の種類

① 預貯金等の内訳書
② 受取手形の内訳書
③ 売掛金（未収入金）の内訳書
④ 仮払金（前渡金）、貸付金及び受取利息の内訳書
⑤ 棚卸資産（商品又は製品、半製品、仕掛品、原材料、貯蔵品）の内訳書
⑥ 有価証券の内訳書
⑦ 固定資産（土地、土地の上に存する権利及び建物に限る。）の内訳書
⑧ 支払手形の内訳書
⑨ 買掛金（未払金・未払費用）の内訳書
⑩ 仮受金（前受金・預り金）、源泉所得税預り金の内訳
⑪ 借入金及び支払利子の内訳書
⑫ 土地の売上高等の内訳書
⑬ 売上高等の事業所別内訳書
⑭ 役員報酬手当等及び人件費の内訳書
⑮ 地代家賃等、工業所有権等の使用料の内訳書
⑯ 雑益、雑損失等の内訳書

（出典）国税庁ウェブサイトより

　通常、中小零細な法人において、決算書の勘定科目明細書といえば、申告で求められる「勘定科目内訳明細書」をいいます。

## 勘定科目明細書の必要性

　勘定科目明細書によって貸借対照表・損益計算書の主要項目の内訳を示すことで、主要項目が根拠のある数字であること、すなわち、適正な帳簿に基づき作成したものであることをアピールすることができます。また、利害関係者は勘定科目明細書を見ることによって、貸借対照表・損益計算書で表される法人の経営成績や財政状態の実態を、より具体的に把握することができます。つまり、勘定科目明細書は、貸借対照表・損益計算書の確からしさを担保する手段の1つといえます。

　以下では、具体的に法人税申告書別表の勘定科目内訳明細書を例に、そのポイントを解説します。

## 売上や仕入にかかる債権・債務の内訳書

　売上債権についての勘定科目明細書には「受取手形の内訳書」と「売掛金（未収入金）の内訳書」があり、仕入債務についての勘定科目明細書には「支払手形の内訳書」と「買掛金（未払金・未払費用）の内訳書」があります。それぞれ、決算日時点における相手先ごとの残高が記載されます。

　「受取手形の内訳書」と「売掛金（未収入金）の内訳書」を見ることによって、法人がどのような得意先とどれくらいの取引をしているのかがわかります。例えば、売掛金のほとんどを1つの会社が占めているような場合は、その得意先が法人に与える影響はとても大きいことがわかります。

### 図表2－19　売掛金（未収入金）の内訳書の例

**売掛金（未収入金）の内訳書**

| 科目 | 相手先名称（氏名） | 所在地（住所） | 期末現在高 | 摘要 |
|---|---|---|---|---|
| 売掛金 | A会社 | | 150,000 | |
| 〃 | B商店 | | 52,500 | |
| 〃 | C商会 | | 20,000 | |
| 計 | | | 352,561 | |

（法0302－3）

（注）1．「科目」欄には、売掛金、未収入金の別を記入してください。
　　　2．相手先別期末現在高が50万円以上のもの（50万円以上のものが5口未満のときは期末現在高の多額のものから5口程度）については各別に記入し、その他は一括して記入してください。
　　　3．未収入金については、その取引内容を摘要欄に記入してください。

とくに売上債権に関するチェックポイントとして、受取手形や売掛金の内訳のなかに、**財務内容の悪い会社や個人に対する売上債権が記載されている場合**や、**前期の勘定科目明細書と比較して同じ内容の残高の記載がある場合**には、その回収可能性について慎重に判断する必要があります。

また、「支払手形の内訳書」と「買掛金（未払金・未払費用）の内訳書」を見ることによって、法人がどのような仕入先とどれくらいの取引をしているのかがわかります。こちらも、仕入先を１つの会社が占めているような場合には、仕入先が法人に与える影響はとても大きいことがわかります。

## 借入金及び支払利子の内訳書

「借入金及び支払利子の内訳書」では、借入先の名称、借入先ごとの借入金額や支払利率、担保提供資産等の内容が記載されているので、法人がどのような先から、どのような条件で借入を行っているのかを把握することができます。

チェックポイントとしては、**ＪＡからの借入金がＪＡの残高と整合しているか、他金融機関からの借入金はないか、代表者（経営者）からの借入金はないか**、という３点があげられます。

なお、代表者からの借入金については、第６章で解説する自己査定等で実態判断をするにあたって、返済不要な借入金として実質的には負債ではなく自己資本とみなすことができる場合もあります。

図表２－20　借入金及び支払利子の内訳書の例

| 借入先 所在地（住所） | 法人・代表者との関係 | 期末現在高 | 期中の支払利子額 / 利率 | 借入理由 | 担保の内容（物件の種類、数量、所在地等） |
|---|---|---|---|---|---|
| 甲農業協同組合 | | 3,000,000 | 1.5% | | 定期預金 |
| 乙信用金庫 | | 1,555,000 | 3% | | |
| 丙野太郎 | | 800,000 | 1.5% | | |

## 雑益、雑損失等の内訳書

　損益計算書の営業外収益に計上すべき項目で、金額的に重要性がないことから個別に科目が設けられていないものを雑益といい、営業外費用で同様のものを雑損失といいます。しかし、実務上は、金額がそれなりにあるものについても雑益または雑損失に含めている場合も多くあります。「雑益、雑損失等の内訳書」のチェックポイントとして、内容を把握するとともに、**経常的に発生するものなのかどうか**、すなわち、その期のみに発生する（**一過性**）の収益や費用が含まれていないかどうか、毎期継続して計上することが見込まれる法人の総合的な収益力である経常利益が正しく表されているかどうかを確かめる必要があります。一過性の収益や費用が含まれている場合には、決算書等の分析にあたって決算書に計上されている経常利益から調整することが必要になります（第6章第5節「実態貸借対照表と実態損益計算書」参照）。

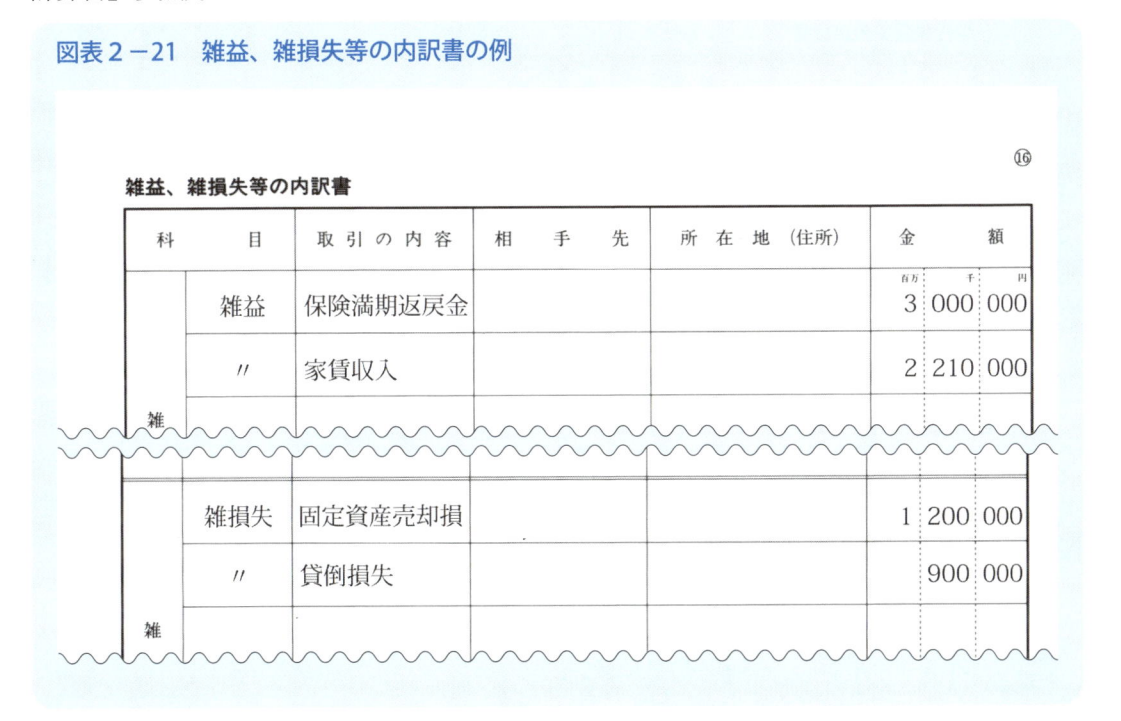

### 図表2－21　雑益、雑損失等の内訳書の例

**雑益、雑損失等の内訳書**　⑯

| 科目 | 取引の内容 | 相手先 | 所在地（住所） | 金額 |
|---|---|---|---|---|
| 雑益 | 保険満期返戻金 | | | 3,000,000 |
| 〃 | 家賃収入 | | | 2,210,000 |
| 雑 | | | | |
| 雑損失 | 固定資産売却損 | | | 1,200,000 |
| 〃 | 貸倒損失 | | | 900,000 |
| 雑 | | | | |

## 役員報酬手当等及び人件費の内訳書、地代家賃等の内訳書

　「役員報酬手当等及び人件費の内訳書」では、役員報酬については受け取る役員の氏名と代表者との関係が、人件費については代表者とその家族への支払額が記載されます。「地代家賃等の内訳書」では、借地・借家の所在地、貸主、賃借料の支払額が記載されます。

　この2つの内訳書のチェックポイントとして、代表者やその親族に対して支払っている役員報酬、人件費、地代家賃等はどれくらいか、また、代表者やその親族にはどのような人物がいるかを把握する必要があります。そして、その額が多額の場合には、決算書等の分析にあたって経費を削減する余地があると判断できる可能性もあります。

### 図表２－22　役員報酬手当等及び人件費の内訳書の例

⑭

**役員報酬手当等及び人件費の内訳書**

| 役員報酬手当等の内訳 | | | | | | | | | | |
|---|---|---|---|---|---|---|---|---|---|---|
| 役職名 / 担当業務 | 氏名 / 住所 | 代表者との関係 | 常勤・非常勤の別 | 役員給与計 | 左の内訳 | | | | | 退職給与 |
| | | | | | 使用人職務分 | 使用人職務分以外 | | | | |
| | | | | | | 定期同額給与 | 事前確定届出給与 | 利益連動給与 | その他 | |
| | | | | 百万 千 円 | 百万 千 円 | 百万 千 円 | 百万 千 円 | 百万 千 円 | 百万 千 円 | 百万 千 円 |
| (代表者) | 内野 太郎 | | 常・非 | 12000000 | | | | | | |

### 図表２－23　地代家賃等の内訳書の例

⑮

**地代家賃等の内訳書**

| 地代家賃の内訳 | | | | |
|---|---|---|---|---|
| 地代・家賃の区分 | 借地（借家）物件の用途 / 所在地 | 貸主の名称(氏名) / 貸主の所在地(住所) | 支払対象期間 / 支払賃借料 | 摘要 |
| 地代 | 東京都××× | 内野 花子 | ・　・ / 2,400,000 円 | |

## その他

その他の勘定科目明細書も、主要科目の理解のために、その内訳を知ることは非常に重要です。とくに、**前期の勘定科目明細書と比較**することで、得意先や仕入先の変化、在庫や固定資産の状況、代表者（経営者）との取引など、貸借対照表や損益計算書の数字だけでは把握できない法人の経営実態の変化を把握することができます。

### 図表２－24　その他の主な勘定科目明細書の見るべきポイント

| 勘定科目明細書の種類 | 見るべきポイント |
|---|---|
| 仮払金の内訳書 | 本来費用として処理すべき残高が残ったままになっていないか<br>実質的に貸付金となっているものはないか |
| 貸付金及び受取利息の内訳書 | 財務内容の悪い先や代表者、代表者親族に対する貸付など、回収可能性に疑義のある貸付金残高はないか |
| 棚卸資産の内訳書 | 長期間在庫として残っているものはないか<br>実際に在庫として存在しているか |
| 固定資産の内訳書 | 使用していない固定資産はないか<br>実際に土地や建物は存在しているか |
| 仮受金の内訳書 | 本来収益として処理すべき残高が残ったままになっていないか<br>実質的に借入金となっているものはないか |

# 第3章

# 個人決算書・確定申告書のポイント

第1節　個人決算書と確定申告書の関係
第2節　確定申告書の構成
第3節　債務者が死亡した場合の準確定申告書の取扱い

# 第1節　個人決算書と確定申告書の関係

> **Key Message**
> 個人決算書が作成されるのは、事業所得と不動産所得のみです

## 個人の確定申告

　法人の獲得した所得の金額に法人税が課されるのと同様に、個人が獲得した所得の金額にも税金が課されます。これが所得税です。所得の金額には、個人が事業を行って獲得した所得のほか、土地等の貸付により得た所得、勤務先から得た給与や賞与の金額などが含まれます。

　所得税は法人税と同様、納税者が自ら所得の金額と税金の額を計算し、これに基づき税金を納める、確定申告による納税方式を原則としています。所得税の計算対象期間はその年の1月1日から12月31日までの1年間です。

　個人の場合には法人と異なり、所得が発生形態に応じて10種類に分類され、その種類ごとに計算方法も課税方法も異なることがポイントです。

　なお、会社員や公務員などの給与等の所得については、税務署で膨大な数の個々の納税者に対応するのは困難であること等の理由から、給料や賃金を支払っている会社等が納税者（個人）の給料から天引きして代わりに税金を納める、源泉徴収とよばれる方式が採用されています。そのため、個々人の確定申告は不要であり、年末に税額が確定したタイミングで、これまでの納付額に過不足がある場合に税額を調整することになります。ただし、給与所得者であっても、給与の収入金額が2,000万円を超える場合や給与を2ヵ所以上から受けていて一定の要件を満たす場合などは、確定申告が必要となります。

　また、預貯金の利息や国債等の利子といった利子所得や保有する株式の配当といった配当所得についても、原則として源泉徴収により税金が納められることになります。

　このように、個人の場合には、所得に種類があることと、それによって確定申告の計算が異なること、または確定申告が必要でない場合があることがポイントです。

## 所得の種類と内容、決算書作成の要否

　所得の種類とその内容について解説します。

① **事業所得**

　農業、漁業、製造業、卸売業、小売業、サービス業等の事業を行って得た所得をいいます。農業により得た所得は事業所得に分類されますが、農業を行っている事業主は、農業と

農業以外（営業等とされます）の事業に分けて決算書を作成し、確定申告をする必要があります。

② **不動産所得**

土地・建物等の貸付や、地上権等の設定及び貸付等による所得をいいます。農業従事者が使用していない土地を貸し付けることで収入を得たり、アパート等を建設して賃料を取っている場合の収入は、不動産所得に該当します。

③ **利子所得**

預貯金や公社債の利子等に係る所得をいいます。いわゆる利息収入が主ですが、日本国内で支払われる利子所得は源泉分離課税（利息を受け取る際に、支払い側があらかじめ税金分を差し引いたうえで支払うことで、所得税の納税が完結する制度）であるため、一般的に確定申告の必要はありません。

④ **配当所得**

法人から受ける配当や投資信託等の収益の分配等に係る所得をいいます。事業主が他社の株式を保有しており、配当金を受け取った場合には配当所得として計算します。

⑤ **給与所得**

勤務先から受ける給料、賞与等の所得をいいます。会社員や公務員などの給与所得者は個々人の確定申告は不要ですが、給与の収入金額が2,000万円を超える場合や給与を2ヵ所以上から受けていて一定の要件を満たす場合などは、確定申告が必要となります。

⑥ **退職所得**

退職金等のように、退職により勤務先から一時に受ける退職手当等の所得をいいます。通常の給与所得に比べ金額が多額となる傾向があり、また、継続的な収入ではないなどの理由から、給与所得とは別の所得に分類されています。

⑦ **山林所得**

山林を伐採して譲渡したり、立木のままで譲渡することによって生ずる所得をいいます。一般的には林業従事者の所得類型で、保有期間5年超の山林の伐採または譲渡がこれに該当します。

⑧ **譲渡所得**

土地、建物、株式、ゴルフ会員権等の資産を譲渡（売却）することによって生ずる所得をいいます。土地や建物を貸し付けて得た所得は不動産所得になりますが、売却して得た所得は譲渡所得になります。また、一般的に商品等を販売した場合は事業所得に分類され、山林の伐採または譲渡をした場合は山林所得に分類される点に注意が必要です。

⑨ **一時所得**

営利を目的とする継続的行為から生じた所得以外の所得をいいます。具体的には懸賞やクイズの賞金や賞品等、競馬や競輪等の払戻金、生命保険の一時金や損害保険の満期返戻金などがこれにあたります。

⑩ 雑所得

　他の9種類の所得のいずれにもあたらない所得をいいます。「公的年金等に係る雑所得」と「その他の雑所得」とに分けられ、公的年金等や、国税や地方税の還付加算金（還付金自体は課税なし）、生命保険や損害保険の年金（一時金で受け取ったものは一時所得）、そのほか、事業として行っていない貸付の利息収入や、保有期間5年以内の山林の伐採または譲渡による収入がこれに該当します。

　所得の種類ごとの課税方法と、確定申告書提出時等に必要となる関連書類は次の図表のとおりです。

**図表3－1　所得の種類と課税方法および関連書類**

| 種　類 | 課税方法 | 確定申告書提出時に添付または提示すべき書類 |
| --- | --- | --- |
| 事業所得（営業等） | 総合／申告分離 | 青色申告者：**青色申告決算書** |
| 事業所得（農業） | | 白色申告者：収支内訳書 |
| 不動産所得 | 総合 | その他、申告内容に応じた付表・計算書 |
| 利子所得 | 源泉分離／総合 | 申告内容に応じた付表・計算書 |
| 配当所得 | 総合／申告分離／源泉分離 | 配当支払通知書や特定口座年間取引報告書等 |
| | | その他、申告内容に応じた付表・計算書 |
| 給与所得 | 総合／申告分離／源泉分離 | 給与所得の源泉徴収票（原本） |
| | | その他、申告内容に応じた付表・計算書 |
| 退職所得 | 申告分離 | 申告内容に応じた付表・計算書 |
| 譲渡所得 | 総合／申告分離 | |
| 山林所得 | 申告分離 | 収支内訳書 |
| | | その他、申告内容に応じた付表・計算書 |
| 一時所得 | 総合／源泉分離 | 申告内容に応じた付表・計算書 |
| 雑所得 | 総合／申告分離／源泉分離 | 公的年金等の源泉徴収票（原本） |
| | | その他、申告内容に応じた付表・計算書 |

（出典）国税庁ウェブサイト「平成26年分　所得税及び復興特別所得税の確定申告の手引き」をもとにトーマツ作成

　なお、課税方法のうち「総合課税」（総合）とは、確定申告により他の所得と合算して税金を計算する制度をいい、所得税の原則的な課税方法です。そのほか、確定申告により他の所得と分離して税金を計算する「申告分離課税」（申告分離）、他の所得とは関係なく、所得を受けるときに一定の税額が源泉徴収され、それですべての納税が完結する「源泉分離課税」（源泉分離）という制度があり、全部で3つの課税方法があります。

## 確定申告の流れと決算書

　さて、所得税の確定申告をするにあたっては、所得を計算し、計算した所得の金額から税額を計算する書類である「**確定申告書**」を作成する必要があります。確定申告書においては、次の図表のような流れで税額を計算します。

第1節　個人決算書と確定申告書の関係

**図表3－2　所得税の計算の流れとそれぞれのポイント**

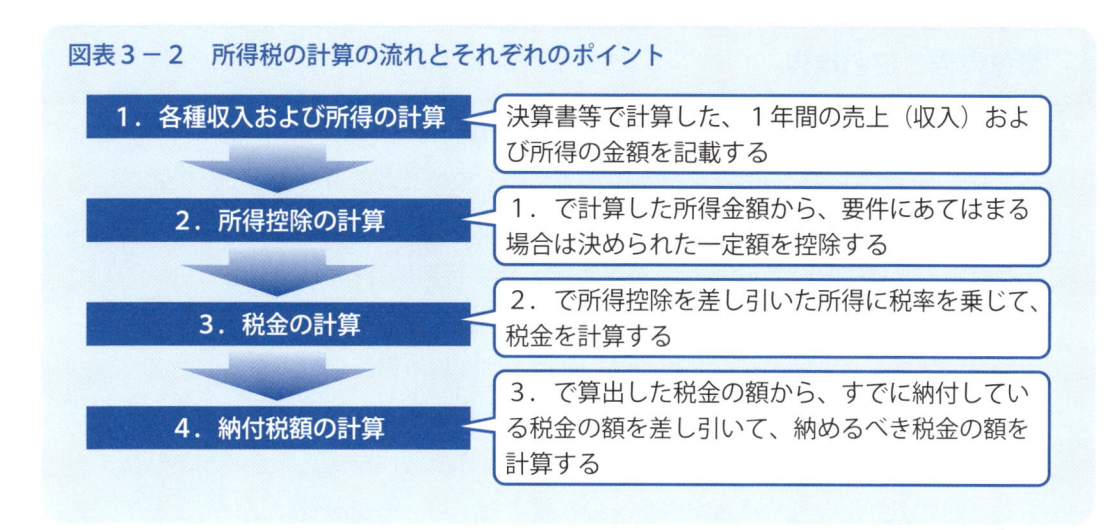

|  |  |
|---|---|
| 1．各種収入および所得の計算 | 決算書等で計算した、1年間の売上（収入）および所得の金額を記載する |
| 2．所得控除の計算 | 1．で計算した所得金額から、要件にあてはまる場合は決められた一定額を控除する |
| 3．税金の計算 | 2．で所得控除を差し引いた所得に税率を乗じて、税金を計算する |
| 4．納付税額の計算 | 3．で算出した税金の額から、すでに納付している税金の額を差し引いて、納めるべき税金の額を計算する |

　上記図表の「1．各種収入および所得の計算」においては、各種所得の金額を、1年間に生じた収入の金額やそこから差し引く必要経費の金額等を用いて計算する必要があります。

　とくに所得のうち「事業所得」「不動産所得」については、収入と経費が1年間に反復して発生することになるため一定の帳簿書類の作成が求められ、後述の青色申告を行う場合には「貸借対照表」や「損益計算書」といった決算書の作成が求められます。一方、それ以外の所得については、決算書の作成は求められません。

　JAの実務において個人事業主から提出を受ける決算書等は、ここまで解説した確定申告のために作成される決算書等です。法人の場合、税金計算のためにも利用されますが、そもそもの目的は利害関係者に開示することである点が違います。JAで融資実行の可否を判断する際や自己査定を行う際には、個人決算書と確定申告書の関係、申告書の主な記載項目と税金計算の流れを把握しておく必要があるとともに、決算書や確定申告書には表されない個人の資産や負債がある可能性についても留意が必要です。

**図表3－3　個人の財政状態・所得の状況と個人決算書、確定申告書の関係**

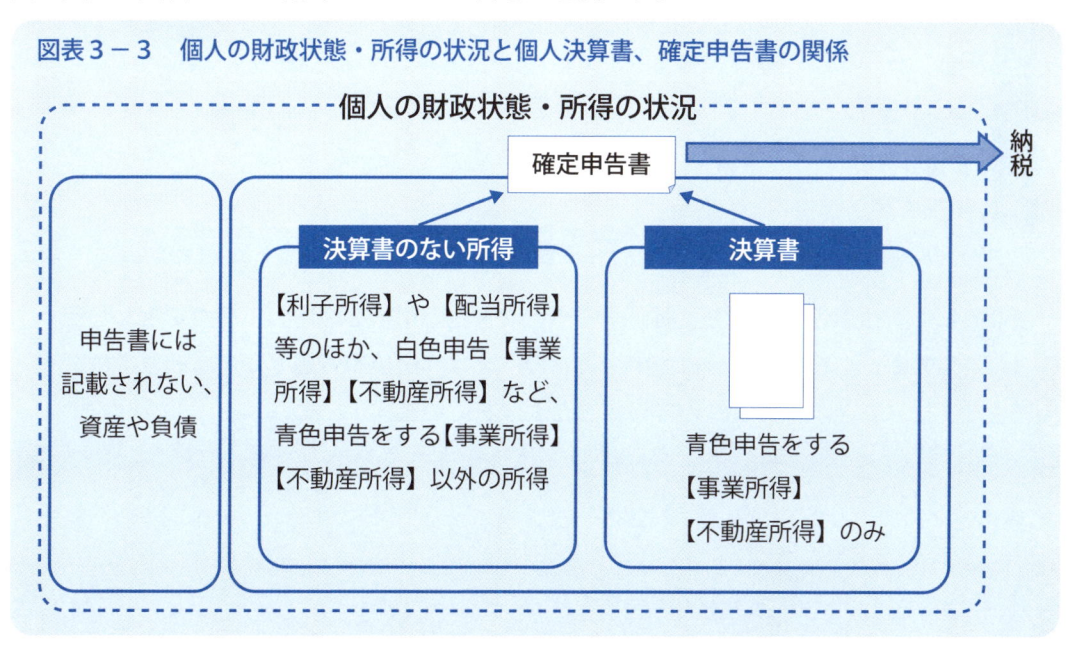

個人の財政状態・所得の状況

- 申告書には記載されない、資産や負債
- 決算書のない所得：【利子所得】や【配当所得】等のほか、白色申告【事業所得】【不動産所得】など、青色申告をする【事業所得】【不動産所得】以外の所得
- 決算書：青色申告をする【事業所得】【不動産所得】のみ

→ 確定申告書 → 納税

## 青色申告と白色申告

わが国の所得税の申告には、「**青色申告**」と「**白色申告**」の2つの方法があります。どちらの方法でも問題なく所得税の申告を行うことはできますが、青色申告を行った場合には、次のような税額を減額できるさまざまなメリットを受けることができます。

- 所得額の計算において、65万円または10万円が特別に控除される
- 事業に従事する家族に支払う給与の額が一部経費として認められる
- 過去の欠損金（マイナスの課税所得）を将来の課税所得と相殺できる　など

ただし、このようなメリットを享受するには、「青色申告書」を用いて確定申告を行うことが必要であり、青色申告書を提出するためには次のような要件を満たす必要があります。

- あらかじめ青色申告の承認申請書を税務署に提出し、承認を受けておくこと
- 一定の帳簿書類を備え付けて取引を記録し、かつ、保存すること

なお、青色申告者だけでなく白色申告者に対しても備え付ける帳簿書類や、確定申告の際に申告書に添付する書類が制度として定められており、次の図表のようになります。

**図表3-4　青色申告者と白色申告者の記帳義務の比較**

|  | 青色申告者 原則（複式簿記） | 青色申告者 特例（簡易簿記） | 白色申告者 |
|---|---|---|---|
| 帳簿書類 | 仕訳帳<br>総勘定元帳<br>補助簿 | 現金出納帳<br>売掛帳<br>買掛帳<br>経費帳<br>固定資産台帳等 | 売上帳<br>仕入帳<br>経費帳等 |
| 記録方法 | 正規の簿記の原則に従い一切の取引を詳細に記載 | 簡易な記録の方法（資産・負債の一部科目を省略） | 総収入金額および必要経費に関する事項を記録 |
| 添付書類 | 貸借対照表<br>損益計算書<br>明細書等 | 損益計算書<br>明細書等 | 収支内訳書 |

（出典）山口暁弘編著『図解 所得税法「超」入門』税理士法人山田＆パートナーズ監修、税務経理協会

ちなみに、青色申告はもともと所得税の申告に青色の用紙を使用していたことからそうよばれていますが、白色申告は「青色申告書」のような「白色申告書」があるわけではなく、所得税法上は「青色申告書以外の申告書」とよばれています。

# 第2節　確定申告書の構成

> **Key Message**
> 貸借対照表および損益計算書から税金計算までの流れを把握します

## 確定申告書「第一表」

　確定申告書のフォームは、国税庁から示されており、ウェブサイトから無料でダウンロードすることもできます。

　なお、所得税の申告書には「申告書A」と「申告書B」の2種類があります。このうち「申告書B」は、所得の種類にかかわらず誰でも使用できる確定申告書で、個人事業主は通常「申告書B」で確定申告しますので、本書では「申告書B」を使用した場合を前提に解説します。なお、「申告書A」は社員やアルバイト・パートの方が確定申告をする場合に利用するもので、通常、個人事業主は使用しません。

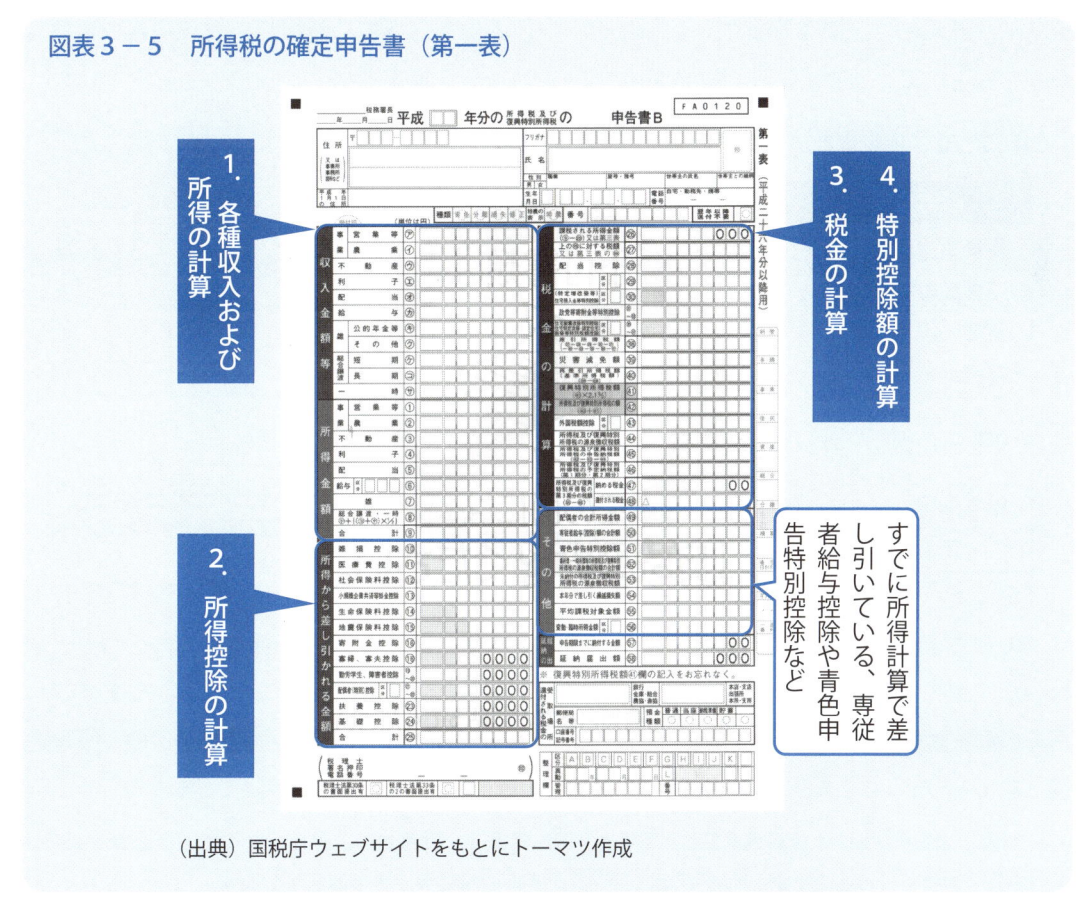

**図表3-5　所得税の確定申告書（第一表）**

1. 各種収入および所得の計算
2. 所得控除の計算
3. 税金の計算
4. 特別控除額の計算

すでに所得計算で差し引いている、専従者給与控除や青色申告特別控除など

（出典）国税庁ウェブサイトをもとにトーマツ作成

通常使用される確定申告書には「第一表」と「第二表」があります。「第一表」は主に「収入金額等」「所得金額」「所得から差し引かれる金額」「税金の計算」といった項目から構成されていますが、これらがそのまま、本章第1節で記載した「図表3－1　所得税額の計算の流れとそれぞれのポイント」に対応しています。つまり、確定申告書を所定の順序に従って記入していくことで、税金計算までが完了するような構成になっています。

　確定申告書Bの第二表は、第一表の詳細情報を記載するものです。確定申告の際には第一表とともに作成し提出する必要がありますが、本書では詳細な解説は割愛します。

## 確定申告書と個人決算書

　本章第1節で述べたとおり、「事業所得」「不動産所得」について青色申告を行う場合には、確定申告書と決算書の記載が密接に関連しており、税金を納める各個人が適切に決算書を作成したうえで確定申告をする必要があります。

　これら決算書については、所得税青色申告決算書様式として、農業所得用、不動産所得用、一般用の3つの区分で、それぞれ貸借対照表と損益計算書の様式が、国税庁によって示されています。

　なお、貸借対照表について、個人が農業所得と不動産所得があるなど複数の事業を営んでいる場合には、所得に係るものを合算して貸借対照表を作成するか、それぞれの貸借対照表を各別作成することになります。もっとも、白色申告を行っている場合や青色申告でも簡易簿記を採用している場合等には作成されないこともあります。

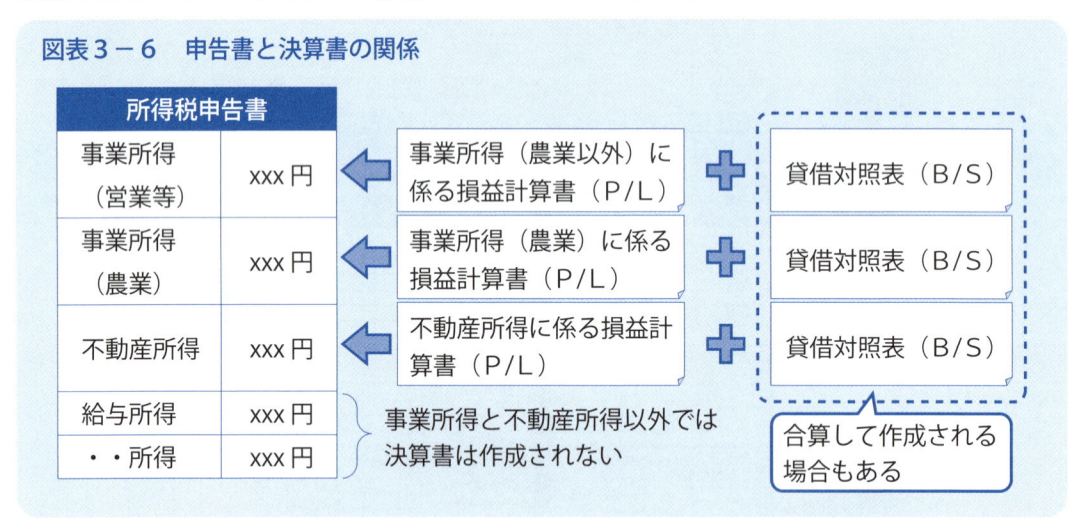

**図表3－6　申告書と決算書の関係**

| 所得税申告書 | |
|---|---|
| 事業所得（営業等） | ××× 円 |
| 事業所得（農業） | ××× 円 |
| 不動産所得 | ××× 円 |
| 給与所得 | ××× 円 |
| ・・所得 | ××× 円 |

事業所得（農業以外）に係る損益計算書（P/L） ＋ 貸借対照表（B/S）
事業所得（農業）に係る損益計算書（P/L） ＋ 貸借対照表（B/S）
不動産所得に係る損益計算書（P/L） ＋ 貸借対照表（B/S）

事業所得と不動産所得以外では決算書は作成されない

合算して作成される場合もある

　このうちJA職員が目にする機会が多いのは「農業所得用」「不動産所得用」の2つかと思われますが、これらの決算書を読むうえでのポイントについては、第5章で解説します。

　この節では、汎用的な様式である「一般用」の様式を用いて、決算書の数値がどのように記載されており、これらがどのように確定申告書に繋がっていくのかについて、解説します[1]。

---

1）　解説で使用している決算書の例は、「青色申告決算書（一般用）の書き方」として国税庁のウェブサイトで公開されているものです。本書ではこのうち重要なものについてのみ解説します。

第2節　確定申告書の構成

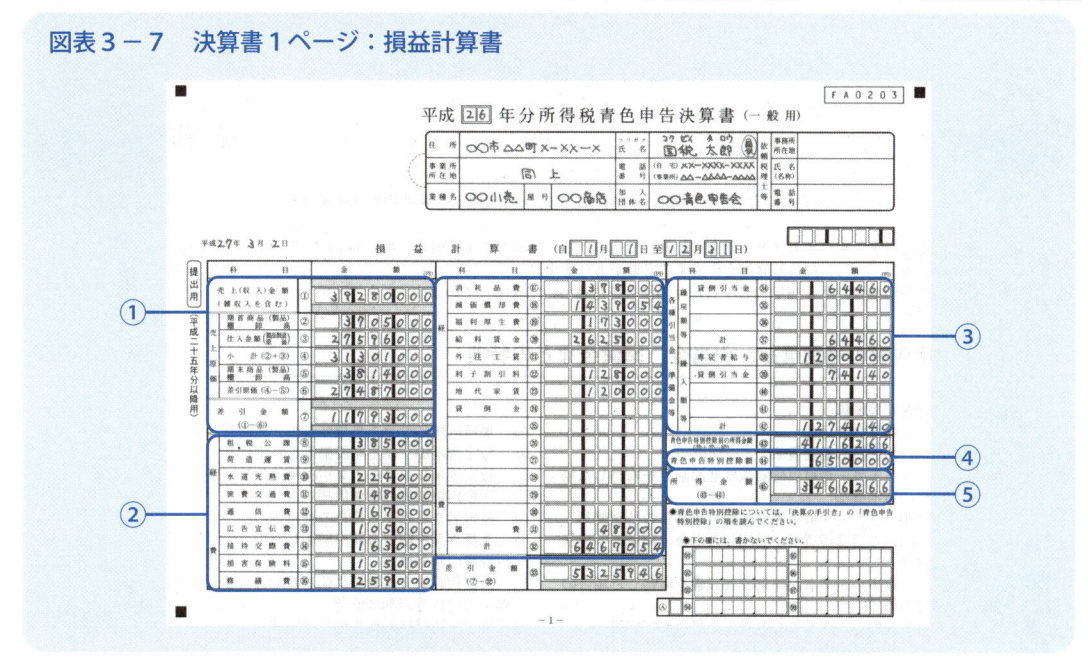

## 1ページ：損益計算書

図表3－7　決算書1ページ：損益計算書

### ① 売上（収入）金額、売上原価

「売上（収入）金額」には、1年間の収入金額が記載され、「売上原価」には、販売した商品の仕入等に要した金額が記載されます。そして「売上（収入）金額」から「売上原価」を差し引いて、粗利益の金額を算出します。

この金額が、申告書第一表の営業等の「収入金額等」に転記されます。

### ② 経費

経費は勘定科目があらかじめ印刷されており、それぞれの勘定科目ごとにかかった金額が記載されます。

### ③ 各種引当金・準備金等

貸倒引当金の繰入（新たに計上した貸倒引当金）や繰戻（過去に繰入したが、当期に回収した貸倒引当金）のほか、青色申告をしたときに所得の金額から控除可能な専従者給与の金額が記載されます。専従者給与とは、個人事業主が生計を一にする親族に支払った給料のうち、一定の要件を満たすことにより必要経費に算入することができるものです。

### ④ 青色申告特別控除額

青色申告を選択した場合の特典として受けられる青色申告特別控除の金額が記載されます。複式簿記で帳簿を作成した方は65万円、単式簿記（簡易簿記）で作成した方は10万円を所得金額から控除することができます。

### ⑤ 所得金額

以上を考慮して計算された結果は、「所得金額」として算出されます。

この金額が、申告書第一表の営業等の「所得金額」に転記されます。

## 2ページ：損益計算書の明細1（売上、給料など）

2ページは、1ページの損益計算書の細目が記載されています。

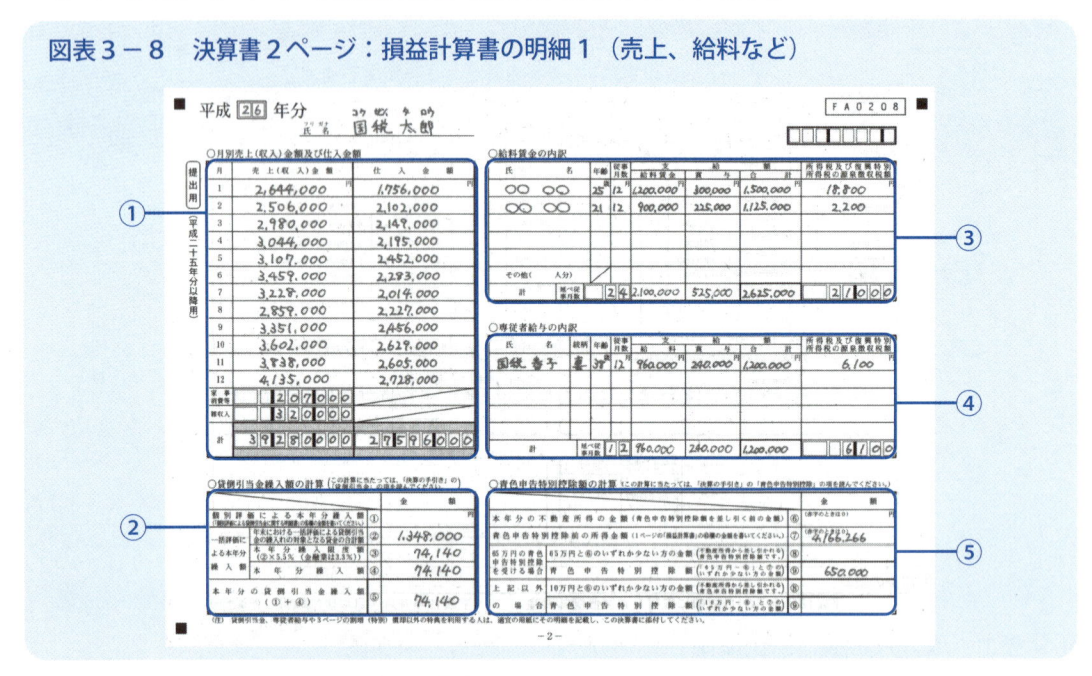

図表3－8　決算書2ページ：損益計算書の明細1（売上、給料など）

① 月別売上（収入）金額及び仕入金額

売上（収入）金額および仕入金額の月別の明細です。合計額が1ページの「売上（収入）金額」および「仕入金額」と一致します。

② 貸倒引当金繰入額の計算

貸倒引当金繰入額の計算をしています。合計額が1ページの「貸倒引当金」の繰入額と一致します。

③ 給料賃金の内訳

従業員を雇っている場合に、個人ごとの年間給与と賞与等内訳が記載されます。1ページの経費の内訳の「給料賃金」の額と一致します。

④ 専従者給与の内訳

専従者の給与は、通常の従業員とは分けてここに記載されます。1ページの「専従者給与」の額と一致します。

⑤ 青色申告特別控除額の計算

1ページの「青色申告特別控除額」と一致します。

第2節　確定申告書の構成

## 3ページ：損益計算書の明細2（減価償却、地代家賃など）

2ページの続きです。

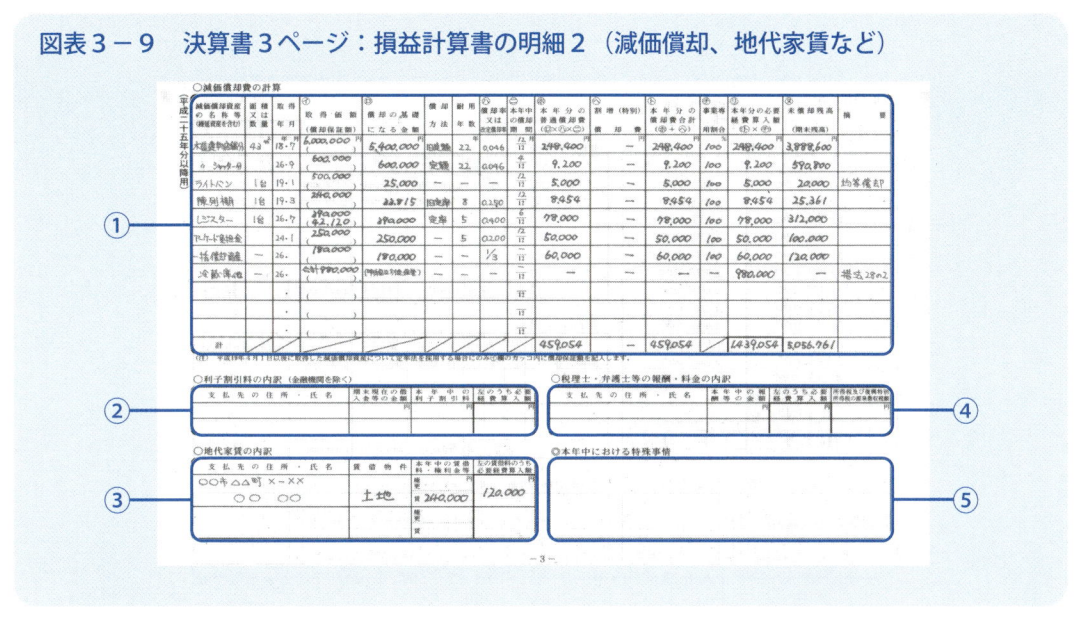

**図表3－9　決算書3ページ：損益計算書の明細2（減価償却、地代家賃など）**

### ①　減価償却費の計算

減価償却費の計算過程が記載されます。1ページの経費の内訳の「減価償却費」の額と一致します。保有している資産の内容を知るのにも有用な情報が記載されます。

### ②　利子割引料の内訳

借入金があれば、その内容（借りている相手等）と利子が記載されます。1ページの経費の内訳の「利子割引料」の明細ですが、金融機関からの借入に対する利子割引料は記載対象とはならないため、これらがある場合は一致しません。

### ③　地代家賃の内訳

家賃や駐車場料金などが記載されます。オフィスと自宅が兼用の場合は、事業用の分のみの金額が記載されます。権利金や更新料などは記載されません。1ページの経費の内訳の「地代家賃」と一致します。

### ④　税理士・弁護士等への報酬

税理士や弁護士に支払った報酬が記載されます。とくに弁護士への報酬が増加している場合などは、係争案件が発生している可能性もあり、個人事業主の状況を知るのに有用な場合があります。

### ⑤　特殊事情

本年中に、例えば前年と比べて所得が大幅に減っている場合などに、その理由が記載されることがあります。こちらも個人事業主の状況を知るのに有用な場合があります。

# 4ページ：貸借対照表

図表3-10　決算書4ページ：貸借対照表

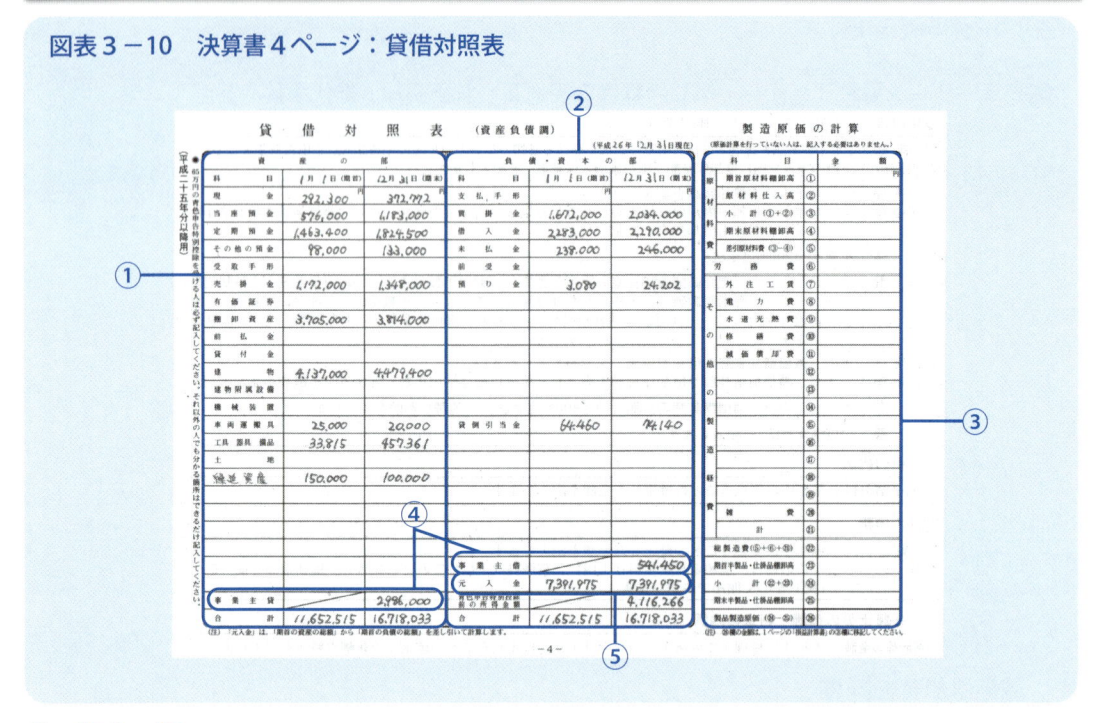

### ①　資産の部

個人事業主が保有する資産の状況を表しています。「棚卸資産」が1ページの「期末商品（製品）棚卸高」と一致します。また、「建物」「車両運搬具」「工具・器具・備品」等の固定資産残高は、3ページの固定資産の内訳の「未償却残高」と一致します。例えば、図表3-9に記載された木造建物店舗分3,888,600円と木造建物シャッター分590,800円の合計が、上記図表3-10の建物の貸借対照表残高4,479,400円と一致します。

### ②　負債・資本の部

個人事業主の負債（買掛金や借入金など）と、資本（事業主借、元入金など）を示しています。この合計額が、資産の部の金額と一致します。

### ③　製造原価の計算

個人事業主が製造業の場合は、この欄を用いて製品の製造原価を計算します。

### ④　事業主貸、事業主借

個人の場合、現金及び預貯金を事業用と個人用に完全に分けるのは難しいことから、「事業主貸」「事業主借」という科目が用意されています。

「事業主貸」は、個人事業主が、事業用の現金及び預貯金等を個人用に使用したときに使う勘定科目です。つまり、事業と事業主個人とを切り離した場合、「事業」という観点からみると事業主個人に対し元入金を一時的に返還していることになるため、元入金のマイナスとして計上されます。

「事業主借」は、逆に個人事業主が個人用の現金及び預貯金等を事業用に使用したときに

使う勘定科目です。「事業」という観点からみると事業主個人からの追加元入れと同様の性質を有しているといえます。

#### ⑤ 元入金

　元入金は、法人の株主資本に近い性質をもつ勘定科目で、個人が事業開始時に用意した資金に、その後獲得した所得と事業主貸、事業主借を調整した額が計上されます。元入金については、次のような計算式が成り立ちます。

　　期首の元入金（期末も同額）＋青色申告特別控除前の所得＋事業主借－事業主貸
　　　＝翌期首の元入金

# 第3節　債務者が死亡した場合の準確定申告書の取扱い

> **Key Message**
> 債務者が死亡した場合には相続人が引き継いで確定申告します

## 準確定申告とは

　日本では高齢化が進行しているため、今後、債務者が死亡するケースが増えることが想定されます。債務者が死亡した場合、融資の管理や自己査定にあたって、とくに確定申告書についてどのようなことに留意する必要があるか、JA職員として押さえておくべきポイントを解説します。

　通常の確定申告は、その年の1月1日から12月31日までの1年間に生じた所得を計算し、その所得金額に対する税額を算出して翌年の2月16日から3月15日までの間に申告と納税をすることになっています。

　年の途中で亡くなった人の所得については、1月1日から死亡した日までの所得に応じて税金を払う必要があります。相続人は、相続の開始があったことを知った日の翌日から4ヵ月以内に、その年の1月1日から被相続人が死亡した日までに確定した所得金額および税金を計算して、申告と納税をしなければなりません。これを**準確定申告**といいます。確定申告の時期は次の年の2月から3月というイメージがあるかもしれませんが、相続の場合はそうではありませんので留意が必要です。

　準確定申告の手続は相続人が行うことになります。すなわち、通常、納税者と申告する人は同じですが、本来申告および納税を行うべき被相続人が死亡しているため、代わりにその相続人が申告し、納税することになります。

## 準確定申告書における所得控除の取扱い

　準確定申告について知っておきたい事項に、所得控除の取扱いがあります。

　医療費控除などの所得控除の対象となるのは、死亡の日までに被相続人が支払った医療費になります。死亡後に相続人が支払ったものを被相続人の準確定申告において医療費控除の対象に含めることはできません。

　社会保険料、生命保険料、地震保険料等についても同様です。

## 相続人の所得に関する留意点

　もう1つ、準確定申告に関連して押さえておきたいことがあります。それは、相続人が事

業を承継した場合の相続人の所得についてです。

　相続人が事業を承継した場合、事業で発生した所得については、被相続人が死亡した日の翌日の所得から相続人の所得に含めることになりますが、不動産所得については被相続人が死亡した月の翌月から12月31日までに発生した所得が相続人の所得になります。

　また、相続人の所得については、青色申告の申請をして青色申告特別控除をすることで所得税・住民税の節税をすることができますが、被相続人が青色申告の申請をしていたとしても、相続人として青色申告の申請をしないと青色申告特別控除を控除できませんので注意が必要です。

### 準確定申告と相続手続の関係

　相続税の申告は、相続人が被相続人の死亡を知った日（相続開始日）の翌日から10ヵ月以内に行うことになります。一方、準確定申告は、相続の開始があったことを知った日の翌日から4ヵ月以内に行います。相続人の手続としては準確定申告の期限が先になりますので、まず相続人は準確定申告を行い、次に相続税の申告を行うことが多いと思われます。

　準確定申告、相続税申告とも、相続人の範囲や相続割合を決め（法定相続分を含む）、被相続人の財産状況・債務状況を把握したうえで、税金計算をする必要があります。

　なお、相続手続、準確定申告、相続税申告は、相続人にとって負担が大きいことから、ＪＡの融資担当者あるいは渉外担当者は、相続が発生する以前より、被相続人および想定される相続人と日頃から可能な範囲で会話を重ねて、相続に関する事実関係や悩みを把握しておくことが必要です。そして、相続手続と準確定申告、相続税申告の手続の内容を十分に理解したうえで、いざというときに円滑なサポートができるよう心がけるとよいでしょう。

### 相続人が複数いるケース

　相続人が2人以上いる場合は、原則として各相続人が連署により準確定申告書を提出する必要があります。ただし、相続人が各自で準確定申告書を提出することもできます。相続人が各自で提出する場合は、他の相続人の氏名を付記して各相続人が別々に提出することになります。またこの場合、この申告書を提出した相続人は、他の相続人に申告した内容を通知しなければならないことになっています。

　各相続人の納税額は、準確定申告の期限までに遺産分割を終えていればその割合で、終えていなければ法定の相続割合で負担することになります。還付を受ける場合も同様の割合で行われます。

　次の図表は、国税庁のウェブサイトにある、死亡した人の準確定申告をする場合の記載例（一部抜粋）です。相続人が法定相続分の申告をする例になっています。

図表３－11　準確定申告書の記載例

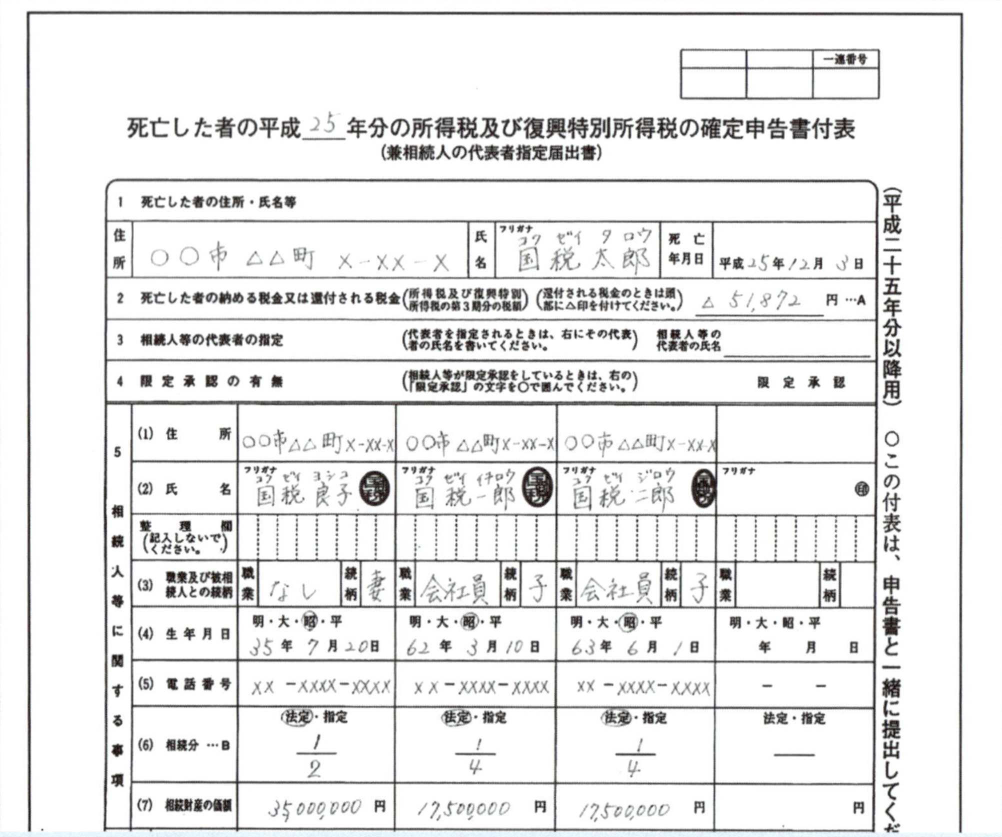

一連番号

死亡した者の平成25年分の所得税及び復興特別所得税の確定申告書付表
（兼相続人の代表者指定届出書）

（平成二十五年分以降用）　○この付表は、申告書と一緒に提出してくだ

| | | | | |
|---|---|---|---|---|
| 1 死亡した者の住所・氏名等 | | | | |
| 住所 | ○○市 △△町 X－XX－X | 氏名 | フリガナ コクゼイ タロウ 国税太郎 | 死亡年月日 平成25年12月3日 |
| 2 死亡した者の納める税金又は還付される税金 | （所得税及び復興特別所得税の第3期分の税額） | （還付される税金のときは頭部に△印を付けてください。） | △ 51,872 円…A | |
| 3 相続人等の代表者の指定 | （代表者を指定されるときは、右にその代表者の氏名を書いてください。） | 相続人等の代表者の氏名 | | |
| 4 限定承認の有無 | （相続人等が限定承認をしているときは、右の「限定承認」の文字を○で囲んでください。） | 限定承認 | | |

| 5 相続人等に関する事項 | | | | |
|---|---|---|---|---|
| (1) 住所 | ○○市△△町X-XX-X | ○○市△△町X-XX-X | ○○市△△町X-XX-X | |
| (2) 氏名 | フリガナ コクゼイ ヨシコ 国税良子 ㊞ | フリガナ コクゼイ イチロウ 国税一郎 ㊞ | フリガナ コクゼイ ジロウ 国税二郎 ㊞ | フリガナ ㊞ |
| 整理欄（記入しないでください。） | | | | |
| (3) 職業及び被相続人との続柄 | 職業 なし 続柄 妻 | 職業 会社員 続柄 子 | 職業 会社員 続柄 子 | 職業 続柄 |
| (4) 生年月日 | 明・大・㊐・平 35年 7月20日 | 明・大・㊐・平 62年 3月10日 | 明・大・㊐・平 63年 6月 1日 | 明・大・昭・平 年 月 日 |
| (5) 電話番号 | XX －XXXX－XXXX | XX－XXXX－XXXX | XX －XXXX－XXXX | － － |
| (6) 相続分 …B | ㊏・指定 1/2 | ㊏・指定 1/4 | ㊏・指定 1/4 | 法定・指定 ―― |
| (7) 相続財産の価額 | 35,000,000 円 | 17,500,000 円 | 17,500,000 円 | 円 |

（出典）国税庁ウェブサイト

## 準確定申告書を使った融資管理・自己査定の留意点

債務者が死亡した場合、入手する確定申告書には注意が必要です。相続人が承継した不動産物件や賃料収入等の事業内容、所得状況は被相続人の生前と変わっていないにもかかわらず、従前より被相続人である債務者からもらっていた申告書の内容と、相続人から入手する申告書の記載内容が変わる可能性があるためです。

例えば、不動産賃貸業を行う債務者が死亡し、相続人である妻と長男が法定相続分をそれぞれ相続した場合を例に考えましょう。前述のとおり、準確定申告書は①妻と長男どちらかがまとめて作成するケースと、②妻と長男がそれぞれ作成するケースの、２つのケースが生じます。

そして、②の準確定申告書を相続人がそれぞれ作成し、以後の不動産賃貸業に係る確定申告書も相続割合に応じて作成・申告する場合は、事業および所得が分割されることになるため、その後の確定申告書の内容が従前と異なることになります。

このような事実を把握せずに、あるいは無視して、分割した一方の確定申告書の金額のみを用いてキャッシュ・フローや債務償還年数を算定すると、賃貸物件の稼働状況等には変化

がないにもかかわらず、表面的には償還能力が悪化しているようにみえることになります。単純なケースでは気づいて見直すこともできますが、不動産賃貸住宅物件を複数保有し、相続期間中に物件を売却したりするとわかりにくくなるため、入手できた1人の確定申告書をそのまま使いがちです。

そのため、債務者が死亡したときは、原則として全相続人から準確定申告書を入手する必要があります。

準確定申告書を入手するために相続人と関わりをもつことは、相続人との会話を重ね、関係性を理解する機会ともいえます。また、相続が発生する以前より、債務者との日頃のコミュニケーションにより相続に関する相談に対応できる状態にすることで、事実を踏まえた適切な融資管理や自己査定の判断を行うことができることに繋がります。

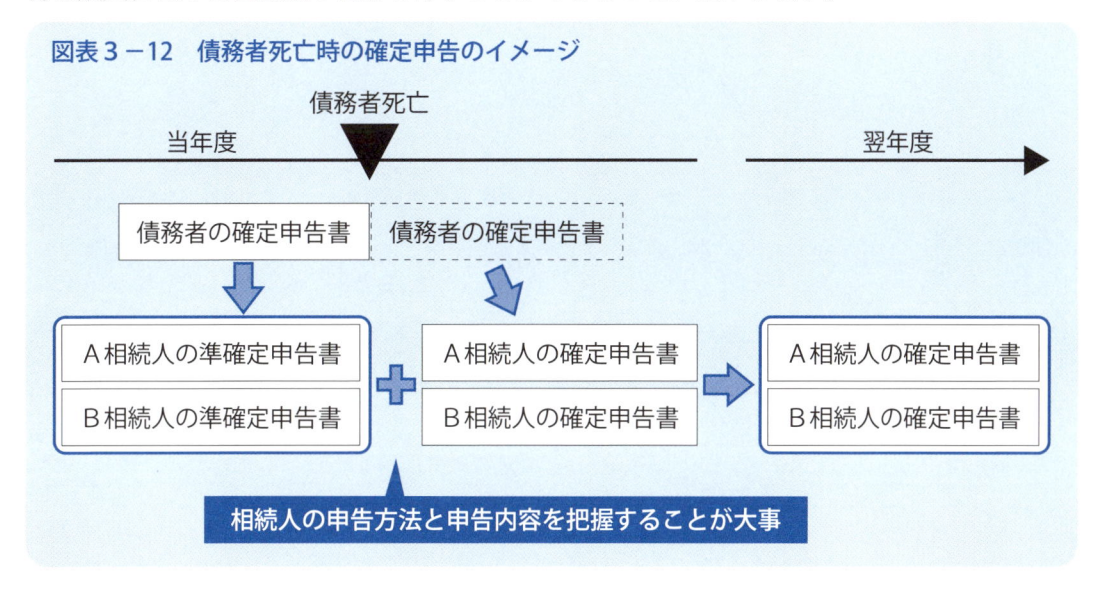

図表3−12 債務者死亡時の確定申告のイメージ

| 当年度 | | 翌年度 |
|---|---|---|
| 債務者の確定申告書 | 債務者の確定申告書（債務者死亡） | |
| ↓ | ↓ | |
| A相続人の準確定申告書 | A相続人の確定申告書 | A相続人の確定申告書 |
| B相続人の準確定申告書 | B相続人の確定申告書 | B相続人の確定申告書 |

**相続人の申告方法と申告内容を把握することが大事**

# 第4章 決算書分析の基礎

第1節　定量分析と定性分析
第2節　単年度及び複数期間実数分析
第3節　財務比率分析
第4節　定性分析
第5節　粉飾の兆候

# 第1節　定量分析と定性分析

> **Key Message**
> 定量分析と定性分析の相互補完により個人事業主や法人の実態把握が可能となります

## 決算書および確定申告書分析の心がまえ

法人の決算書や個人事業主の確定申告書の分析を行う目的はさまざまだと思いますが、ＪＡの実務において必要とされ、重要と考えられるのは、次のような場面ではないでしょうか。

- ・融資の実行の可否を判断する
- ・自己査定を行う
- ・経営改善をサポートする

このような場面において、対象となる個人事業主や法人の実態を十分に把握し、その実態に応じた判断を行うために分析が必要となってきます。

その際、「決算書や確定申告書のここだけを見れば大丈夫」「〇△比率を算定しさえすればたちどころに分析できてしまう」といった魔法のような方法は、残念ながら存在しません。個人事業主や法人に関して、可能な限り多くの情報を入手し、その情報をもとにさまざまな視点から分析を行うことにより、実態の把握が可能となります。

個人事業主や法人に関して入手される情報は、決算書や確定申告書等の数値に基づいた情報（**定量情報**）と数値では表されない情報（**定性情報**）に大別することができ、これらの情報を用いて行う分析を、それぞれ**定量分析**と**定性分析**といいます。

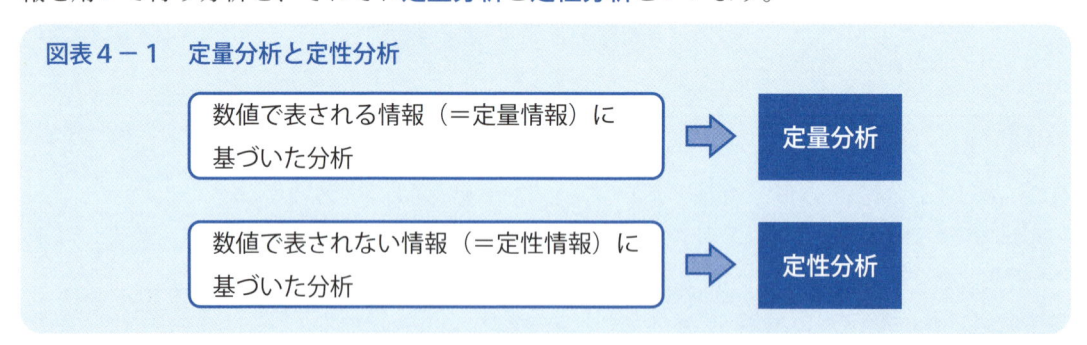

### 図表４−１　定量分析と定性分析

|  |  |
|---|---|
| 数値で表される情報（＝定量情報）に基づいた分析 | 定量分析 |
| 数値で表されない情報（＝定性情報）に基づいた分析 | 定性分析 |

これらの分析を行う際に意識したいことは、今後にどのような影響を及ぼすのか、今後の見通しについてどのように考えるのか、という点です。分析を行う目的は、債務者等からの融資の回収や債務者等の経営改善という将来に関するものです。そのため、過去および現在の状況をもとに、今後の見通しについて判断することが最も重要であるといえます。

## 定量分析とは

　定量分析は、数値で表される定量情報をもとにした分析のことであり、主として決算書や確定申告書等の数値を用いた分析になります。決算書の読み方や財務分析として、まずイメージされるのが、このような数値を用いた分析ではないでしょうか。

　本書においても、決算書や確定申告書等の数値を単年度の数値および複数期間の推移等で検討する「**単年度及び複数期間実数分析**」や各種の比率を算定して検討する「**財務比率分析**」を次節以降で解説します。

　この定量分析は、数値で表される情報をもとにしているため、客観性が高いということができ、個人事業主や法人の実態を把握する際において、必要不可欠なものであるといえます。

## 定性分析とは

　定性分析は、数値で表されない定性情報に基づいた分析です。

　分析を行う際には、対象となる個人事業主や法人が行う事業・ビジネスの理解が欠かせませんが、この事業・ビジネスを理解するための情報である経営方針や事業目的、業種・業界の動向などは定性情報です。ほかにも会社、経営者、従業員、株主、工場、設備などに関する情報も定性情報であり、さまざまなものが分析の対象になります。

　上記の定量分析から把握される数値の動きについて、その要因を把握することも定性分析といえます。

## 定量分析と定性分析の相互補完関係

　定量分析、定性分析の詳細は次節以降で解説しますが、その前提として、分析を行う際には、定量分析のみを行っても不十分であり、定性分析のみを行っても不十分であるという点を理解する必要があります。

図表４－２　定量分析と定性分析の主な内容

| 定量分析 | 定性分析 |
|---|---|
| 単数年度及び複数期間実数分析<br>・売上高の増加・減少<br>・費用の増加・減少<br>・資産超過／債務超過<br>財務比率分析<br>・収益性の分析<br>・安全性の分析<br>・償還能力の分析<br>・成長性の分析<br>・生産性の分析 | ・経営方針、事業目的<br>・業種・業界の動向<br>・事業の強み・弱み<br>・経営計画<br>・販売先との関係<br>・仕入先、下請先との関係<br>・株主の状況<br>・設備の状況<br>・従業員への教育 |

整合性や相互補完性を確認する

例えば、定量分析で把握した事項と定性分析で得た情報との整合性を確認したり、定性分析で得た情報を、数値に影響しているか、もしくは今後どのように影響するのかといったように定量分析に活用するなど、定量分析と定性分析は相互に補完することができます。このような分析を行うことで、より深度のある実態把握が可能となります。

### 分析の重要性の高まり

　近年、金融機関に対して担保や保証に過度に依存しない融資が求められてきています。これはＪＡも例外ではありません。このような融資を行うためには、債務者等の現状および今後の見通しについて、より詳細に分析する必要があります。そのため、「融資の実行の可否を判断する」「自己査定を行う」場面において、分析の重要性、実態把握の重要性は、従来以上に高まってきているといえます。

　また、債務者等の「経営改善をサポートする」ことも金融機関に求められてきています。当然、ＪＡに対しても今後ますます求められてくることが考えられます。経営改善をするには、どのくらいの期間で、どのような事項の改善を図るかといったことを検討するために、債務者等の経営状況を詳細に把握する必要があります。

　なお、「融資の実行の可否を判断する」および「自己査定を行う」場面については、第６章「与信管理および自己査定の基礎」で、「経営改善をサポートする」場面については、第７章「経営改善への取組み」で解説します。

## 第2節 単年度及び複数期間実数分析

**Key Message**
複数期間実数分析（時系列分析、期間比較）は、分析の基本です

### 法人決算書と個人決算書

本節では、定量分析のうち、単年度及び複数期間実数分析を解説します。

これらの分析を行う際には、決算書等の数値を用いることになります。決算書等に関しては、第2章で法人決算書等、第3章で個人決算書等についてそれぞれ解説したとおり、法人決算書等と個人決算書等は、その形式や内容に異なる点があります。例えば、個人決算書には、法人決算書の貸借対照表にある純資産の部が存在しない、損益計算書の各段階利益が存在しないなどです。

しかし、そのような違いにより、分析の考え方や方法が大きく異なることはありません。そこで、ここでは法人決算書等をベースに解説を行います。

### 単年度実数分析と複数期間実数分析

1期分の決算書等の数値をもとに行う分析を単年度実数分析、2期以上の複数期間の決算書等の数値をもとに行う分析を複数期間実数分析といいます。

ここで「実数」という用語を用いているのは、次節で解説する財務比率ではなく、決算書等の数値そのものを用いた分析であることを明確にしているためです。分析を行う際には、まずは決算書等の数値を用いますので、「実数」という用語を用いずに単年度分析や複数期間分析と表現することもあります。また、複数期間分析は、時系列分析や期間比較と表現することもあります。

### 複数期間実数分析とは

複数期間実数分析とは、1期分の決算書等のみではなく、複数の期間の決算書等の数値を並べて比較すること、もしくは推移をみる分析です。例えば、損益計算書の売上高が増えたのか減ったのか、もしくはここ数年どのように推移しているのか、といったことを確認し、債務者等の事業・ビジネスの状況を検討します。

複数期間実数分析は、分析を行ううえで最も基本であり、欠かすことができない方法であるといえます。

なお、複数期間として何期分の決算書等を比較する必要があるのかについて、一律の答え

があるわけではありません。ただし、可能な限り3期以上の数値の比較を行うことが望まれます。なぜならば、例えば、損益計算書上のある費用の数値が、前々期：60、前期：120、当期：50と推移していた場合、「債務者の通常の状態だと50～60程度発生する費用であり、前期は何らかの特殊な要因があったことが推定される。そのためその要因を確認する必要がある」と分析を進めることができますが、前期（120）と当期（50）の数値のみでは、大きく変動していることはわかっても、どちらが債務者等の通常の状況かわからず分析しにくい、といった状況となってしまうためです。なお、詳細に分析を行う必要がある場合には、10期以上の数値を用いて比較を行うこともあります。

## 単年度実数分析と複数期間実数分析の関係

実際に分析を行う際には、入手した最新の決算書等をもとに単年度実数分析をしつつ、過年度の情報と比較してどのように推移しているか、どのように増減しているかといった視点から複数期間実数分析を行い、そのなかで気になる事項について最新の決算書等の詳細を確認していく、といったように単年度の情報と複数期間の情報とを交互にみることになります（なお、次の図表にある着眼点の具体的な内容については、後述します）。

**図表4－3　単年度実数分析と複数期間実数分析の着眼点**

| 単年度 | 複数期間 |
|---|---|
| **単年度の決算書からわかることがある** | **複数期間＊の決算書を比較することでみえてくることがある** |
| 貸借対照表の主な着眼点<br>・純資産の状況（債務超過の有無）<br>・「仮」のつく勘定科目（仮払金・仮受金）<br>・貸付金<br>・資産と負債のバランス（運用と調達のバランス）<br>損益計算書の主な着眼点<br>・各段階利益の状況（黒字か赤字か）<br>・特別利益・特別損失の有無、内容<br>・「雑」のつく勘定科目（雑収入・雑損失） | 期間比較の着眼点<br>・売上高・各段階利益の推移<br>・著しい増減項目の有無、内容<br>・役員報酬の推移<br>・減価償却費の推移<br>・修繕費の推移（とくに不動産賃貸業の場合）<br>・キャッシュ・フローの推移 |

＊3期以上の期間比較を実施することが望まれる

## 分析は「全体から詳細へ」

決算書等の分析を行う場合には、いきなり細かいところに入り込むのではなく、貸借対照表や損益計算書の全体感を把握してから、勘定科目やその明細といった詳細を検討していくことが基本です。

図表4－4　分析の掘り下げのイメージ

全体での分析　→　勘定科目レベルの分析　→　勘定科目明細レベルの分析

　貸借対照表の場合には、資産・負債・純資産のそれぞれの合計額、その内訳である流動資産・固定資産、流動負債・固定負債の合計額がいくらであるか、バランスはどうかといった全体を確認し、その後、勘定科目レベルの分析を実施し、必要に応じて勘定科目明細へ視線を移していくというイメージです。

　損益計算書の場合には、売上高、各段階利益の状況をみて全体像を把握し、その後、勘定科目、勘定科目明細へ視線を移していくというイメージです。

　これらの順番はあくまで一例ですが、分析は「**全体から詳細へ**」ということがポイントです。

## 複数期間実数分析の基本

　具体的な貸借対照表や損益計算書の着眼点について解説する前に、複数期間実数分析における基本的な着眼点を解説します。

**着眼点①　著しい増減が見られる項目とその増減の要因を把握する**

　決算書等の数値は、債務者等が行っている事業・ビジネスの結果を表すものです。著しい増減として把握されるような大きな取引を行う場合には、必ずその背景や意図があり、今後の事業・ビジネスに少なからず影響を与える可能性があります。そのため、著しい増減の要因を把握する際には、常に取引の背景や意図、今後に与える影響を意識することが必要です。

**着眼点②　数値に動きがない項目はないか**

　著しい増減にのみ着目すれば十分ということではなく、数値に動きがないことについても着目することが必要です。例えば、借入金の残高に変動がない場合、債務者の資金繰りが苦しく約定返済を行っていない可能性や、建物の残高に変更がない場合、減価償却を行っていない可能性が考えられます。そのため、勘定科目の性質を念頭に置きながら分析を行うことが必要です。

**着眼点③　勘定科目の内訳や相手先ごとに比較する**

　勘定科目全体としては著しい増減がない場合でも、その内訳や相手先ごとに比較することが有用なケースもあります。例えば、売掛金や買掛金について、その相手先ごとの比較を行うことにより、主要販売先や主要仕入先の変更がわかることがあり、これは債務者等の事業・ビジネスの何らかの変化によって生じたものではないか、と読み取ることができます。そのため、重要と判断される勘定科目については、可能な限り勘定科目明細書等を用いて、内訳や相手先ごとの比較をすることが必要です。

## 貸借対照表の着眼点

① 全体の分析

貸借対照表を見る場合には、まず資産・負債・純資産のそれぞれの合計額、次に流動資産・固定資産、流動負債・固定負債のそれぞれの合計額を確認することにより、債務者等の**財政状態の規模や全体感を把握**します。

この際、**資産と負債のバランス**（調達と運用のバランス）もあわせて検討する必要があります。これについては、次節で解説する「流動比率」「自己資本比率」「固定長期適合率」を算定することや、その比率の考え方を参考にすることが有用です。

とくに注意が必要なのは、純資産がマイナスとなっている場合（このような状態を**債務超過**といいます）です。資産の合計額より負債の合計額が大きい状況にあるため、仮にその時点で保有する資産をすべて売却したとしても、借入金等の負債をすべて返済することができない可能性があることを示します。このような債務者等の分析を行う場合には、通常以上に情報収集に努め、詳細な分析を行うことが求められます。

② 勘定科目レベルの分析

貸借対照表を分析するうえでの勘定科目ごとの主な着眼点を次の図表で一覧にしました。第2章第2節で解説したとおり、**資産は資産性、負債は網羅性**がポイントとなりますので、分析においてもこの観点から検討することが有用です。

### 図表4－5　貸借対照表勘定科目の主な着眼点

| 勘定科目 | 主な着眼点 |
| --- | --- |
| 流動資産 | |
| 現金及び預貯金 | ・残高に増減がみられる場合、その要因は何か |
| 受取手形・売掛金 | ・どのような相手先か<br>・主要な相手先の変化はあるか<br>・（とくに残高が増加している場合）業績が不振である等の理由により、回収に懸念のあるものはないか |
| 商品・製品 | ・（とくに残高が増加している場合）不良在庫（今後の販売が見込まれない、減額しないと販売できない在庫）はないか |
| 貸付金 | ・どのような貸付先か<br>・貸付先との関係はどのようなものか<br>・業績が不振である、貸付先との関係から実質的に回収を求めない等の理由により、回収に懸念のあるものはないか |
| 仮払金 | ・どのような相手先か<br>・（とくに残高が大きい場合や残高の増加がみられる場合）本来費用とすべきものが含まれていないか |
| 有価証券 | ・どのような有価証券か<br>・時価が大幅に下落している銘柄、発行主体の業績に問題のある銘柄はないか<br>・関連会社・関係会社が存在していないか、どのような関係か |
| 未収入金 | ・変動がなく回収不能なもの、実質的な貸付金となっているものはないか |

| | | |
|---|---|---|
| | その他 | ・「その他」としてまとめられている金額が多額の場合、その内訳はどのようなものか |
| **固定資産** | | |
| | 土地以外の固定資産<br>（建物、機械装置等） | ・減価償却が行われているか<br>・遊休資産はないか<br>・老朽化しているものはないか<br>・増減がみられる場合には、その要因は何か、資金はどのように流れているか、今後の事業・ビジネスに与える影響はどのようなものか |
| | 土地 | ・含み損益の状況<br>・遊休資産はないか<br>・増減がみられる場合には、その要因は何か、資金はどのように流れているか、今後の事業・ビジネスに与える影響はどのようなものか |
| | 無形固定資産 | ・残高が多額である勘定科目や著しい増減がある勘定科目の内容や増減要因はどのようなものか |
| | 投資有価証券 | ・流動資産の「有価証券」を参照 |
| | 長期貸付金 | ・流動資産の「貸付金」を参照 |
| | 繰延税金資産 | ・どのような内容で計上されているか<br>・（取り戻す対象となる税金が発生するための）課税所得は毎期発生しているか |
| | 繰延資産 | ・どのような内容で計上されているか |
| **流動負債** | | |
| | 支払手形・買掛金 | ・どのような相手先か<br>・主要な相手先の変化はあるか<br>・著しい増減がある場合、どのような要因によるものか（決済条件、資金繰り等） |
| | 短期借入金 | ・借入先はどこか（メインバンクの状況、金融機関以外からの借入金の状況）<br>・支払利息とのバランスに異常はないか |
| | 未払金・未払費用 | ・相手先はどこか<br>・著しい増減がある場合、どのような要因によるものか |
| | 前受金 | ・どのような相手先か<br>・どのような取引によるものか |
| | 賞与引当金 | ・著しい増減がある場合、どのような要因によるものか（賞与水準や従業員数の変化との整合性） |
| | その他 | ・「その他」としてまとめられている金額が多額の場合、その内訳はどのようなものか |
| **固定負債** | | |
| | 長期借入金 | ・流動負債の「短期借入金」を参照 |
| | 退職給付引当金 | ・著しい増減がある場合、どのような要因によるものか（退職金制度の変更や従業員数の変化との整合性） |
| | その他 | ・「その他」としてまとめられている金額が多額の場合、その内訳はどのようなものか |
| **固定負債** | | |
| | 資本金・資本剰余金 | ・残高に増減がみられる場合、どのような要因によるものか |

なお、決算書に**保証債務の注記**が記載されている場合には、将来的には負債となることも考えられるため、保証の相手先や内容、保証の履行の可能性について検討する必要があります。

## 損益計算書の着眼点

### ① 全体の分析

　損益計算書を見る場合、まず売上高や各段階利益の状況（黒字であるか、赤字であるか）、これらの複数期間の推移を確認し、債務者等の事業・ビジネスの**経営成績の全体感**を把握します。あわせて、**売上高と各段階利益とのバランス**を検討します。この際には、次節で解説する「売上高経常利益率」などを算定すること、その複数期間における推移を確認することも有用です。

　また、どのような債務者等であっても必ず確認すべき項目が、**特別利益・特別損失**です。これらの項目は、基本的に通常の事業活動とは関係なく臨時的に発生した、**一過性**の損益ですので、何らかの大きな変化があった可能性、今後に大きな影響を及ぼす可能性があるといえます。例えば、損益計算書に固定資産売却益や売却損が多額に計上されており、貸借対照表の建物や土地などの固定資産が大きく減少している場合には、その固定資産を用いた事業（不動産賃貸業など）から撤退し、他の事業を中心とした事業展開をしていくといった、事業・ビジネスの変化がある可能性があります。そのほか、投資有価証券売却益が計上されている場合、債務者等の資金繰りが苦しいため、保有していた投資有価証券を売却した可能性があります。そのため、特別利益・特別損失が生じた取引の背景や意図、その内容がどのようなものかを確認し、事業・ビジネスに今後どのような影響を与えるのかを検討する必要があります。

　上記の各段階利益や特別利益・特別損失に着目することは、決算書が適切に作成されていることを前提としています。しかし、とくに中小零細な法人の損益計算書では次の図表のような状況が非常に多く見受けられます。

**図表4-6　中小零細な法人の損益計算書における特徴**

| 状　況 | 解　説 |
| --- | --- |
| 「売上原価」と「販売費及び一般管理費」が適切に区分されていない | 売上と対応すべき売上原価が区分されておらず、一部の勘定科目のみを売上原価としているケースや売上原価がゼロとして表示されているケースがある |
| 「営業外収益・費用」と「特別利益・損失」が適切に区分されていない | 本来は特別利益・損失に区分すべきものを営業外収益・費用に区分しているケースが多くみられる。<br>この場合、営業外収益・費用の区分にそれぞれの内容を示す勘定科目で表示されていることや、収益・利益の場合には、「雑収入」や「その他営業外収益」、費用・損失の場合には、「雑損失」や「その他営業外費用」として表示されていることが多い |

そのため、第1章、第2章で解説した各段階利益の本来もつ意味が適切に表示されていない場合や、分析すべき重要な項目である特別利益・特別損失に相当するものがわかりにくくなっている場合があることを踏まえて分析を行う必要があります。

② 勘定科目レベルの分析

損益計算書を分析するうえで着目すべきと考えられる勘定科目について、主な着眼点を次の図表で一覧にしました。

ただし、着目すべき勘定科目は、債務者等が行っている事業・ビジネスによっても異なります。例えば、債務者等が不動産賃貸業を行っている場合、一般的に修繕費を分析の対象とする重要性は高いといえますが、その他の業種においては、それほど着目する必要がないこともあります。繰り返しになりますが、決算書等の数値は、債務者等が行っている事業・ビジネスの結果として表示されるものですので、十分に理解し、その特徴を踏まえて分析を行う必要があります。このような判断が難しい場合には、計上金額が多額な勘定科目を中心に分析を行うという対応で問題ありません。

**図表4-7 損益計算書勘定科目の主な着眼点**

| 勘定科目 | 主な着眼点 |
| --- | --- |
| **売上高** | |
| 売上高 | ・売上高の推移はどのような傾向であるか<br>・その傾向は、事業・ビジネスの理解と整合しているか<br>（売上高が複数に区分されている場合には、その区分ごとに検討する） |
| **売上原価** | |
| 売上原価 | ・売上高の推移とのバランスは整合しているか |
| **販売費及び一般管理費** | |
| 減価償却費 | ・規則的に減価償却が行われているか<br>・計上額の増減がある場合、その対象となる固定資産の増減と整合しているか<br>※減価償却費は、そのほかの多くの費用と異なり支出を伴わない費用であるため、中小零細な法人においては利益調整に用いられやすい傾向にある。例えば、赤字となることを回避するために、規則的に計算を行った場合と比べて少額の減価償却費を計上する、もしくは減価償却費を計上しないことがある。 |
| 役員報酬 | ・総額および個人別に、どの程度の報酬水準としているか<br>・役員報酬額と利益水準との関係はどのように推移しているか<br>※中小零細な法人においては、役員と会社が一体となっているケースも多く、役員報酬を利益の調整弁として利用する傾向がみられる。例えば、会社の利益が多額になりそうなときには役員報酬を増額し利益水準を抑えることがある。 |
| 修繕費 | ・不動産賃貸業を営んでいる場合、定期的な修繕や大規模修繕の状況はどのようなものか |
| その他 | ・計上額が多額である勘定科目や著しい増減がある勘定科目の内容や増減要因はどのようなものか |

| 営業外収益・費用 | |
|---|---|
| 雑収入・その他<br>営業外収益 | ・計上額が多額である場合や著しい増減がある場合、その内容や増減要因はどのようなものか<br>※上記のとおり、特別利益に相当するものが含まれている可能性がある。 |
| 支払利息 | ・借入金とのバランスに異常はないか |
| 雑損失・その他<br>営業外費用 | ・計上額が多額である場合や著しい増減がある場合、その内容や増減要因はどのようなものか<br>※上記のとおり、特別損失に相当するものが含まれている可能性がある。 |
| その他 | ・計上額が多額である勘定科目や著しい増減がある勘定科目の内容や増減要因はどのようなものか |
| **特別利益・損失** | |
| 特別利益・損失<br>(固定資産売却益<br>・売却損等) | ・取引の背景・意図・内容はどのようなものか<br>・関連する資産の増減の状況はどのようになっているか<br>・今後の事業・ビジネスに与える影響はどのようなものか |

● 事例1 ●

分析を行う際の基本は「全体から詳細へ」です。下記X社の3期を比較した決算書から、全体像について着目すべき点をあげてください。

〈貸借対照表〉 (単位：千円)

| 勘定科目 | 前々期 | 前期 | 当期 | 勘定科目 | 前々期 | 前期 | 当期 |
|---|---|---|---|---|---|---|---|
| 現金・預金 | 80 | 60 | 70 | 短期借入金 | 500 | 500 | 500 |
| その他流動資産 | 20 | 10 | 20 | 長期借入金 | 700 | 660 | 685 |
| (流動資産合計) | 100 | 70 | 90 | 負債合計 | 1,200 | 1,160 | 1,185 |
| 土地・建物 | 850 | 830 | 840 | 資本金 | 100 | 100 | 100 |
| その他固定資産 | 50 | 50 | 50 | 剰余金 | ▲300 | ▲310 | ▲305 |
| (固定資産合計) | 900 | 880 | 890 | 純資産合計 | ▲200 | ▲210 | ▲205 |
| 資産合計 | 1,000 | 950 | 980 | 負債純資産合計 | 1,000 | 950 | 980 |

解説

- このX社の場合、資産合計が約1,000千円、負債合計が約1,200千円、純資産合計が約▲200千円であるといったように、全体の規模、状況を確認します。
- ここで着目すべきは、**純資産合計**が**マイナス**となっており、**債務超過**となっている点です。債務超過というのは、仮にX社が保有する資産を全部売却しても借入金の全額を返済することができないような状況にあることを示唆しますので、非常に問題のある状態といえます。
- ただし、債務超過の原因が過去の特殊な要因によるものであり、現在の事業・ビジネスの状況にはまったく問題がない場合もあります。そのため、この債務超過が、**どのような原因によっていつ頃生じたものなのか**について、確認・検討することが必要です。

なお、債務超過という用語について、担保不足と混同されているケースが見受けられますので、ここで補足します。

債務超過とは、負債の総額が資産の総額を上回る状態をいい、貸借対照表では純資産の合計がマイナスの数値となって表示されます。

一方、担保不足とは、担保評価額が、対応する貸出金の残高を下回る状態をいいます。債務者等からみた「債務」（借入金）が担保評価額を「超過」している状況ですので、債務超過と混同されることがあるようです。

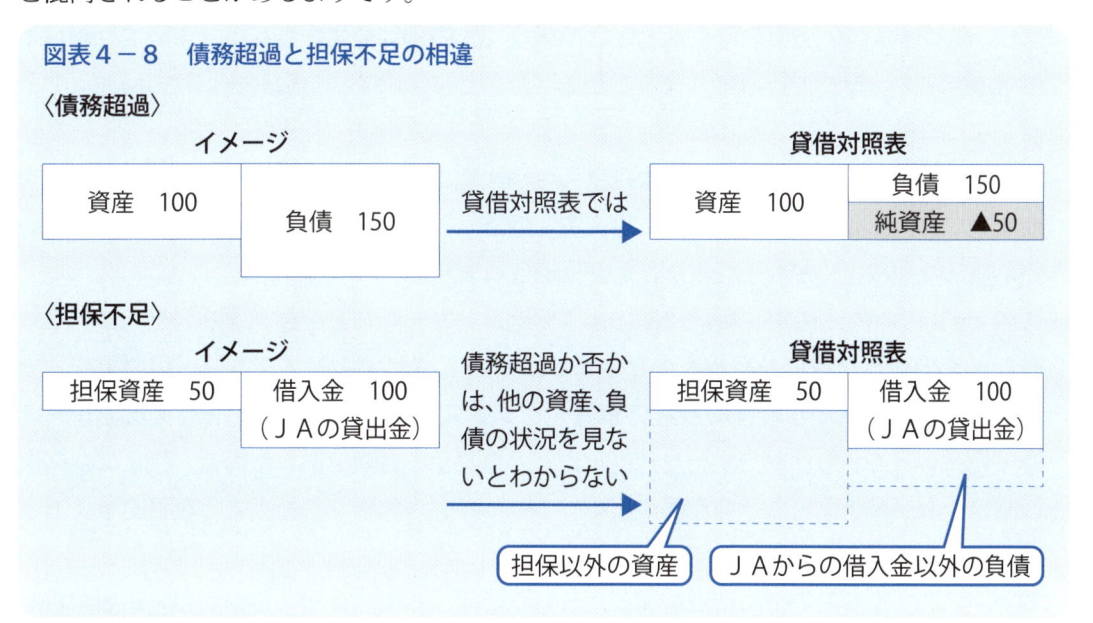

**図表4－8　債務超過と担保不足の相違**

〈債務超過〉

| イメージ | | | 貸借対照表 | |
|---|---|---|---|---|
| 資産　100 | 負債　150 | 貸借対照表では → | 資産　100 | 負債　150 |
| | | | | 純資産　▲50 |

〈担保不足〉

| イメージ | |
|---|---|
| 担保資産　50 | 借入金　100（ＪＡの貸出金） |

債務超過か否かは、他の資産、負債の状況を見ないとわからない

| 貸借対照表 | |
|---|---|
| 担保資産　50 | 借入金　100（ＪＡの貸出金） |
| 担保以外の資産 | ＪＡからの借入金以外の負債 |

●事例2●

下記Ｙ社の3期を比較した決算書から分析を行う際に、勘定科目等について着目すべき点をあげてください。

〈貸借対照表〉　　　　　　　　　　（単位：千円）

| 勘定科目 | 前々期 | 前期 | 当期 |
|---|---|---|---|
| 現金・預金 | 500 | 300 | 300 |
| 棚卸資産 | 400 | 500 | 400 |
| 固定資産 | 3,000 | 2,900 | 2,100 |
| 資産合計 | 3,900 | 3,700 | 2,800 |
| 借入金 | 2,900 | 2,600 | 2,100 |
| 純資産 | 1,000 | 1,100 | 700 |
| 負債純資産合計 | 3,900 | 3,700 | 2,800 |

〈損益計算書〉　　　　　　　　　　（単位：千円）

| 勘定科目 | 前々期 | 前期 | 当期 |
|---|---|---|---|
| 売上高 | 1,500 | 1,400 | 1,400 |
| 売上原価 | 1,000 | 900 | 1,000 |
| 売上総利益 | 500 | 500 | 400 |
| 販管費 | 200 | 200 | 200 |
| 営業利益 | 300 | 300 | 200 |
| 営業外損益 | ▲100 | ▲150 | ▲100 |
| 経常利益 | 200 | 150 | 100 |
| 特別損失 | 0 | 0 | 500 |
| 税引前当期純利益 | 200 | 150 | ▲400 |

**解説**

- 損益計算書の売上高については、前々期から前期にかけて若干減少しているものの3期間で大幅な増減は見受けられません。経常利益までの各段階利益についても、経常利益が減少傾向にはあるものの、売上総利益、営業利益については、それほど大きな増減は見受けられません。そのため、事業・ビジネスの状況としては大きな変化はなさそうであることが推測されます。

- 当期、**特別損失が発生し、税引前当期純利益がマイナス（税引前当期純損失）**となっています。特別損失は、通常の経営活動とは関係なく**臨時的に発生**したものですので、着目すべき項目です。そこでどのようなことがあったのかについて、貸借対照表との関連にも留意しながら検討します。

- 貸借対照表を見ると、**固定資産および借入金が大幅に減少**しています。ここから、固定資産を売却し、その売却代金をもとに借入金を返済したこと、および固定資産の売却に伴い売却損（特別損失）が計上されたことが推測されます。

- このような推測をもとに、実際にそのような動きがあったことを確認するとともに、Y社が**なぜそのような取引を行ったのか**、背景について確認・検討することが重要です。また、**固定資産の売却が今後の会社の事業・ビジネスにどのような影響を与えるのか**を確認・検討することも重要です。当該固定資産が事業用の資産であった場合、例えば、来期以降の売上が減少するなどの影響が出て、これに伴い各段階利益に大きな影響を与えるといったことも考えられるためです。

※上記では、損益計算書の特別損失に着目した解説をしましたが、貸借対照表の固定資産の減少に着目し、これと関連する損益が生じていないか、どのような影響が出ているか、といった見方をすることもできます。

　なお、実際の損益計算書では、特別損失の内訳として「固定資産売却損」「投資有価証券売却損」といった勘定科目で表示されますので、その名称によって、どのようなことがあったのかを推測することができます。

# 第3節　財務比率分析

> **Key Message**
> 比率をみると決算書の理解が深まります

## 財務比率分析とは

　本節では、定量分析のうち、**財務比率分析**を解説します。

　財務比率分析は、決算書等の数値そのものではなく、決算書等の数値を用いて比率等を算定し、その比率等に基づいて債務者等の経営状況を把握する方法です。これにより、次の図表にある収益性や安全性などに関する情報を得ることができます。

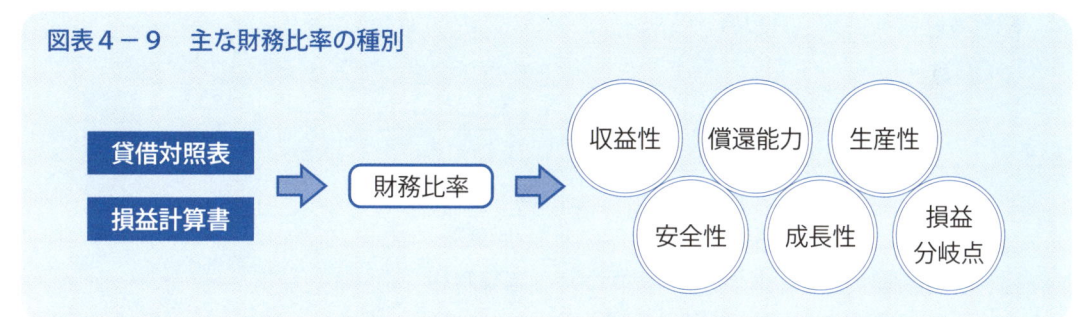

**図表4-9　主な財務比率の種別**

貸借対照表・損益計算書 → 財務比率 → 収益性／償還能力／生産性／安全性／成長性／損益分岐点

　本書では、JA職員の方が実務において比較的容易に利用することができると考えられる財務比率について解説します。ここで重要なことは、財務比率の計算式そのものを覚えるというよりは、財務比率が表している意味や考え方を理解し活用することです。

## 収益性に関する指標

### ① 売上高経常利益率

計算式　：経常利益÷売上高×100（％）
ポイント：高いほど、売上から効率よく利益を得ています。

| 売上高 |
|---|
| 売上原価 |
| **売上総利益** |
| 販管費 |
| **営業利益** |
| 営業外損益 |
| **経常利益** |
| ⋮ |

売上高に対する経常利益の比率です。この数値が高いほど、同じ利益を獲得するために必要な売上高の金額が少なくてすむということになり、効率のよい経営をしているといえます。

　どのくらいが望ましいかということについては、行っている事業の業態や内容によって違いがあります。したがって、同業態かつ同規模の他事業者等と比較することが有用です。次の図表では、中小企業庁が公表している、業種別の財務比率の平均値を記載しました。当該平均値と比較することも有用であると考えられます。

図表4－10　売上高経常利益率　中小企業（法人企業）の業種別の平均値（平成25年度）

| 製造業 | 3.37% |
|---|---|
| 卸売業 | 1.51% |
| 小売業 | 1.93% |
| 建設業 | 3.13% |

（出典）中小企業庁「中小企業実態基本調査」

② 　総資本経常利益率（ＲＯＡ）

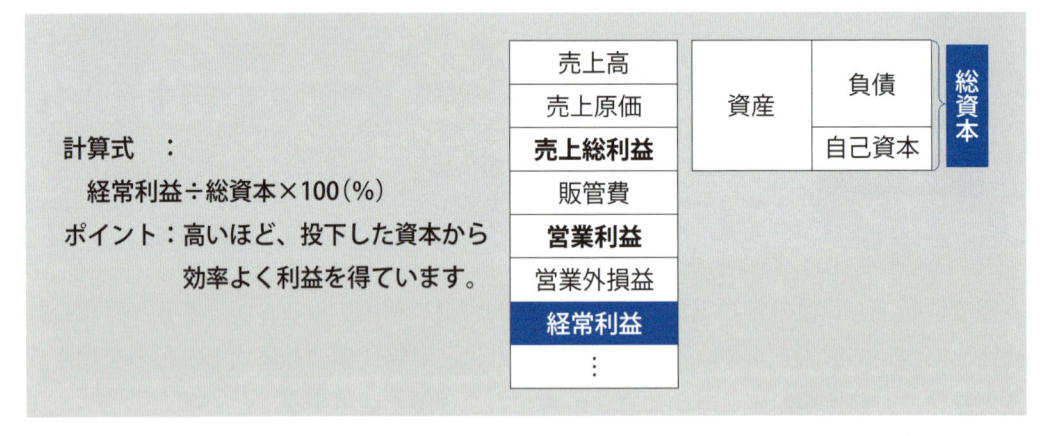

計算式：
　経常利益÷総資本×100（％）
ポイント：高いほど、投下した資本から効率よく利益を得ています。

　債務者等が総資本（負債＋自己資本）、すなわち資産全体からどれだけの経常利益を得ているかということを示します。ROA（Return On Assets）ともよばれます。この数値が高いと、同じ利益を獲得するために投じた資産が小さくてすんだということになり、効率のよい経営をしているといえます。なお、第1章で解説したように、自己資本は資産と負債の差額で算定され、通常、純資産と同じです。

図表4－11　総資本経常利益率　中小企業（法人企業）の業種別の平均値（平成25年度）

| 製造業 | 3.78% |
|---|---|
| 卸売業 | 2.86% |
| 小売業 | 3.48% |
| 建設業 | 4.01% |

（出典）中小企業庁「中小企業実態基本調査」

## 安全性に関する指標

### ① 流動比率

計算式　：流動資産÷流動負債×100（％）
ポイント：高いほど、短期（今後1年以内）の支払に対応する余力があります。

| 流動資産 | 流動負債 |
|---|---|
|  | 固定負債 |
| 固定資産 | 自己資本 |

　流動資産、流動負債はいずれも原則として1年以内に精算されるため、これらの比率を比べることで、債務者等の短期的な支払能力をみることができます。一般的に100％以上（流動資産≧流動負債）が望ましいとされ、これが100％未満の債務者等は、支払能力に少し不安があるといえます。

図表4－12　流動比率　中小企業（法人企業）の業種別の平均値（平成25年度）

| 製造業 | 176.57％ |
|---|---|
| 卸売業 | 139.75％ |
| 小売業 | 139.45％ |
| 建設業 | 150.72％ |

（出典）中小企業庁「中小企業実態基本調査」

### ② 自己資本比率

計算式　：自己資本÷総資本×100（％）
ポイント：高いほど、返済義務のない資金で経営できており、長期的な安全性があります。

　総資本に占める自己資本の割合であることから、高いほど経営が安定している（裏を返せば借入等が少ない）といえます。

図表4－13　自己資本比率　中小企業（法人企業）の業種別の平均値（平成25年度）

| 製造業 | 40.56％ |
|---|---|
| 卸売業 | 31.18％ |
| 小売業 | 28.23％ |
| 建設業 | 33.47％ |

（出典）中小企業庁「中小企業実態基本調査」

③ 固定長期適合率

計算式：
　固定資産÷(固定負債＋自己資本)×100（％）
ポイント：低いほど、固定資産の調達を長期の資金で賄えており、財務基盤が安定しています。

固定資産が、自己資本と長期資本である固定負債で賄われているかどうかをみることができます。こちらは低いほうがよく、一般的には80％以下が望ましいといわれます。逆に100％を上回っている場合には、短期の借入金等で調達した資金を固定資産の取得に回していることになるため、短期の資金繰りが厳しい状態にあるといえます。

安全性の観点からは、資産と負債の関係において、流動負債は流動資産で返済できるという状態（流動資産≧流動負債）であることが望ましく、一方、長期的に借りておくことのできる固定負債と返済不要な自己資本で固定資産を取得している状態（固定資産≦固定負債＋自己資本）であることが望ましいといえます。

## 償還能力に関する指標

① インスタント・カバレッジ・レシオ

計算式：営業利益÷支払利息（倍）
ポイント：高いほど、利息を支払うだけの営業利益を稼げています。

発生した支払利息の金額を、同期間に獲得した営業利益の金額で賄えているかどうかの指標で、高いほうが望ましいです。これが1倍を下回ると、利息の支払余力に乏しく、償還能力が低い状態にあるといえます。

② キャッシュ・フローによる債務償還年数

計算式：債務償還年数＝要償還債務÷将来の正常なキャッシュ・フロー
ポイント：小さいほど、借入金等を返済できる余力があるといえます。

債務者等が将来にわたって獲得するキャッシュ・フローをもって債務者等が有するすべて

の債務を返済するのに何年かかるかを表す指標です。

自己査定において重要となる指標であり、第6章で詳細に解説します。

## 成長性に関する指標

成長性に関する指標については、次の2つを紹介します。ただし、これらは単独で用いて分析するだけでなく、2つ合わせて分析することで債務者等の成長力をより詳細に把握することができます。

① 売上高成長率

> 計算式　：当期売上高÷前期売上高×100（％）
> ポイント：高いほど、売上高が伸張しています。

債務者等の主要な事業からの収入である売上高が、前期と比較して伸びているかどうかを表す指標で、100％を超える場合には、主要な事業の収入獲得能力が成長しているといえます。複数期間の比率を比較することで、成長の傾向がより把握しやすくなります。

② 経常利益成長率

> 計算式　：当期経常利益÷前期経常利益×100（％）
> ポイント：高いほど、経常利益が伸張しています。

債務者等の総合的な収益力を表す経常利益が、前期と比較して伸びているかどうかを表す指標で、100％を超える場合には、収入のみではない事業の総合的な収益力が成長しているといえます。複数期間の比率を比較することで、成長の傾向がより把握しやすくなります。

③ 組み合わせによる成長性の分析

これら2つの指標は、それぞれ売上高の成長率、経常利益の成長率であるため、高いに越したことはありません。ただしこれらを組み合わせて分析することで、成長力をより詳細に把握することができます。

次の図表では、組み合わせによる分析の目線を記載しています。

図表4－14　売上高成長率と経常利益成長率の組み合わせによる分析

| 売上高成長率 | 経常利益成長率 | 分析の目線 |
| --- | --- | --- |
| ＋ | ＋ | 成長している |
| ＋ | － | 売上増の一方で、それを上回るコスト増 |
| － | ＋ | 売上減だが、利益を出そうとコスト改善している |
| － | － | 成長もしていないし、コスト改善も行っていない |

## 生産性に関する指標

### 労働分配率

計算式 ：人件費÷付加価値×100（％）
ポイント：業種ごとに平均的な水準は異なりますが、総じて低いほど人的資源を効率的に活用できているといえます。

```
売上高
売上原価
売上総利益
販管費
（内訳）人件費
（内訳）租税公課
（内訳）減価償却費
（内訳）賃借料
　　　⋮
営業利益
営業外損益
（内訳）支払利息
経常利益
　　　⋮
```

「付加価値」とは、売上高から、売上のために必要となる原材料の仕入れや販売のための経費を差し引いた概念です。付加価値は、人件費、賃借料、税金、利息、配当といった、いわば営業取引先以外の従業員も含めた利害関係者に対する支払いの原資となるものです。この付加価値を直接表す勘定科目はなく、その算定には複数の方法があります。その一例として、次の計算式があります。

付加価値＝経常利益＋人件費＋租税公課＋減価償却費＋支払賃借料＋支払利息

そして、労働分配率とは、生産された付加価値全体のうちの、どれだけが労働者に還元されているかを示す割合です。裏を返せば、この指標が低いほど、少ない人件費で高い付加価値を生み出しているということができます。ただし、あまりにも低い労働分配率となっている場合には、従業員の意欲が低下している可能性もあることから注意が必要です。

図表4－15　労働分配率　中小企業（法人企業）の業種別の平均値（平成25年度）

| 製造業 | 71.85％ |
| 卸売業 | 66.46％ |
| 小売業 | 67.38％ |
| 建設業 | 71.62％ |

（出典）中小企業庁「中小企業実態基本調査」

## 損益分岐点に関する指標

### ① 損益分岐点比率

> 計算式　：損益分岐点売上高÷売上高×100（％）
> ポイント：低いほど、売上減少への余裕があります。

　**損益分岐点売上高**とは、売上高と費用が等しくなる売上高、収支がゼロとなる売上高を指します。読んで字のごとく損益の分岐点となる売上高であり、「実際の売上高がこの点を上回れば黒字、下回れば赤字」になる売上高のことです。

　損益分岐点比率は、売上高に占める損益分岐点売上高の割合を示しています。損益分岐点比率が低いということは、実際の売上高に対する損益分岐点売上高が小さいということであり、将来多少売上高が減少してもその債務者等は赤字になりにくく、経営が安定しているといえます。

### ② 損益分岐点売上高の算定

　損益分岐点売上高を導くためには、まず、費用を「変動費」と「固定費」に区分する必要があります。

　損益計算書に計上される費用は、販管費や営業外費用などの区分ごとに計上されていますが、この区分にかかわらず、売上高の増減に連動して増減するものを「変動費」に、売上高の変動にかかわらず一定額が発生するものを「固定費」に区分します。ただし、具体的にどの勘定科目がどちらに区分されるかは規則等で決まったものはなく、各債務者等の実態に応じて異なります。実務においては、「この費用はどうだろうか」とイメージしながら、おおまかに区分すれば問題ありません。

　　変動費の例：仕入高、材料費、外注費など
　　固定費の例：人件費、地代家賃、減価償却費、支払利息など

　損益分岐点売上高について、図表４－16の損益計算書の例で解説します。

　この損益計算書の費用（売上原価、販管費、営業外費用）が、仮に次のように変動費と固定費に分解できると仮定します（営業外収益は０と仮定します）。

　　売上原価180＝変動費100＋固定費80
　　販管費80＝変動費20＋固定費60
　　営業外費用10＝変動費０＋固定費10

　そして、損益計算書の経常利益までの区分を、売上高、変動費、固定費の区分に分けて作り直すと、図表４－17のようになります。なお、売上高から変動費を

**図表４－16　損益計算書の例（その１）**

**損益計算書**

| | |
|---|---|
| 売上高 | 300 |
| 売上原価 | △180 |
| **売上総利益** | 120 |
| 販管費 | △80 |
| **営業利益** | 40 |
| 営業外費用 | △10 |
| **経常利益** | 30 |
| ︙ | |

差し引いたものを「限界利益」といいます。

さて、この事業者の損益分岐点売上高（収支がゼロとなる売上高）はいくらになるでしょうか。

固定費は売上高の金額にかかわらず一定額発生しますから、この固定費を回収するためには売上高がいくら必要なのか、という観点で考えるとわかりやすいと思います。

図表４－17　損益計算書の例（その２）

**損益計算書**

| 売上高 | 300 |  |
|---|---|---|
| 変動費 | △120 | ※100+20+0 |
| 限界利益 | 180 |  |
| 固定費 | △150 | ※80+60+10 |
| 経常利益 | 30 |  |
| ⋮ |  |  |

そこでまず、売上高に対する変動費の割合である「変動費率」を求めます。この例では120÷300×100＝40％となります。求めたい損益分岐点売上高をＸとすると、Ｘに変動費率40％を掛けたものを差し引いて限界利益を算定し、限界利益が固定費の金額と同じ金額になっていれば、固定費150を回収しきって利益がゼロの状態にあるといえます。したがって、Ｘ－0.4Ｘ＝150と計算式をたてることができ、ここから損益分岐点売上高はＸ＝250と導かれます。

もしくは、収益と費用総額が同じになる点を求めたいことから、両者をイコールで結んでみると、Ｘ＝0.4Ｘ＋150となることから、これを解いてＸ＝250とすることもできます。

売上高と費用、損益分岐点売上高の関係をグラフにすると、次の図表のようになります。

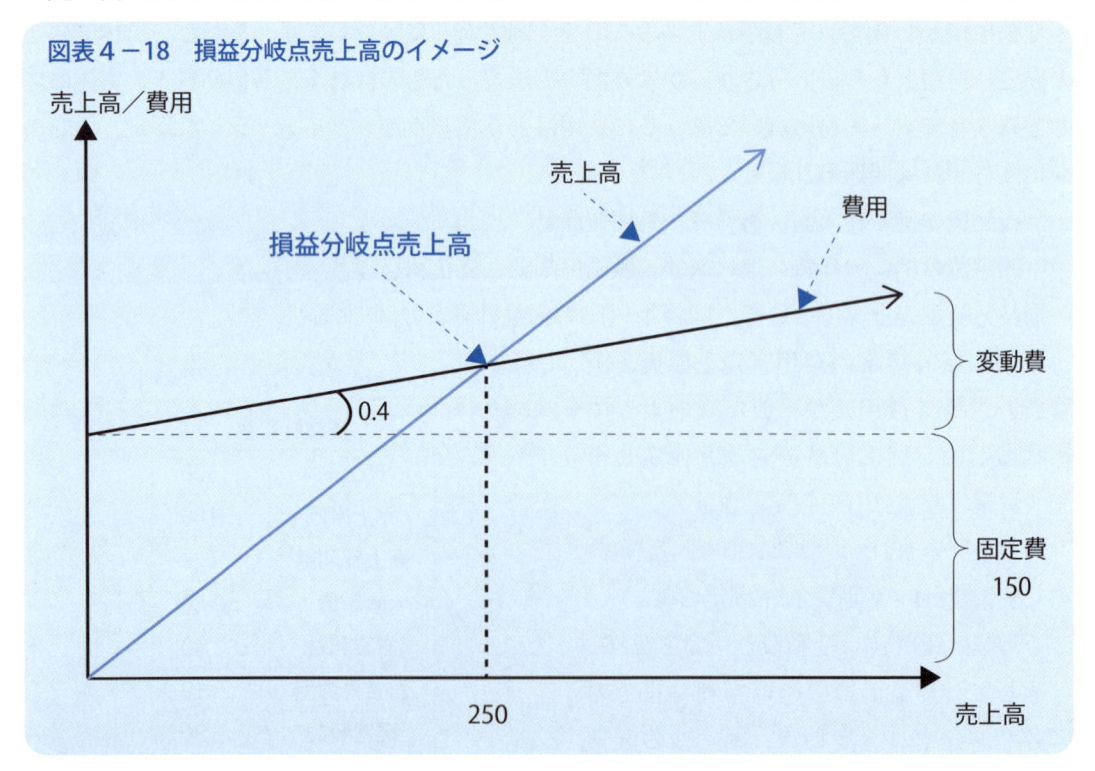

図表４－18　損益分岐点売上高のイメージ

売上高／費用

売上高
費用
損益分岐点売上高
0.4
変動費
固定費
150
250
売上高

売上高が損益分岐点売上高を上回っている場合は黒字、下回っている場合は赤字となっていることが、グラフからもわかります。

## 財務比率分析の利用の仕方

　これまで紹介した財務比率は、ただ単に算出するだけではなく、さまざまな形で比較を行うことで、初めてその良し悪しを判断することができます。

　比較するにあたっては、次のような手法を用います。

① 期間比較

　同一の分析対象の複数期間の財務データで比較・分析します。

② 同業他社比較

　同業他社の財務データと比較・分析します。

③ 業界平均比較

　同業種の全国・地域別の平均データと比較・分析します。

④ 基準値比較

　例えば経営改善計画の目標値など、あらかじめ定めた基準値と比較・分析します。

　また、財務比率やそれに基づく判定のうえでの基準はすべて一般的に用いられるものであり、法人であっても個人事業主であっても使用することができます。しかし、分析の際にどの指標を利用するか、計算された指標がどのくらいが望ましいのかの答えは、分析をする目的や、分析対象の事業の内容、置かれた状況等により異なってきます。

　したがって、それらの状況に応じてこれらの指標を使い分け、判断することがより重要になってきます。

# 第4節 定性分析

> **Key Message**
> 日頃のお付き合いから債務者等のちょっとした状況の変化に気がつくことが重要です

## 定性分析の必要性

本章第2節、第3節で解説してきた「単年度及び複数期間実数分析」「財務比率分析」の定量分析は、非常に有用な分析手段です。しかし、定量分析のみでは、例えば次のような状況になることが考えられます。

- 複数期間実数分析において数値上の変動がみられ、何らかの大きな変化があったのではないかという点までは推測できるが、その要因としての取引の意図や背景までは不明であり、今後に与える影響を検討することができない。
- 新技術を開発し、今後、売上高が増加することが見込まれるが、現在までの決算書等の数値のみからは、そのような状況を読み取ることができない。

また、個人事業主や法人が行っている事業・ビジネスの理解がなく決算書等の数値のみを見ていても、その数値がもつ意味を正確に把握することはできません。

そのため、定量分析のみの分析には限界があり、必ず定性分析を行うことが必要です。

## 定性分析のポイント

分析を行う際には、個人事業主や法人が行っている事業・ビジネスを理解することが非常に重要です。そのためには、さまざまな情報が必要となりますが、その主要な例を次の図表で一覧にしました。

定性分析にあたっては、それぞれの項目の状況の変化や推移に着目し、その背景や影響を検討することがポイントです。

### 図表4-19　定性情報の例

| 区　分 | 定性情報の例 |
|---|---|
| 事業・ビジネス | ・沿革、業暦　　　　　　・事業の強み、弱み<br>・経営方針、事業目的　　・経営計画<br>・業種、業界、競合先　　・取扱商品・製品、技術力<br>・業界内占有率　　　　　・評判、うわさ |

| 経営者・役員 | ・業界知識・経験<br>・経歴<br>・人格 | ・個人資産<br>・後継者 |
|---|---|---|
| 従業員 | ・人数<br>・年齢<br>・勤続年数 | ・賃金水準<br>・研修、教育 |
| 販売先 | ・主要販売先<br>・販売先の変化 | ・業況不振の販売先の有無<br>・取引条件 |
| 仕入先・下請先 | ・主要仕入先、下請先<br>・仕入先、下請先の変化 | ・取引条件 |
| 株　主 | ・主要株主 | ・主要株主の変更 |
| 本社、工場等 | ・所在地、立地条件<br>・設備投資の状況、稼働状況 | ・在庫の状況<br>・雰囲気、従業員の対応 |
| その他 | ・取引金融機関 | ・担保の設定状況 |

## 定性情報の入手手段

　上記のような情報を入手する手段としては、例えば次のようなものが考えられます。
　・会社案内
　・商品・製品カタログ
　・ホームページ
　・インターネット等による検索
　・商業登記簿、不動産登記簿
　・経営計画書、事業計画書
　・現場（本社、工場等）の視察
　・ヒアリング（聞き取り）
　・信用調査機関の情報

　ＪＡの場合、総合事業を行っており、組合員とさまざまな取引・お付き合いがあるため、他の金融機関と比べて債務者等との距離が非常に近いということができます。日頃のお付き合いのなかで、耳にした情報、目にした情報、感じられる状況の変化といったものが、非常に有用な定性情報となります。

## ＪＡ全体での情報の有効活用

　分析を行う主な目的が、「融資の実行の可否を判断する」「自己査定を行う」等であることからすると、実際に分析を行うのは融資担当者であることが多いと思われます。しかし、債務者等の状況の変化は、日頃、債務者等と接する機会が多い、支店長（支所長）・副支店長（副支所長）や渉外担当者が知っていること、気がつくことも多いと考えられます。

そのため、支店（支所）内での情報共有、本店（本所）と支店（支所）との情報共有により、ＪＡ内にある情報を有効に活用することが非常に重要です。
　また、ＪＡの融資先に多い業種・業態の動向についての情報収集、調査などは、各支店（支所）の融資担当者が個別に行うのではなく、本部で行い、その結果を支店（支所）に還元することが効果的かつ効率的な場合も考えられます。

# 第5節　粉飾の兆候

**Key Message**
定量分析を行う際には、決算書等の粉飾の可能性に留意する必要があります

## 粉飾とは

　決算書等の数値を用いた定量分析を行う際には、粉飾に注意する必要があります。粉飾とは、債務者等の経営状態の実態とは異なる内容で決算書、確定申告書を作成することです。
　一般的に粉飾といえば、業績を上方修正する（利益を過大に表示する）行為のことをいい、収益・利益・資産の過大な計上や費用・損失・負債の過小な計上により行います。一方、故意に業績を下方修正する（利益を過小に表示する）行為のことを逆粉飾といいます。
　なお、近年では、粉飾や逆粉飾という表現ではなく、同様の行為について不適切な会計処理や会計不正といった表現が用いられる事例も見受けられます。
　株式会社東京商工リサーチは「2014年度（2014年4月～2015年3月）に『不適切な会計・経理』により過年度決算に影響が出た、あるいは今後影響する可能性があることを開示した上場企業は42社だった。2013年度（38社）を上回り、調査開始以来、最多を記録した」とする調査結果を2015年4月22日付けで公表しています。この調査結果は、一定水準以上の管理体制やチェック体制が構築されていると考えられる上場企業に関するものです。ＪＡの取引先に多い中小零細な法人や個人事業主は、上場企業と比べて一般的に管理体制やチェック体制が十分に機能していないことが多いと考えられますので、粉飾に注意する必要性は、より高いといえます。

## 粉飾を行う目的

　粉飾を行う目的にはさまざまなものが考えられます。例えば、売上が大幅に落ち込んだり、今まで黒字を確保していた利益が赤字に転じることにより、取引金融機関からの追加融資が困難となることや、取引先から取引条件の変更や取引縮小をされてしまうことがあるため、これを回避することがあげられます。
　このような目的を知っておくことで、分析の対象としている債務者等が粉飾を行いやすい状況にないかを検討することも、粉飾の可能性を識別するためには有用です。
　なお、次の図表は主に粉飾を行う目的ですが、逆粉飾を行う目的としては、納税を回避するため、利益を平準化するため、翌年度以降の業績回復を偽装するため、などがあげられます。

図表４－20　粉飾の目的と対象先

| 対象先 | 目　的 |
|---|---|
| 金融機関 | 資金調達を円滑にするため<br>融資の契約条項を守るため |
| 取引先 | 取引条件の見直しや取引の撤退を避けるため |
| 株　主 | 経営者の報酬が業績と連動しているため<br>経営成績低迷の責任追及により辞任を迫られることを回避するため |
| その他 | 会社の目標達成のため<br>利益を平準化するため<br>官公庁の許認可のため |

## 粉飾の手法

　粉飾の可能性を察知するためには、粉飾の代表的なケースを知ることが非常に有用です。そこで粉飾の手法の主なものについて、内容および決算書（損益計算書、貸借対照表）に与える影響を次の図表で一覧にしました。

　なお、それぞれの手法が決算書（損益計算書、貸借対照表）に与える影響についての記載は、それが典型的に表れるもののみを示しています。例えば、架空売上の場合、売上の水増しを行うことにより、損益計算書の売上高（収益）、貸借対照表の売掛金（資産）が過大に計上されるとともに、これと関連して売上原価（費用）も過大に計上される可能性がありますが、主として影響が表れる収益と資産の過大計上のみを示しています。

図表４－21　主な粉飾および逆粉飾のケース

〈粉飾のケース〉

| 項　目 | 内　容 | 収益 | 費用 | 資産 | 負債 |
|---|---|---|---|---|---|
| 架空売上 | 実際に販売されていない商品やサービスについて売上を計上する | 過大 |  | 過大 |  |
| 買い戻し条件付売上 | 将来、買い戻す条件を付して売上を計上する | 過大 |  | 過大 |  |
| 売上の先行計上 | 翌期以降に計上すべき売上を先行計上する | 過大 |  | 過大 |  |
| 棚卸資産の水増し | 棚卸資産（在庫）の計上金額を水増しすることにより売上原価を小さくさせる |  | 過小 | 過大 |  |
| 資産の評価損の未計上 | 時価が下落して含み損を抱えている資産（有価証券や棚卸資産等）について、本来計上すべき評価損を計上しない |  | 過小 | 過大 |  |

※決算書に表れる影響：損益計算書（収益・費用）、貸借対照表（資産・負債）

| 項目 | 内容 | | | |
|---|---|---|---|---|
| 貸倒引当金の未計上 | 回収可能性の乏しい債権（売掛金、受取手形、貸付金等）に対する貸倒引当金や貸倒損失を計上しない | 過小 | 過大 | |
| 費用の未計上 | 実際には費用として処理すべき取引について会計処理を行わない | 過小 | | 過小 |
| 減価償却費の未計上 | 本来計上すべき減価償却費を計上しない | 過小 | 過大 | |
| 費用の資産計上 | 実際には費用として処理すべき支出を、仮払金や貸付金等の資産に計上する | 過小 | 過大 | |
| 引当金の未計上 | 本来計上すべき引当金（賞与引当金、退職給付引当金等）を計上しない | 過小 | | 過小 |

〈逆粉飾のケース〉

| 項目 | 内容 | 損益計算書 || 貸借対照表 ||
|---|---|---|---|---|---|
| | | 収益 | 費用 | 資産 | 負債 |
| 架空仕入 | 実際には仕入れていない商品について仕入を計上する | | 過大 | | 過大 |
| 架空費用 | 実際には行っていない費用取引を計上する | | 過大 | | 過大 |

　上記のほか、循環取引や連結決算の対象範囲等を利用した粉飾の手法もありますが、これらは、一般的に規模の大きな会社において行われるものであり、ＪＡの債務者等ではあまり想定されない手法であると考えられます。

## 粉飾にだまされないために

　ＪＡにおいて融資実行の可否を判断する際や自己査定を行う際に、粉飾による決算書等を用いたのでは、適切な判断を行うことができません。

　そのため、粉飾の可能性がある場合には、債務者等に対して毅然とした態度で詳細に調査を実施する必要があります。ただし、実務上このような調査を行うことは困難である場合も多いことから、可能な限り多くの情報を入手して具体的な分析を行い、粉飾の影響額を推定して対応せざるを得ない場合もあると考えられます。

　ここでは、決算書等における粉飾の可能性のある項目の発見方法について、事例により解説します。

● 事例 1 ●

下記 X 社の 3 期を比較した決算書について分析を行い、粉飾の可能性のある事項について検討してください。

〈貸借対照表〉　　　　　　　　　　（単位：千円）

| 勘定科目 | 前々期 | 前期 | 当期 |
|---|---|---|---|
| 現金・預金 | 25 | 35 | 25 |
| 棚卸資産 | 65 | 80 | 95 |
| 固定資産 | 90 | 85 | 80 |
| 資産合計 | 180 | 200 | 200 |
| 借入金 | 150 | 160 | 150 |
| 純資産 | 30 | 40 | 50 |
| 負債純資産合計 | 180 | 200 | 200 |

〈損益計算書〉　　　　　　　　　　（単位：千円）

| 勘定科目 | 前々期 | 前期 | 当期 |
|---|---|---|---|
| 売上高 | 150 | 130 | 120 |
| 売上原価 | 100 | 85 | 80 |
| 売上総利益 | 50 | 45 | 40 |
| 販管費 | 40 | 35 | 30 |
| 営業利益 | 10 | 10 | 10 |

※営業利益以下、省略

**解説**

- X 社の損益計算書を見ると、**売上高が減少傾向**にあります。一方で、貸借対照表を見ると、**棚卸資産の残高が、年々増加**しています。棚卸資産に関して、棚卸資産の水増し、もしくは**資産の評価損の未計上（不良在庫の存在）**による粉飾の可能性があると考えられるため、その増加要因を確認する必要があります。
- **販管費（販売費及び一般管理費）の減少**は、売上高の状況が厳しいことに伴う経費削減の効果と考えることができます。しかし、例えば代表者の生活ぶりに変化がみられないなど、X 社の実態（定性分析で把握している情報）と整合していないと考えられる場合には、勘定科目ごとに前期比較を実施し、それぞれの増減要因を確認すること等により、**費用の未計上や費用の資産計上が行われていないか**を確認する必要があります。

● 事例 2 ●

下記 Y 社の 3 期を比較した決算書について分析を行い、粉飾の可能性のある事項について検討してください。

〈貸借対照表〉　　　　　　　　　　（単位：千円）

| 勘定科目 | 前々期 | 前期 | 当期 |
|---|---|---|---|
| 現金・預金 | 25 | 20 | 30 |
| 売掛金 | 30 | 30 | 50 |
| 棚卸資産 | 35 | 40 | 30 |
| 固定資産 | 90 | 85 | 80 |
| 資産合計 | 180 | 175 | 190 |
| 借入金 | 150 | 150 | 150 |
| 純資産 | 30 | 25 | 40 |
| 負債純資産合計 | 180 | 175 | 190 |

〈損益計算書〉　　　　　　　　　　（単位：千円）

| 勘定科目 | 前々期 | 前期 | 当期 |
|---|---|---|---|
| 売上高 | 150 | 145 | 160 |
| 売上原価 | 100 | 95 | 95 |
| 売上総利益 | 50 | 50 | 65 |
| 販管費 | 40 | 50 | 50 |
| 営業利益 | 10 | 0 | 15 |

※営業利益以下、省略

### 解説

- Ｙ社の損益計算書を見ると、前期と当期を比較して**売上高が増加しているにもかかわらず、売上原価が一定**です。一方で、貸借対照表を見ると**売掛金の残高が前期と当期を比較して大幅に増加**しています。このことから、**架空売上の計上**による粉飾の可能性があると考えられるため、その増加要因を確認する必要があります。
- ただし、例えばＹ社が主として不動産賃貸業を行っているとした場合、賃貸不動産の減価償却費は、入居者の有無にかかわらず、言い換えれば売上高の増減にかかわらず、ほぼ一定額が発生することもあります。したがって、債務者等が行っている事業・ビジネスの理解をし、それが決算書等の数値としてどのように表れるかを検討したうえで、分析を行う必要があります。
- **借入金が一定額**であることも気になる点です。粉飾の可能性とは言い切れない面はありますが、**約定返済が行われていない可能性や決算が適切に行われていない可能性**も考えられますので、その要因について確認する必要があります。

　上記の事例については、いずれも複数期間実数分析（本章第２節）の観点から解説しています。これと合わせて、債務者等の行っている事業・ビジネスの理解を含めた定性分析（本章第４節）や財務比率の期間比較（本章第３節）を行うことにより、ＪＡにおいて融資実行の可否を判断する際や自己査定を行う際に、その判断を誤らせるような重要な粉飾の多くは発見できると考えられます。

　定量分析を行う際の勘定科目ごとの留意事項は、本章第２節において「貸借対照表の着眼点」および「損益計算書の着眼点」として解説しています。そのなかで、上記「粉飾の手法」や、ＪＡの債務者等の特性および勘定科目の性質を考慮すると、粉飾の可能性という点からとくに注意すべき勘定科目は次のとおりです。

- 売上債権（受取手形・売掛金）
- 商品、製品等の棚卸資産
- 仮払金
- 貸付金
- 売上高
- 減価償却費

　なお、売上高に関する粉飾の場合には売掛金等が相手勘定として影響を受け、減価償却費に関連した粉飾の場合には固定資産等が相手勘定として影響を受けるといったように、損益項目について粉飾を行った場合、その相手勘定として貸借対照表の勘定科目が使用されることが多く見受けられます。また、貸借対照表の勘定科目は前年度から残高を引き継いで作成されることから、粉飾した内容が次年度以降の貸借対照表に引き継がれることになります。

　その結果、粉飾を発見するための糸口の多くは、貸借対照表に表れやすいということもできます。このことから、粉飾の疑いがあるような決算書等を分析する際には、まずは貸借対

照表を中心に分析するというのも、有用な方法です。

　新聞紙上をにぎわすような大掛かりな粉飾については、決算書や確定申告書等から発見することは難しいものが多く、専門的な知識も必要とします。しかし、ＪＡの債務者等が、そのような大掛かりな粉飾を行うケースはそれほど多くはないと考えられます。加えて、組合員との関係が密接であるＪＡは、他の金融機関と比べて、会社や工場の雰囲気、役員・従業員の対応の変化、地域での評判といった債務者等に関する定性情報を入手しやすいといえます。このような定性情報により、変化や異常を感じた場合には、債務者等が粉飾を行いやすい状況にあると考えられますので、より詳細に分析を行うことが必要です。

# 第5章 農業および不動産賃貸業の決算書分析

第1節　農業の決算書等の特徴
第2節　農業の決算書分析
第3節　不動産賃貸業の決算書等の特徴
第4節　不動産賃貸業の決算書分析

# 第1節　農業の決算書等の特徴

> **Key Message**
> 農業の取引・ビジネスモデルを踏まえ、決算書に表れる農業特有のポイントを理解します

## 農業会計の特徴

　日本における農業経営は、個人もしくは小規模な法人によるものが多く、農地取得から生産、流通、販売まで幅広い範囲に及ぶなど複雑であることもあり、準拠すべき固有の会計基準は存在しません。実務的には所得税法や法人税法で定められている会計処理に従うケースが多いものの、一般社団法人全国農業経営コンサルタント協会および公益社団法人日本農業法人協会が示している「農業の会計に関する指針」等を参考とすることができます。

　農業会計は、一般商工業会計に比べて科目が多く、生産物である植物および動物が棚卸資産と有形固定資産にまたがって計上される場合があること、補助金等の収入が売上高と営業外収益の両方に計上されることなどが主な特徴です。次の図表では、日本農業法人協会による「農業法人標準勘定科目」をベースに農業法人が使用する主な勘定科目の例示と一般的な商工業で使用される主な勘定科目の比較表を示しています。

### 図表5－1　農業法人が使用する主な勘定科目と一般的商工業の主な勘定科目

| 勘定科目 | 農業法人標準勘定科目 | 一般商工業の勘定科目 |
| --- | --- | --- |
| 棚卸資産 | 商品、製品、半製品、原材料、仕掛品（**未収穫農産物、販売用動物**）　等 | 商品、製品、半製品、原材料、仕掛品、半成工事　等 |
| 有形固定資産 | 建物、建物付属設備、構築物、機械装置、器具備品、**生物、繰延生物**、土地、建設仮勘定、**育成仮勘定**　等 | 建物、建物付属設備、構築物、機械装置、器具備品、土地、建設仮勘定　等 |
| 投資その他の資産 | 投資有価証券、長期貸付金、保険積立金、**経営安定積立金**、貸倒引当金　等 | 投資有価証券、長期貸付金、保険積立金、貸倒引当金　等 |
| その他利益剰余金 | **農業経営基盤強化準備金**、圧縮積立金、圧縮特別勘定　等 | 配当積立金、圧縮積立金、圧縮特別勘定積立金　等 |
| 売上高 | 製品売上高、商品売上高、**生物売却収入**、作業受託収入、**価格補てん収入**　等 | 商品売上高、製品売上高、工事売上高　等 |
| 売上原価 | 期首製品棚卸高、当期製品製造原価、**生物売却原価**、期末製品棚卸高、**事業消費高**　等 | 期首製品棚卸高、当期製品製造原価、期末製品棚卸高　等 |
| 製造原価 | 材料費（**種苗費、素畜費、肥料費**等）、労務費、経費、**育成費振替高**　等 | 材料費、労務費、経費　等 |
| 営業外収益 | 受取利息、受取配当金、**受取共済金、一般助成収入、作付助成収入**、雑収入　等 | 受取利息、受取配当金、雑収入　等 |

（出典）有限責任監査法人トーマツ著「農業ビジネスの基本と取引のポイント」経済法令研究会をもとにトーマツ作成

## 農業における貸借対照表の特徴

農業経営では、農産物の栽培・育成という生産活動があることから、植物、動物およびその生産活動に欠かせない生産資材に関する勘定科目に着目するとともに、補助金等の国の政策などに関係する勘定科目にも着目する必要があります。

なかでも、次の図表の①から⑥の勘定科目には留意が必要です。

**図表5－2　農業の貸借対照表でポイントとなる勘定科目**

|   | 法　人 | 個人事業主 |
|---|---|---|
| ① | 製品・仕掛品など（棚卸資産） | 農産物等・未収穫農産物等（資産の部） |
| ② | 生物（有形固定資産） | 果樹・牛馬等（資産の部） |
| ③ | 育成仮勘定（有形固定資産） | 未成熟の果樹・未成育の牛馬等（資産の部） |
| ④ | 土地改良負担金（無形固定資産） | 土地改良事業受益者負担金（資産の部） |
| ⑤ | 経営安定積立金（投資その他の資産） | 経営安定積立金（資産の部） |
| ⑥ | 農業経営基盤強化準備金（固定負債または純資産） | 農業経営基盤強化準備金（負債・資本の部） |

なお、法人と個人事業主で勘定科目が若干異なる場合がありますが、内容に大きな差異はありません。

ポイントとなる勘定科目ごとに解説します。

① **製品・仕掛品など（農産物等、未収穫農産物等）**

「製品」には生産された農産物等が、「仕掛品」には未収穫農産物や肉牛、豚、ブロイラーなど販売用動物等が含まれます。いずれも、資産計上されている農産物が実際に存在するかどうか棚卸等の状況を確認するとともに、評価基準を確認したうえで、評価が適切かどうかについて確認する必要があります。

② **生物（果樹・牛馬等）**

「生物」とは、果樹等の永年性作物および乳牛・繁殖用家畜などの農業用の減価償却の対象である生物のことで、減価償却計算が行われます。もっとも、減価償却の対象となるのは、育成段階を終えて収益を享受できるようになってから、つまり成木・成牛等となってからです。

③ **育成仮勘定（未成熟の果樹・未成育の牛馬等）**

「育成仮勘定」とは、②の生物が成木・成牛等になる前の育成期間中に要した費用を集計する勘定科目です。育成が完了した段階となってから減価償却資産である「生物」に振り替えます。

上記の②③いずれも、①と同様に、実際に存在するかどうか棚卸等の状況を確認するとともに、評価が適切かどうかについて確認する必要があります。

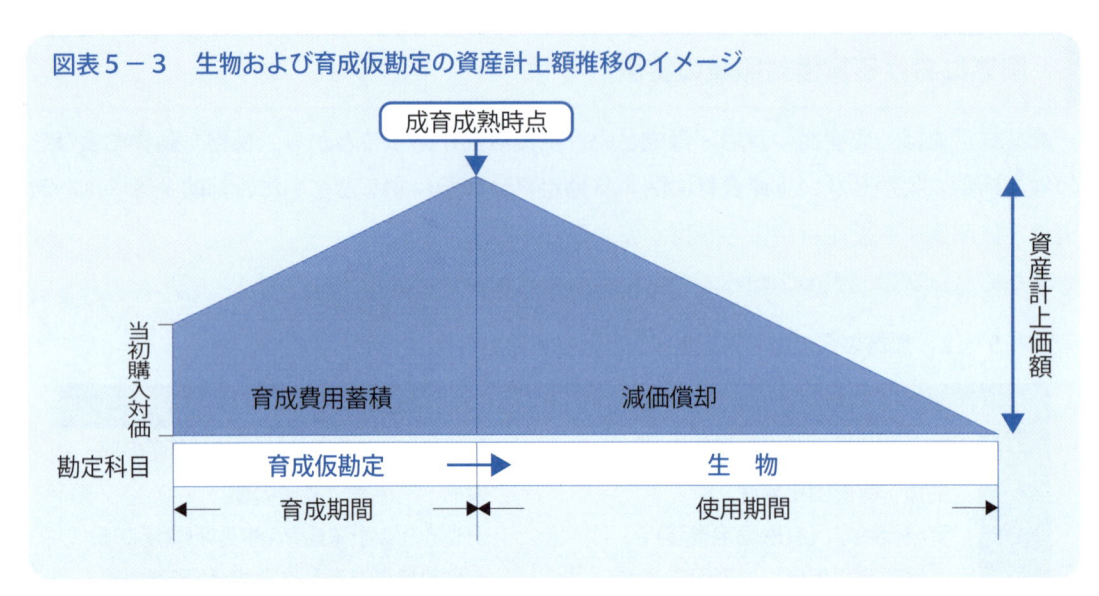

図表5-3　生物および育成仮勘定の資産計上額推移のイメージ

④　土地改良負担金（土地改良事業受益者負担金）

「土地改良負担金」とは、土地改良事業の受益者負担金のうち、減価償却資産および公道等の取得費対応部分として、税法固有の繰延資産に該当するものをいいます。具体的には、水路・ため池の掘削費用や公道・農道の工事費用などがあてはまります。なお、繰延資産として計上せず、支出のつど費用計上することもできます。

⑤　経営安定積立金

「経営安定積立金」とは、収入減少影響緩和対策や加工原料乳生産者経営安定対策など、国の経営安定対策に基づき農業者が支払う積立金のうち、資産計上を義務付けられたものをいいます。この場合、補てん金を受け取った時点で積立金勘定から取り崩し処理をします。

⑥　農業経営基盤強化準備金

「農業経営基盤強化準備金」とは、租税特別措置法上の準備金の要件を満たす、水田や畑作の経営所得安定対策などの交付金や補助金をいいます。収入時に全額収益計上してしまうと、それに見合う税金を一度に支払わなければならないことになります。そこで、課税を繰り延べることを目的として、収益の額を限度として利益処分または費用の計上により、純資産または負債として積み立てることができます。

## 農業における損益計算書の特徴

農業経営における収益取引は、農産物の「売上取引」のほか、生産した農産物を自家用に消費する「家事消費取引」や農作業の請負から得られる「作業受託収入」、有形固定資産である「生物等の売却収入」、多種多様な補てん金等の「交付金収入」が継続して発生することに着目する必要があります。

なかでも、次の図表の①から⑩の勘定科目には留意が必要です。

### 図表5－4　農業の損益計算書でポイントとなる勘定科目

| | 法　人 | 個人事業主 |
|---|---|---|
| ① | 生物売却収入（売上高） | 販売金額 |
| ② | 作業受託収入（売上高） | 雑収入 |
| ③ | 価格補てん収入（売上高） | 雑収入 |
| ④ | 生物売却原価（売上原価） | 生物売却原価 |
| ⑤ | 事業消費高（売上原価の控除項目） | 事業消費金額・家事消費金額 |
| ⑥ | 受取共済金（営業外収益または特別利益） | 雑収入 |
| ⑦ | 一般助成収入（営業外収益） | 雑収入 |
| ⑧ | 作付助成収入（営業外収益） | 雑収入 |
| ⑨ | 経営安定補てん収入（特別利益） | 雑収入 |
| ⑩ | 飼料補てん収入（飼料費の控除項目） | 雑収入 |

　なお、法人と個人事業主で勘定科目が若干異なる場合がありますが、内容に大きな差異はありません。
　ポイントとなる勘定科目ごとに解説します。

#### ①　生物売却収入（販売金額）
　畜産業では、乳牛や繁殖用家畜などは、初めは生物として資産計上されるものの、乳牛・畜産用としての役割を終えた後は、営業目的として売却されます。そのため、売却収入額は、法人であれば売上高に、個人事業主であれば収入金額のうち販売金額に計上します。

#### ②　作業受託収入（雑収入）
　農作業を請け負うことで得られる収入については、営業目的で行われることから、作業受託収入として、法人であれば売上高に、個人事業主であれば収入金額のうち雑収入に計上します。

#### ③　価格補てん収入（雑収入）
　畑作物の直接支払交付金や肉用牛肥育経営安定特別対策補てん金・肉用牛繁殖経営支援交付金など、農畜産物の販売数量に基づく交付金・補てん金については、農畜産物の販売代金ではないものの、その販売に紐づく収入であるため、価格補てん収入として、法人であれば売上高に、個人事業主であれば収入金額のうち雑収入に計上します。

#### ④　生物売却原価
　生物売却収入の対象資産については、売却時点における帳簿価額を、法人であれば売上原価に、個人事業主であれば経費に計上します。なお、売却した生物が償却済みである場合は、生物売却収入のみが計上されます。

#### ⑤　事業消費高（事業消費金額・家事消費金額）
　自家製農産物を、種苗や自家製造物の原材料、広告宣伝用などとして消費した場合、事業用に消費したものと捉え、法人であれば売上原価の控除項目として、個人事業主であれば収

入金額のうち事業消費金額に計上します。また、個人事業主の場合、自家製農産物を生活のために消費したときには、家事消費金額として、事業消費と同様に収入に計上します。

### ⑥ 受取共済金（雑収入）

収穫共済や家畜共済など、棚卸資産に対する共済金・保険金については、受取共済金として、法人であれば畜産物にかかるものは営業外収益に畜産物以外にかかるものは特別利益に計上し、個人事業主であれば収入金額のうち雑収入に計上します。

### ⑦ 一般助成収入（雑収入）

中山間地域等直接交付金など、作付面積とは関係なく支給される交付金については、一般助成収入として、法人であれば営業外収益に、個人事業主であれば収入金額のうち雑収入に計上します。

### ⑧ 作付助成収入（雑収入）

水田活用の直接支払交付金や米の直接支払交付金など、農作物の作付面積に応じて支給される交付金、ならびに耕作放棄地再生利用緊急対策交付金などについては、作付助成収入として、法人であれば営業外収益に、個人事業主であれば収入金額のうち雑収入に計上します。法人の場合、③の価格補てん収入が「販売」数量に基づいて交付されることから売上高に含まれるのに対して、作付助成収入は作付面積等に基づいて交付されることから営業外収益に含まれることになります。

### ⑨ 経営安定補てん収入（雑収入）

国の経営安定補てん金における生産者拠出分以外の部分については、経営安定補てん収入として、法人であれば特別利益に、個人事業主であれば収入金額のうち雑収入に計上します。具体的には、収入減少影響緩和対策や加工原料乳生産者補給金制度などに基づく交付金・補てん金があります。なお、生産者拠出部分は、交付金・補てん金を受け取った時点で資産における積立金勘定から取り崩す処理をします。

### ⑩ 飼料補てん収入（雑収入）

配合飼料価格が高騰した場合に配合飼料価格安定制度から支給される配合飼料価格差補てん金による収入については、飼料代の値引きと同様の性質を有しているため、原則として、費用における飼料費の減額処理をします。なお、配合飼料安定基金に拠出する生産者の負担金については、「共済掛金」などの名目で経費に計上されます。ただし、当該補てん金について、収入金額における雑収入として計上する方法もあり、この場合は、生産者の負担金は、原価外で処理されます。

## 第2節 農業の決算書分析

> **Key Message**
> 営農類型別に損益および収支を中心とした分析を行います

### 農業の特徴

　農業の決算書等は、個人農業者であれば所得税法、農業法人であれば法人税法において定められる方法に従って会計処理されたものであることが多いと考えられます。

　分析対象である債務者等が農業を行っている場合に把握しておきたい特徴をまとめると、次の図表のようになります。

**図表5－5　農業の特徴**

- 農業特有の会計処理が存在する
- 生産物が多岐にわたる
- 地域・気候による影響が大きい
- 季節・経年変動が大きい
- 家計と経営の分離が十分ではない
- 補助金等政策の影響が大きい

　この特徴からわかることは、農業は規模、生産物、時期、地域、政策などの経営に関わる要素が多様であり、他の業種と比べて、農業という業種に基づく画一的な分析が困難であるということです。したがって、一般的な財務数値や財務比率に基づく分析のみで農業の経営状況を判断することは難しいと考えられます。しかし、同じ債務者等の決算書等から把握される財務数値や財務比率の複数期間比較を行うことや、1つの目安として財務比率等の平均値を把握しておくことは、有用であると考えられます。

　なお、財務数値の観点からは、本章第1節でも解説したように、農産物が含まれる棚卸資産や固定資産といった資産の額、売上と補助金が含まれる収益の額がポイントとなります。

　また、財務比率の観点からは、とくに個人農業者の場合では貸借対照表が作成されていない場合があり、また、事業用の貸借対照表が作成されていたとしても主たる資産である農地が資産計上されていない事例も多く、総資本経常利益率や自己資本比率等、資産を基礎とした財務比率分析は困難であるといえます。したがって、農業においては、損益や収支に着目した財務比率分析がポイントになります。

## 農業における財務分析の基本

農業においては、「収益性」・「生産性」・「成長性」の観点から分析することが有用です。

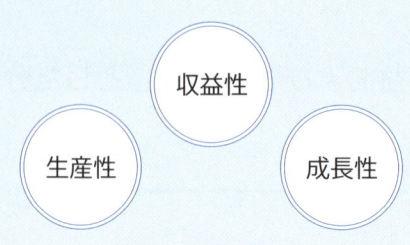

図表5-6 農業に有用な分析項目

（収益性／生産性／成長性）

「収益性」については、効率的に利益を獲得できているかどうかの観点から、売上高（後述の農業粗収益）に対する経常利益（農業所得）の割合を用いることによって分析します。「成長性」については、収益および利益の両方の成長性の観点から、売上高や経常利益の推移を把握することによって分析します。

「生産性」については、第4章第3節で解説した付加価値や労働分配率といった指標だけでなく、作付面積や飼育頭数といった生産単位当たりの売上高や、農業用「施設」の資産計上額当たりの売上高、労働時間当たり売上高といった指標を用いて分析します。

## 営農類型別財務分析および決算書等で見るべきポイント

農林水産省が毎年度公表している「営農類型別経営統計」と、営農類型別の農業の特徴を踏まえた決算書等の読み方のポイントについて解説します。

この調査では、次の図表のような営農類型ごとに、個別経営と組織経営に分けて、かつ都道府県別に、一経営体当たりの「農業粗収益」や「農業経費」といった農業経営収支等の平均値を掲載しています。なお、農業粗収益には、農産物等の販売収入のほか、農作業受託収入、価格補てん収入や経営安定補てん収入も含まれ、個人事業主の損益計算書であれば「収入金額」に近いといえます。

個別経営とは、世帯による農業経営を行う農業者をいい、家族等で農業経営を行う個人事業主や家族経営的な規模にとどまる法人が対象となります。

組織経営とは個別経営体以外の組織による農業経営を行うものをいい、株式会社等の比較的規模の大きい法人や集落営農組織が対象となります。

本書では、ＪＡに関連が大きいと考えられる個別経営体を前提に解説します。

なお、1つの経営体が複数の営農類型の販売を行っている場合には、そのうち農産物販売収入が最も多い営農類型に区分されています。

また、上述のように農地については決算書に反映していない事例も多いため、この調査においては土地を除く固定資産の計上額がデータとして掲載されています。

第2節　農業の決算書分析

図表5－7　農林水産省の「営農類型別経営統計」における営農類型

| 営農類型の種類 | 分類基準 |
|---|---|
| 水田作経営 | ・稲、麦類、雑穀、豆類、いも類、工芸農作物の販売収入のうち、水田で作付けした農業生産物販売収入が他の営農類型の農業生産物販売収入と比べて最も多い経営 |
| 畑作経営 | ・稲、麦類、雑穀、豆類、いも類、工芸農作物の販売収入のうち、畑作で作付けした農業生産物販売収入が他の営農類型の農業生産物販売収入と比べて最も多い経営 |
| 野菜作経営 | ・野菜の販売収入が他の営農類型の農業生産物販売収入と比べて最も多い経営 |
| 　露地野菜作経営 | ・野菜作経営のうち、露地野菜の販売収入が施設野菜の販売収入以上である経営 |
| 　施設野菜作経営 | ・野菜作経営のうち、露地野菜より施設野菜の販売収入が多い経営 |
| 果樹作経営 | ・果樹の販売収入が他の営農類型の農業生産物販売収入と比べて最も多い経営 |
| 花き作経営 | ・花きの販売収入が他の営農類型の農業生産物販売収入と比べて最も多い経営 |
| 　露地花き作経営 | ・花き作経営のうち、露地花きの販売収入が施設花きの販売収入以上である経営 |
| 　施設花き作経営 | ・花き作経営のうち、露地花きより施設花きの販売収入が多い経営 |
| 酪農経営 | ・酪農の販売収入が他の営農類型の農業生産物販売収入と比べて最も多い経営 |
| 肉用牛経営 | ・肉用牛の販売収入が他の営農類型の農業生産物販売収入と比べて最も多い経営 |
| 　繁殖牛経営 | ・肉用牛経営のうち、肥育牛の飼養頭数より繁殖用雌牛の飼養頭数が多い経営 |
| 　肥育牛経営 | ・肉用牛経営のうち、肥育牛の飼養頭数が繁殖用雌牛の飼養頭数以上である経営 |
| 養豚経営 | ・養豚の販売収入が他の営農類型の農業生産物販売収入と比べて最も多い経営 |
| 採卵養鶏経営 | ・採卵養鶏の販売収入が他の営農類型の農業生産物販売収入と比べて最も多い経営 |
| ブロイラー養鶏経営 | ・ブロイラー養鶏の販売収入が他の営農類型の農業生産物販売収入と比べて最も多い経営 |

（出典）農林水産省「営農類型別経営統計」

以下で示す経営統計のうち、とくに注目すべき指標は、「収益性」に関する指標として農業粗収益に対する農業経営費および農業所得の割合（対粗収益率）と、「生産性」に関する指標として①土地を除く固定資産千円当たり農業粗収益額、②作付面積や飼育頭数といった生産単位当たりの農業粗収益額、③労働時間当たりの農業粗収益額です。

　これらの営農類型別の平均的な指標を債務者等の数値と比較することで、例えば、売上高に占める費用の割合が他の農業経営者より多くなっているといった観点から、費用に改善点が見られるなど、具体的な経営状況および課題を把握することができるようになります。

① 水田作

　水田作経営の経営収支の状況は、次の図表のとおりです。

図表5-8　平成25年水田作経営（個別経営）の経営収支状況等

（単位：千円、%）

| 区　分 | 全国 平均 | （対粗収益率） | 北海道 平均 | （対粗収益率） | 都道府県 平均 | （対粗収益率） |
|---|---|---|---|---|---|---|
| 農業粗収益 | 2,424 | (100.0%) | 14,357 | (100.0%) | 2,206 | (100.0%) |
| うち稲作収入 | 1,528 | (63.0%) | 7,823 | (54.5%) | 1,413 | (64.1%) |
| うち共済補助金等受取金 | 419 | (17.3%) | 4,074 | (28.4%) | 354 | (16.0%) |
| 農業経営費 | 1,886 | (77.8%) | 9,376 | (65.3%) | 1,754 | (79.5%) |
| うち肥料 | 192 | (7.9%) | 1,048 | (7.3%) | 176 | (8.0%) |
| うち農薬 | 141 | (5.8%) | 876 | (6.1%) | 128 | (5.8%) |
| うち農機具 | 485 | (20.0%) | 1,816 | (12.6%) | 462 | (20.9%) |
| 農業所得 | 538 | (22.2%) | 4,981 | (34.7%) | 452 | (20.5%) |
| （減価償却費） | 580 | (23.9%) | 1,521 | (10.6%) | 460 | (20.9%) |
| 農業固定資産額（土地を除く） | 2,317 | | 7,338 | | 2,228 | |
| 水田作作付延べ面積（a） | 162.4 | | 931.7 | | 148.7 | |
| 自営農業労働時間（時間） | 909 | | 2,607 | | 876 | |
| 固定資産千円当たり粗収益 | 1.0 | | 2.0 | | 1.0 | |
| 面積当たり粗収益 | 14.9 | | 15.4 | | 14.8 | |
| 時間当たり粗収益 | 2.7 | | 5.5 | | 2.5 | |

（出典）農林水産省「平成25年農業経営統計調査」をもとにトーマツ作成

　決算書を見るにあたっての科目ごとのポイントは次のとおりです。

〈棚卸資産〉

　通常、秋の収穫時または概算金の入金時に販売があったものとして収益計上されることが多いと考えられることから、個人であっても法人であっても、決算日に資産として計上される農産物は多くないと考えられます。棚卸資産が計上されている場合には、その資産性について確かめる必要があります。

〈固定資産〉

　主な生産設備である「土地」に着目する必要があります。

　しかし、個人経営の場合には貸借対照表に計上されないことがあります。また、土地を賃借していることもありますが、その場合には賃借料が損益計算書に計上されているため、そこから土地の賃借を推定できます。貸借対照表計上額に加えて、計上されていない個人所有の農地や賃借している農地を把握し、作付面積など経営規模を確認します。分析においては、作付面積当たりの農業粗収益を算定し、期間比較を行うことが有用です。

そのほか、種苗施設、トラクター、代掻き機、田植え機、農薬散布機、コンバイン、乾燥機、機械を格納する農舎などの農業用機械・施設を必要とするため、施設の内容および稼働状況、メンテナンス状況、適切な減価償却が行われているか、今後買換え等の予定はあるかなどを確認します。

〈収益〉

法人の場合、米の直接支払交付金などの継続収入が、営業外収益として計上されている場合と売上に含まれている場合があるため、その内容を把握します。

② 畑作

畑作経営の経営収支の状況は、次の図表のとおりです。

図表5-9 平成25年畑作経営（個別経営）の経営収支状況等

（単位：千円、%）

| 区　分 | 全国 平均 | （対粗収益率） | 北海道 平均 | （対粗収益率） | 都道府県 平均 | （対粗収益率） |
|---|---|---|---|---|---|---|
| 農業粗収益 | 7,656 | (100.0%) | 28,852 | (100.0%) | 4,527 | (100.0%) |
| うち作物収入 | 5,919 | (77.3%) | 18,588 | (64.4%) | 4,049 | (89.4%) |
| うち共済補助金等受取金 | 1,472 | (19.2%) | 9,479 | (32.9%) | 289 | (6.4%) |
| 農業経営費 | 5,387 | (70.4%) | 20,340 | (70.5%) | 3,180 | (70.2%) |
| うち肥料 | 910 | (11.9%) | 3,801 | (13.2%) | 483 | (10.7%) |
| うち農薬 | 596 | (7.8%) | 2,355 | (8.2%) | 336 | (7.4%) |
| うち農機具 | 847 | (11.1%) | 3,345 | (11.6%) | 478 | (10.6%) |
| 農業所得 | 2,269 | (29.6%) | 8,512 | (29.5%) | 1,347 | (29.8%) |
| （減価償却費） | 798 | (10.4%) | 2,381 | (8.3%) | 565 | (12.5%) |
| 農業固定資産額（土地を除く） | 4,423 | | 11,640 | | 3,356 | |
| 畑作作付延べ面積（a） | 443.0 | | 2,437.7 | | 148.0 | |
| 自営農業労働時間（時間） | 2,553 | | 3,718 | | 2,385 | |
| 固定資産千円当たり粗収益 | 1.7 | | 2.5 | | 1.3 | |
| 面積当たり粗収益 | 17.3 | | 11.8 | | 30.6 | |
| 時間当たり粗収益 | 3.0 | | 7.8 | | 1.9 | |

（出典）農林水産省「平成25年農業経営統計調査」をもとにトーマツ作成

決算書を見るにあたっての科目ごとのポイントは次のとおりです。

〈棚卸資産〉

畑作経営では、毎期同規模で生産される農産物については、棚卸を省略することが税務上認められているため、決算日に資産として計上される農産物は多くないと考えられます。期末における収穫済及び未収穫農作物が計上されている場合には、その資産性について確かめる必要があります。

〈固定資産〉

稲作と同様、主な生産設備である「土地」に着目する必要があります。決算書に計上されていない土地等を把握して作付面積など経営規模を確認するとともに、作付面積当たりの農業粗収益を算定し、その期間比較を行うことが有用です。

〈収益〉

法人の場合、小麦や大麦、大豆に対する経営所得安定対策等による直接支払交付金などの継続収入が、営業外収益として計上されている場合と売上に含まれている場合があるため、

その内容を把握します。

〈費用〉

費用のうち肥料・農薬に要する費用の割合が高く、それらの価格変動の影響を受けやすいため、留意が必要です。

③ 野菜作

野菜作経営の経営収支の状況は、次の図表のとおりです。

### 図表5－10　平成25年野菜作経営（個別経営）の経営収支状況等

〈露地野菜作経営〉　　　　　　　　　　　　　　　　　　　　　　　　　　（単位：千円、％）

| 区　分 | 全　国 平　均 | （対粗収益率） | 北海道 平　均 | （対粗収益率） | 都道府県 平　均 | （対粗収益率） |
|---|---|---|---|---|---|---|
| 農業粗収益 | 5,008 | (100.0%) | 18,669 | (100.0%) | 4,603 | (100.0%) |
| 　うち露地野菜収入 | 3,547 | (70.8%) | 10,671 | (57.2%) | 3,336 | (72.5%) |
| 　うち共済補助金等受取金 | 298 | (6.0%) | 4,228 | (22.6%) | 211 | (4.6%) |
| 農業経営費 | 3,122 | (62.3%) | 13,510 | (72.4%) | 2,816 | (61.2%) |
| 　うち肥料 | 388 | (7.7%) | 2,163 | (11.6%) | 336 | (7.3%) |
| 　うち農薬 | 262 | (5.2%) | 1,139 | (6.1%) | 237 | (5.1%) |
| 　うち光熱動力 | 233 | (4.7%) | 721 | (3.9%) | 218 | (4.7%) |
| 　うち農機具 | 488 | (9.7%) | 2,053 | (11.0%) | 443 | (9.6%) |
| 農業所得 | 1,886 | (37.7%) | 5,159 | (27.6%) | 1,787 | (38.8%) |
| （減価償却費） | 519 | (10.4%) | 1,791 | (9.6%) | 483 | (10.5%) |
| 農業固定資産額（土地を除く） | 2,657 | | 9,097 | | 2,468 | |
| 野菜作付延べ面積（a） | 94.2 | | 442.8 | | 84.0 | |
| 自営農業労働時間(時間) | 3,105 | | 4,328 | | 3,062 | |
| 固定資産千円当たり粗収益 | 1.9 | | 2.1 | | 1.9 | |
| 面積当たり粗収益 | 53.2 | | 42.2 | | 54.8 | |
| 時間当たり粗収益 | 1.6 | | 4.0 | | 1.5 | |

（出典）農林水産省「平成25年農業経営統計調査」をもとにトーマツ作成

〈施設野菜作経営〉　　　　　　　　　　　　　　　　　　　　　　　　　　（単位：千円、％）

| 区　分 | 全　国 平　均 | （対粗収益率） | 北海道 平　均 | （対粗収益率） | 都道府県 平　均 | （対粗収益率） |
|---|---|---|---|---|---|---|
| 農業粗収益 | 11,061 | (100.0%) | 15,623 | (100.0%) | 10,621 | (100.0%) |
| 　うち施設野菜収入 | 8,131 | (73.5%) | 9,751 | (62.4%) | 7,970 | (75.0%) |
| 　うち共済補助金等受取金 | 687 | (6.2%) | 2,383 | (15.3%) | 521 | (4.9%) |
| 農業経営費 | 6,678 | (60.4%) | 10,554 | (67.6%) | 6,303 | (59.3%) |
| 　うち肥料 | 530 | (4.8%) | 631 | (4.0%) | 520 | (4.9%) |
| 　うち農薬 | 374 | (3.4%) | 488 | (3.1%) | 363 | (3.4%) |
| 　うち光熱動力 | 1,086 | (9.8%) | 1,360 | (8.7%) | 1,059 | (10.0%) |
| 　うち農機具 | 695 | (6.3%) | 1,380 | (8.8%) | 628 | (5.9%) |
| 農業所得 | 4,383 | (39.6%) | 5,069 | (32.4%) | 4,318 | (40.7%) |
| （減価償却費） | 1,008 | (9.1%) | 1,602 | (10.3%) | 951 | (9.0%) |
| 農業固定資産額（土地を除く） | 5,574 | | 7,725 | | 5,363 | |
| 野菜作付延べ面積（a） | 57.9 | | 76.2 | | 56.2 | |
| 自営農業労働時間(時間) | 5,265 | | 6,026 | | 5,188 | |
| 固定資産千円当たり粗収益 | 2.0 | | 2.0 | | 2.0 | |
| 面積当たり粗収益 | 191.0 | | 205.0 | | 189.0 | |
| 時間当たり粗収益 | 2.1 | | 2.6 | | 2.0 | |

（出典）農林水産省「平成25年農業経営統計調査」をもとにトーマツ作成

決算書を見るにあたっての科目ごとのポイントは次のとおりです。

〈棚卸資産〉

長期保存のできる野菜は多くないため、期末における収穫済及び未収穫農作物が計上されている場合には、その資産性について確かめる必要があります。

〈固定資産〉

露地栽培は、水田作と畑作と同様に、「土地」に着目する必要があります。決算書に計上されていない土地等を把握して、作付面積など経営規模を確認するとともに、作付面積当たりの農業粗収益を算定し、その期間比較を行うことが有用です。

施設栽培は、固定資産に占める「設備」の割合が高く、重要な科目となります。施設の内容および稼働状況、メンテナンス状況を確かめ、適切な減価償却が行われているか、今後買換えの予定はあるかなどを確かめる必要があります。

〈収益〉

露地栽培は気候の影響を受けやすいため、過去の業績推移を分析する際には、他の作物と比べて長期の傾向を把握する必要があります。

指定野菜価格安定制度による価格差補給金が交付されている場合には、その内容を把握する必要があります。

〈費用〉

施設栽培については、施設維持のための修繕費の発生状況や、光熱動力費に影響を与える燃油価格等の変動を確かめる必要があります。

④ 果樹作

果樹作経営の経営収支の状況は、次の図表のとおりです。

図表5－11　平成25年果樹作経営（個別経営）の経営収支状況等

(単位：千円、%)

| 区　分 | 全　国 平　均 | (対粗収益率) | 北海道 平　均 | (対粗収益率) | 都道府県 平　均 | (対粗収益率) |
|---|---|---|---|---|---|---|
| 農業粗収益 | 5,381 | (100.0%) | 14,319 | (100.0%) | 5,354 | (100.0%) |
| うち果樹収入 | 4,583 | (85.2%) | 14,165 | (98.9%) | 4,554 | (85.1%) |
| うち共済補助金等受取金 | 176 | (3.3%) | 124 | (0.9%) | 176 | (3.3%) |
| 農業経営費 | 3,420 | (63.6%) | 8,195 | (57.2%) | 3,408 | (63.7%) |
| うち肥料 | 247 | (4.6%) | 281 | (2.0%) | 246 | (4.6%) |
| うち農薬 | 345 | (6.4%) | 749 | (5.2%) | 344 | (6.4%) |
| うち農機具 | 352 | (6.5%) | 657 | (4.6%) | 351 | (6.6%) |
| 農業所得 | 1,961 | (36.4%) | 6,124 | (42.8%) | 1,946 | (36.3%) |
| (減価償却費) | 770 | (14.3%) | 2,112 | (14.7%) | 768 | (14.3%) |
| 農業固定資産額（土地を除く） | 6,961 | | 23,251 | | 6,915 | |
| 果樹植栽面積（a） | 96.5 | | 421.1 | | 95.5 | |
| 自営農業労働時間(時間) | 3,065 | | 5,805 | | 3,058 | |
| 固定資産千円当たり粗収益 | 0.8 | | 0.6 | | 0.8 | |
| 面積当たり粗収益 | 55.8 | | 34.0 | | 56.1 | |
| 時間当たり粗収益 | 1.8 | | 2.5 | | 1.8 | |

(出典) 農林水産省「平成25年農業経営統計調査」をもとにトーマツ作成

決算書を見るにあたっての科目ごとのポイントは次のとおりです。

〈棚卸資産〉

長期保存できる収穫済の果実は多くなく、未収穫果実は原則として固定資産の果樹に含まれることになるため、棚卸資産が計上されている場合には、その資産性について確かめる必要があります。

〈固定資産〉

成園（育成期間を経て収穫可能となること）になるまでにかかった費用については育成仮勘定に計上し、成園になったタイミングで生物勘定に振り替え、減価償却を実施することになります。育成仮勘定の計上が適切にされているか留意する必要があります。

〈費用〉

果樹作は気候の影響を受けやすく、病気により枯死する場合もあり、一旦枯死した場合には影響が長期にわたる可能性があります。特別損失に固定資産除却損等として果樹の枯死に関連する項目が計上された場合には、影響の度合いを把握します。

⑤ 花き作

花き作経営の経営収支の状況は、次の図表のとおりです。

図表5-12 平成25年度花き作経営（個別経営）の経営収支状況等

〈露地花き作経営〉 （単位：千円、%）

| 区分 | 全国 平均 | （対粗収益率） |
|---|---|---|
| 農業粗収益 | 6,442 | (100.0%) |
| うち露地花き収入 | 5,071 | (78.7%) |
| うち共済補助金等受取金 | 161 | (2.5%) |
| 農業経営費 | 4,312 | (66.9%) |
| うち種苗・苗木 | 293 | (4.5%) |
| うち肥料 | 352 | (5.5%) |
| うち農薬 | 406 | (6.3%) |
| うち光熱動力 | 327 | (5.1%) |
| うち農機具 | 454 | (7.0%) |
| 農業所得 | 2,130 | (33.1%) |
| （減価償却費） | 497 | (7.7%) |
| 農業固定資産額（土地を除く） | 2,567 | |
| 花き作付延べ面積（a） | 82.7 | |
| 自営農業労働時間（時間） | 3,855 | |
| 固定資産千円当たり粗収益 | 2.5 | |
| 面積当たり粗収益 | 77.9 | |
| 時間当たり粗収益 | 1.7 | |

（出典）農林水産省「平成25年農業経営統計調査」をもとにトーマツ作成

〈施設花き作経営〉 （単位：千円、%）

| 区分 | 全国 平均 | （対粗収益率） |
|---|---|---|
| 農業粗収益 | 14,195 | (100.0%) |
| うち施設花き収入 | 12,404 | (87.4%) |
| うち共済補助金等受取金 | 356 | (2.5%) |
| 農業経営費 | 10,259 | (72.3%) |
| うち種苗・苗木 | 1,502 | (10.6%) |
| うち肥料 | 510 | (3.6%) |
| うち農薬 | 485 | (3.4%) |
| うち光熱動力 | 2,257 | (15.9%) |
| うち農機具 | 488 | (3.4%) |
| 農業所得 | 3,936 | (27.7%) |
| （減価償却費） | 982 | (6.9%) |
| 農業固定資産額（土地を除く） | 6,540 | |
| 花き作付延べ面積（a） | 47.4 | |
| 自営農業労働時間（時間） | 6,714 | |
| 固定資産千円当たり粗収益 | 2.2 | |
| 面積当たり粗収益 | 299.5 | |
| 時間当たり粗収益 | 2.1 | |

（出典）農林水産省「平成25年農業経営統計調査」をもとにトーマツ作成

決算書を見るにあたっての科目ごとのポイントは次のとおりです。

〈棚卸資産〉

長期保存のできる花きは多くないため、期末における収穫済及び未収穫農作物が計上されている場合には、その資産性について確かめる必要があります。

〈固定資産〉

野菜策と同様に、露地栽培は、「土地」に着目する必要があります。決算書に計上されていない土地等を把握して、作付面積など経営規模を確認するとともに、作付面積当たりの農業粗収益を算定し、その期間比較を行うことが有用です。

施設栽培は、固定資産に占める「設備」の割合が高く、重要な科目となります。施設の内容および稼働状況、メンテナンス状況を確かめ、適切な減価償却が行われているか、今後買換えの予定はあるかなどを確かめる必要があります。

〈収益〉

露地栽培は気候の影響を受けやすいため、過去の業績推移を分析する際には、他の作物と比べて長期の傾向を把握する必要があります。

〈費用〉

費用のうち肥料・農薬に要する費用の割合が高く、それらの価格変動の影響を受けやすいことから、変動に留意します。

施設栽培については、施設維持のための修繕費の発生状況や、光熱動力費に影響を与える燃油価格等の変動を確かめる必要があります。

⑥　酪農

酪農経営の経営収支の状況は、次の図表のとおりです。

図表5−13　平成25年酪農経営（個別経営）の経営収支状況等

（単位：千円、％）

| 区　分 | 全　国 平　均 | （対粗収益率） | 北海道 平　均 | （対粗収益率） | 都道府県 平　均 | （対粗収益率） |
|---|---|---|---|---|---|---|
| 農業粗収益 | 46,343 | (100.0%) | 65,015 | (100.0%) | 39,242 | (100.0%) |
| うち酪農収入 | 41,561 | (89.7%) | 58,095 | (89.4%) | 35,272 | (89.9%) |
| うち共済補助金等受取金 | 3,323 | (7.2%) | 4,675 | (7.2%) | 2,808 | (7.2%) |
| 農業経営費 | 38,844 | (83.8%) | 55,030 | (84.6%) | 32,689 | (83.3%) |
| うち動物購入 | 5,324 | (11.5%) | 8,768 | (13.5%) | 4,016 | (10.2%) |
| うち飼料 | 17,726 | (38.2%) | 19,603 | (30.2%) | 17,012 | (43.4%) |
| 農業所得 | 7,499 | (16.2%) | 9,985 | (15.4%) | 6,553 | (16.7%) |
| （減価償却費） | 6,886 | (14.9%) | 11,541 | (17.8%) | 5,118 | (13.0%) |
| 農業固定資産額（土地を除く） | 32,754 | | 59,419 | | 22,616 | |
| 月平均搾乳牛飼養頭数 | 43.0 | | 68.8 | | 33.2 | |
| 生乳生産量（kg） | 369,444 | | 566,563 | | 294,498 | |
| 自営農業労働時間（時間） | 6,204 | | 7,953 | | 5,541 | |
| 固定資産千円当たり粗収益 | 1.4 | | 1.1 | | 1.7 | |
| 頭数当たり粗収益 | 1,077.7 | | 945.0 | | 1,182.0 | |
| 生産量当たり粗収益（千円／kg） | 0.13 | | 0.11 | | 0.13 | |
| 時間当たり粗収益 | 7.5 | | 8.2 | | 7.1 | |

（出典）農林水産省「平成25年農業経営統計調査」をもとにトーマツ作成

決算書を見るにあたっての科目ごとのポイントは次のとおりです。

〈固定資産〉

乳牛が計上されます。計上されている乳牛が実際に生存しているかどうか、棚卸表等で実在性を確かめる必要があります。

成牛になるまでにかかった費用については育成仮勘定に計上し、成牛になったタイミングで生物勘定に振り替え、減価償却を実施することになります。育成仮勘定計上額が適切かどうか確かめる必要があります。
　また、飼育（飼養）頭数を把握し、頭数当たりの農業粗収益を算定し、その期間比較を行うことが有用です。
　なお、牛舎、自動給餌機、糞尿処理施設等の設備を必要とするため、施設の内容および稼働状況、メンテナンス状況を確かめ、適切な減価償却が行われているか、今後買換えの予定はあるかなどを確かめる必要があります。

〈収益〉
　販売単価は比較的変動が小さいため、生産量と収入の変動が整合していることを確かめる必要があります。
　加工原料乳生産者補給金の交付状況を確かめる必要があります。

〈費用〉
　費用のうち飼料費の割合が高いことから、配合飼料の価格変動の影響と、配合飼料価格安定制度からの交付状況を確かめる必要があります。

⑦　肉用牛
　肉用牛経営の経営収支の状況は、次の図表のとおりです。

図表5－14　平成25年肉用牛経営（個別経営）の経営収支状況等

（単位：千円、％）

| 区　分 | 全　国 平均 | 全　国 （対粗収益率） | 北海道 平均 | 北海道 （対粗収益率） | 都道府県 平均 | 都道府県 （対粗収益率） |
|---|---|---|---|---|---|---|
| 農業粗収益 | 19,795 | (100.0%) | 39,760 | (100.0%) | 19,341 | (100.0%) |
| うち畜産収入 | 15,430 | (77.9%) | 32,329 | (81.3%) | 15,046 | (77.8%) |
| うち共済補助金等受取金 | 2,611 | (13.2%) | 6,545 | (16.5%) | 2,523 | (13.0%) |
| 農業経営費 | 15,642 | (79.0%) | 30,484 | (76.7%) | 15,309 | (79.2%) |
| うち動物購入 | 5,326 | (26.9%) | 5,720 | (14.4%) | 5,317 | (27.5%) |
| うち飼料 | 5,505 | (27.8%) | 12,195 | (30.7%) | 5,354 | (27.7%) |
| 農業所得 | 4,153 | (21.0%) | 9,276 | (23.3%) | 4,032 | (20.8%) |
| （減価償却費） | 1,341 | (6.8%) | 2,541 | (6.4%) | 1,314 | (6.8%) |
| 農業固定資産額（土地を除く） | 7,611 | | 16,262 | | 7,414 | |
| 月平均飼養頭数 | 41.3 | | 122.6 | | 39.5 | |
| 販売頭数（頭） | 24 | | 89 | | 22 | |
| 自営農業労働時間（時間） | 3,125 | | 4,331 | | 3,097 | |
| 固定資産千円当たり粗収益 | 2.6 | | 2.4 | | 2.6 | |
| 販売頭数当たり粗収益（千円／頭） | 824.79 | | 446.74 | | 879.14 | |
| 時間当たり粗収益 | 6.3 | | 9.2 | | 6.2 | |

（出典）農林水産省「平成25年農業経営統計調査」をもとにトーマツ作成

　決算書を見るにあたっての科目ごとのポイントは次のとおりです。

〈棚卸資産〉
　肉牛は出生から出荷まで27ヵ月～30ヵ月の期間を要するため（素牛購入後であれば16ヵ月～20ヵ月）、棚卸資産計上額が大きくなります。棚卸表等で、実在性を確かめる必要があります。

また、飼育（飼養）頭数・販売頭数を把握し、頭数当たりの農業粗収益を算定し、その期間比較を行うことが有用です。

〈固定資産〉

乳牛と同様に、牛舎、自動給餌機、糞尿処理施設等の設備を必要とするため、施設の内容および稼働状況、メンテナンス状況を確かめ、適切な減価償却が行われているか、今後買換えの予定はあるかなどを確かめる必要があります。

〈収益〉

牛肉の生産には7年程度をサイクルとする生産量の変動があり（キャトルサイクルといいます）、また、国内外で発生するBSEといった疫病等の影響による変動があります。収益動向を把握する際には、長期的な観点から把握する必要があります。

肉用牛肥育経営安定特別対策補てん金（新マルキン）の交付状況を確かめます。

〈費用〉

費用のうち素牛の購入費の割合が高く、価格変動の影響を確かめる必要があります。また、飼料費の割合も高いため、配合飼料の価格変動の影響と、配合飼料価格安定制度からの交付状況を確かめる必要があります。

⑧ 養豚

養豚経営の経営収支の状況は、次の図表のとおりです。

図表5−15　平成25年養豚経営（個別経営）の経営収支状況等

（単位：千円、%）

| 区　分 | 全国 平均 | （対粗収益率） |
|---|---|---|
| 農業粗収益 | 63,826 | (100.0%) |
| うち畜産収入 | 56,455 | (88.5%) |
| うち共済補助金等受取金 | 6,546 | (10.3%) |
| 農業経営費 | 55,919 | (87.6%) |
| うち動物購入 | 1,496 | (2.3%) |
| うち飼料 | 37,537 | (58.8%) |
| うち医薬品 | 2,875 | (4.5%) |
| 農業所得 | 7,907 | (12.4%) |
| （減価償却費） | 2,080 | (3.3%) |
| 農業固定資産額（土地を除く） | 19,058 | |
| 月平均飼養頭数 | 956.4 | |
| 販売頭数（頭） | 1,732 | |
| 自営農業労働時間（時間） | 5,581 | |
| 固定資産千円当たり粗収益 | 3.3 | |
| 販売頭数当たり粗収益（千円/頭） | 36.85 | |
| 時間当たり粗収益 | 11.4 | |

（出典）農林水産省「平成25年農業経営統計調査」をもとにトーマツ作成

決算書を見るにあたっての科目ごとのポイントは次のとおりです。

〈棚卸資産〉

出荷前のものが棚卸資産として計上されます。繁殖から肥育まで一貫して行う場合が多く、出生から出荷まで180日程度を要するため、一定の額が棚卸資産として計上されること

になります。棚卸表等で、実在性を確かめることが必要ですが、固体管理がされていない場合も多くあります。そこでJA職員が実地で数量把握を行うことも必要になりますが、豚はストレスに弱く、実地調査はストレスを与えることになるため、慎重に行わなければなりません。

〈固定資産〉

豚舎、自動給餌機、糞尿処理施設等の設備を必要とするため、施設の内容および稼働状況、メンテナンス状況を確かめ、適切な減価償却が行われているか、今後買換えの予定はあるかなどを確かめる必要があります。

〈収益〉

収入の変動を確かめる際には、一般に豚肉の卸売価格は夏場が高くて冬場に安いという季節変動があることを念頭におく必要があります。

養豚経営安定特別対策補てん金の交付状況を確かめます。

〈費用〉

費用のうち飼料費の割合が高いことから、配合飼料の価格変動の影響と、配合飼料価格安定制度からの交付状況を確かめる必要があります。

⑨ 採卵養鶏

採卵養鶏経営の経営収支の状況は、次の図表のとおりです。

**図表5-16　平成25年採卵養鶏経営（個別経営）の経営収支状況等**

(単位：千円、%)

| 区分 | 全国 平均 | (対粗収益率) |
|---|---|---|
| 農業粗収益 | 47,877 | (100.0%) |
| うち畜産収入 | 44,088 | (92.1%) |
| うち共済補助金等受取金 | 2,726 | (5.7%) |
| 農業経営費 | 43,245 | (90.3%) |
| うち動物購入 | 3,306 | (6.9%) |
| うち飼料 | 29,602 | (61.8%) |
| 農業所得 | 4,632 | (9.7%) |
| (減価償却費) | 1,238 | (2.6%) |
| 農業固定資産額（土地を除く） | 7,441 | |
| 月平均飼養羽数 | 13,721 | |
| 鶏卵生産量（kg） | 219,919 | |
| 自営農業労働時間（時間） | 7,045 | |
| 固定資産千円当たり粗収益 | 6.4 | |
| 生産量当たり粗収益（千円／kg） | 0.22 | |
| 時間当たり粗収益 | 6.8 | |

(出典) 農林水産省「平成25年農業経営統計調査」をもとにトーマツ作成

決算書を見るにあたっての科目ごとのポイントは次のとおりです。

〈棚卸資産〉

ふ化後150日から550日までの期間に産卵を行うため、一定の額が棚卸資産に計上されることになりますが、税務上、費用処理が認められており、資産計上されていない場合もあることから、飼育羽数を別の管理資料等で把握し、資産性を確かめる必要があります。

〈固定資産〉

　鶏舎、糞尿処理施設、ケージシステム（鶏を飼うケージに自動集卵装置、給餌・給水機能を付与しコンピュータ管理するもの）等の設備を必要とするため、施設の内容および稼働状況、メンテナンス状況を確かめ、適切な減価償却が行われているか、今後買換えの予定はあるかなどを確かめる必要があります。

　なお、採卵養鶏経営では、鶏の成長にあわせて、「育鶏舎」「育成舎」「成鶏舎」と入る鶏舎が変わります。

〈収益〉

　鶏卵価格は国内生産量の増減に大きな影響を受けることから、国内生産量の動向を確かめる必要があります。

　また、鶏卵価格はエッグサイクルという一定の周期で変動するといわれており、毎年の季節的な需給バランスによる短期的な変動と、5～6年を周期とする中期的な変動があることに留意します。

〈費用〉

　費用のうち飼料費の割合が高いことから、配合飼料の価格変動の影響と、配合飼料価格安定制度からの交付状況を確かめる必要があります。

⑩　ブロイラー養鶏

　ブロイラー養鶏経営の経営収支の状況は、次の図表のとおりです。

**図表5-17　平成25年ブロイラー養鶏経営（個別経営）の経営収支状況等**

（単位：千円、%）

| 区分 | 全国 平均 | （対粗収益率） |
|---|---|---|
| 農業粗収益 | 106,487 | (100.0%) |
| うち畜産収入 | 103,118 | (96.8%) |
| うち共済補助金等受取金 | 3,074 | (2.9%) |
| 農業経営費 | 99,872 | (93.8%) |
| うち動物購入 | 15,419 | (14.5%) |
| うち飼料 | 65,692 | (61.7%) |
| 農業所得 | 6,615 | (6.2%) |
| （減価償却費） | 1,499 | (1.4%) |
| 農業固定資産額（土地を除く） | 9,457 | |
| 販売羽数（羽） | 213,304 | |
| 自営農業労働時間（時間） | 4,975 | |
| 固定資産千円当たり粗収益 | 11.3 | |
| 販売羽数当たり粗収益（千円／羽） | 0.50 | |
| 時間当たり粗収益 | 21.4 | |

（出典）農林水産省「平成25年農業経営統計調査」をもとにトーマツ作成

　決算書を見るにあたっての科目ごとのポイントは次のとおりです。

〈棚卸資産〉

　ふ化後55日から60日まで肥育した後に出荷されます。肥育期間は棚卸資産に計上されることになりますが、税務上、費用処理が認められており、資産計上されていない場合もある

ことから、飼育羽数を別の管理資料等で把握し、資産性を確かめる必要があります。

〈固定資産〉

鶏舎、糞尿処理施設等の設備を必要とするため、施設の内容および稼働状況、メンテナンス状況を確かめ、適切な減価償却が行われているか、今後買換えの予定はあるかなどを確かめる必要があります。

〈収益〉

インテグレーションによる流通が一般的であり、農業者が属するインテグレーターを把握し、インテグレーターとの契約、インテグレーターの方針と収入状況の整合性を確かめる必要があります。

なお、インテグレーションとは、ＪＡや商社などが統合者（インテグレーター）になり、素ひな生産から飼料、加工、販売にいたる関連企業（川上から川下まで）を系列下において、生産者と契約生産または直営農業での生産を進める仕組みです。

〈費用〉

飼料費の割合が高いことから、配合飼料の価格変動の影響と、配合飼料価格安定制度からの交付状況を確かめる必要があります。

# 第3節 不動産賃貸業の決算書等の特徴

**Key Message**
お金の流れをイメージし、決算書に表れる不動産賃貸業特有のポイントを理解します

## 不動産賃貸業のお金の流れ

　不動産賃貸業は、債務者等が借主に不動産を貸し出し、その賃貸料を収受することでビジネスとして成立します。しかし、債務者等がその賃貸料を収受できるようになるまでには、いくつかの段階を経る必要があり、とくに、物件の建設や購入にあたって多額のお金が投下され、その後、長期間かけて賃貸料としてお金を回収することが特徴です。

　次の図表では、貸し出すための不動産をＪＡからの借入金や自己資金などを元手に建設や購入するところから始まり、不動産管理会社に依頼して借主を見つける、賃貸契約を締結するなどしてはじめて不動産賃貸料を収受できること、物件の修繕が必要となることなどといった不動産賃貸業の流れと、各取引においてお金が動くことを表しています。

　不動産賃貸業では、お金の流れを把握することがポイントです。

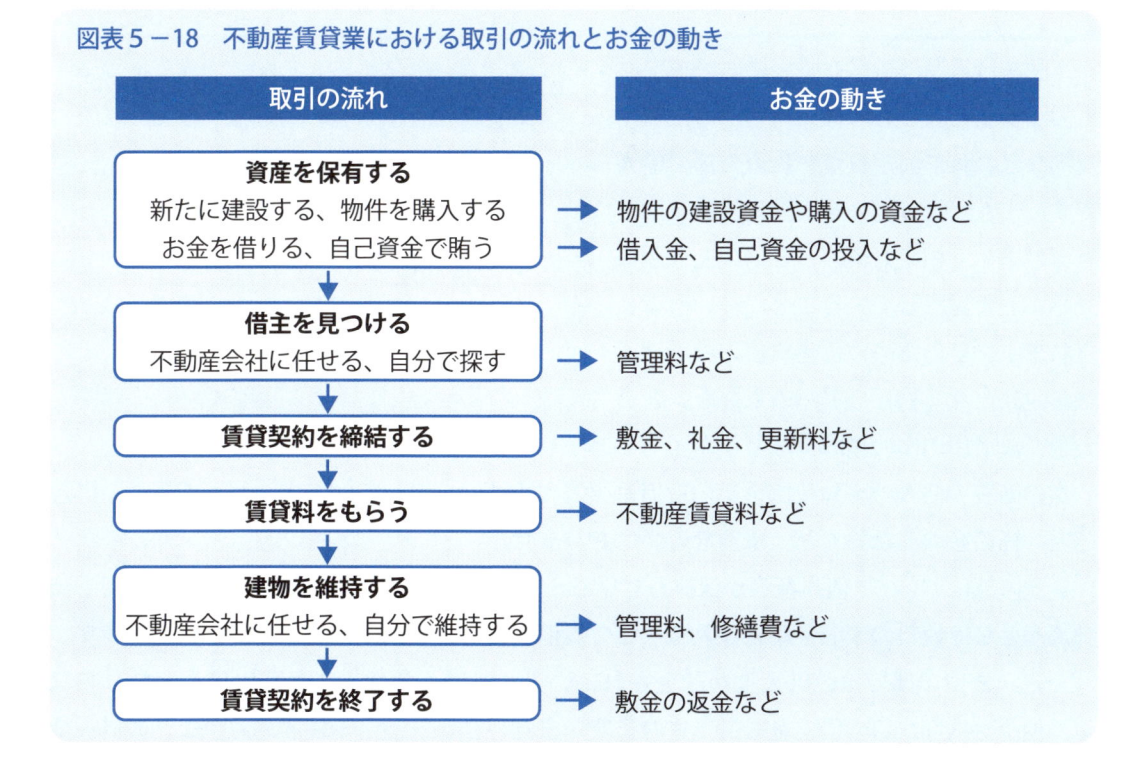

### 図表5−18　不動産賃貸業における取引の流れとお金の動き

| 取引の流れ | お金の動き |
|---|---|
| **資産を保有する**<br>新たに建設する、物件を購入する<br>お金を借りる、自己資金で賄う | → 物件の建設資金や購入の資金など<br>→ 借入金、自己資金の投入など |
| **借主を見つける**<br>不動産会社に任せる、自分で探す | → 管理料など |
| **賃貸契約を締結する** | → 敷金、礼金、更新料など |
| **賃貸料をもらう** | → 不動産賃貸料など |
| **建物を維持する**<br>不動産会社に任せる、自分で維持する | → 管理料、修繕費など |
| **賃貸契約を終了する** | → 敷金の返金など |

## 不動産賃貸業におけるお金の動きと資産負債／収益費用の動き

　不動産賃貸業において、物件の建設や修繕費など、お金が流出する場合には現金以外の資産が増加（または負債が減少）するか、あるいは費用が発生することとなります。一方、お金が流入する場合には、収益が発生するか、あるいは負債が増加することになります。

図表5-19　不動産賃貸業におけるお金の動きと資産負債／収益費用の動き

| お金の動き | 資産負債／収益費用の動き |
|---|---|
| 物件の建設資金や購入の資金など | 資産の増加 |
| 借入金など | 負債の増加 |
| 管理料など | 費用の発生 |
| 敷金、礼金、更新料など | 収益の発生、負債の増加 |
| 不動産賃貸料など | 収益の発生 |
| 管理料、修繕費など | 費用の発生 |
| 敷金の返金など | 負債の減少 |

　このように、不動産賃貸業において発生する取引はどのような取引なのか、また、その際にどのようにお金が動くのかを理解することが、不動産賃貸業の決算書等から債務者等の経営状況を読み取ることができるようになるための第一歩です。

## 不動産賃貸業の貸借対照表の特徴

　不動産賃貸業の貸借対照表において、計上額が多額となるものは資産の部の土地や建物などの有形固定資産と負債の部の借入です。ＪＡが扱っている不動産賃貸業向け融資の場合、相続対策などで借入を元手にアパートを建設していることが多いと考えられます。そのため、資産負債の内訳は、融資対象となる物件（アパートなど）と借入金、決済用口座の預貯金などがポイントとなります。

図表5-20　不動産賃貸業の貸借対照表のイメージ図

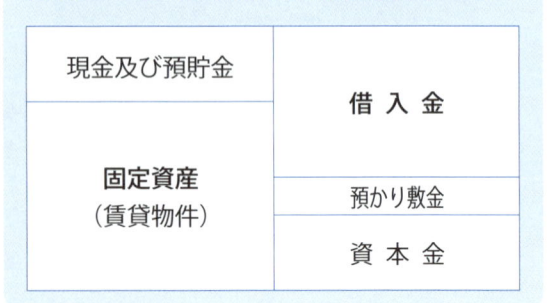

| 現金及び預貯金 | 借　入　金 |
|---|---|
| 固定資産<br>（賃貸物件） | 預かり敷金 |
| | 資　本　金 |

　次の図表で法人の不動産賃貸業の貸借対照表の数値例を示しています。個人事業主の場合でも、純資産の部を除くと、重要な違いはありません。

　資産の部において、債務者等が保有している土地、建物が計上されています。そのほか、流動資産として賃料の未収分が未収入金として賃借人に対する債権として計上されています。

　一方、負債の部では、借入金が計上されています。借入金はＪＡからの借入金だけでなく、他金融機関からの借入金も計上されます。また、預かり敷金や建設協力金などの借入金以外の負債が計上されています。

### 図表 5－21　不動産賃貸業の貸借対照表の例（法人）

（単位：千円）

| 科　目 | 金　額 | 科　目 | 金　額 |
|---|---:|---|---:|
| **資産の部** | | **負債の部** | |
| 　　現金及び預貯金 | 5,000 | 　　買掛金 | 100 |
| 　　売掛金 | 230 | 　　短期借入金 | 1,000 |
| 　　未収入金 | 100 | 　　未払金 | 120 |
| 　流動資産計 | 5,330 | 　流動負債計 | 1,220 |
| 　　土　地 | 120,000 | 　　長期借入金 | 110,000 |
| 　　建　物 | 80,000 | 　　（うちＪＡ） | 90,000 |
| 　　建物付属設備 | 6,000 | 　　（うち役員借入金） | 20,000 |
| 　有形固定資産計 | 206,000 | 　　預かり敷金 | 600 |
| 　　破産更生債権 | 300 | 　　建設協力金 | 10,000 |
| 　投資その他の資産計 | 300 | 　固定負債計 | 120,600 |
| 　固定資産計 | 206,300 | **負債合計** | 121,820 |
| | | **純資産の部** | |
| | | 　　資本金 | 8,000 |
| | | 　　繰越利益剰余金 | 81,810 |
| | | **純資産合計** | 89,810 |
| **資産合計** | 211,630 | **負債・純資産合計** | 211,630 |

留意が必要な勘定科目について、その内容とポイントは、次の図表のとおりです。

### 図表 5－22　不動産賃貸業の貸借対照表でポイントとなる勘定科目

| 勘定科目 | ポイント |
|---|---|
| **資産の部** | |
| 現金及び預貯金 | 債務者等が保有している現金および預貯金。貸借対照表は債務者等の財産のすべてを表す必要があるため、他金融機関の預貯金も計上される |
| 未収金 | 未収の賃料などが計上される |
| 土地 | 通常、貸借対照表には取得時の価格で計上される。ただし、ＪＡの組合員の場合、取得時点が不明確であったり、取得時の価格が組合員の財産の状況を表さないことがあるため、その場合は相続税財産評価基準の路線価や、固定資産税評価額に一定率を乗じる倍率法で算定した額をもって土地の価格とする場合がある |
| 建物 | 債務者等が保有する建物が計上される。償却資産だが、減価償却のタイミングを租税対策として意図的に調整する場合があるため、償却不足等の有無を確認する必要がある。また、貸借対照表は債務者等の財産のすべてを表す必要があるため、建物はＪＡの融資対象としている物件だけ |

| | |
|---|---|
| | でなく、他金融機関が融資対象としている物件も計上されている必要がある |
| 建物付属設備 | 建物に付随する設備。ボイラー設備や冷暖房設備が典型的な例である。建物ほど多額ではないが、一般的に建物よりも耐用年数が短いため、定期的な設備更新が必要な点に留意が必要である |
| 破産更生債権 | 債務者等が有する賃借人に対する賃料などの債権のうち、回収が困難になった債権が計上される。具体的には破産、会社更生、再生手続など法的に経営破綻に陥っている賃借人に対する債権が計上される |
| **負債の部** | |
| 未払費用 | 修繕費や維持管理費など、すでに発生した費用のうち未払いのものが計上される |
| 未払金 | 物件の購入代金のうち、未払いのものなどが計上される |
| 長期借入金 | 物件の建築や購入にかかる代金を借入によって賄った場合に計上される |
| 預かり敷金 | 賃借人から預かった敷金や保証金のうち、退去時に返還を要するものが計上される |
| 建設協力金 | 建設協力金は、建物建設時に賃貸物件の予定借主などから預かる保証金であり、期日までに返済する必要がある。その性質は実質的に借入金であり、利息が付される場合もある |

なお、上記のうち預かり敷金については、債務者等が負債として認識しておらず負債として計上されていない場合もあるため、補正するなどして決算書等を分析する必要があります。

## 不動産賃貸業の損益計算書の特徴

不動産賃貸業の損益計算書において、主要な収入となるのは賃料収入です。そのほか、更新料や駐車場収入が、法人であれば売上高に、個人事業主であれば収入金額として計上される場合があります。一方、費用のうち主要なものは、減価償却費になります。そのほか、借入を行っている場合は支払利子、管理委託を行っている場合は管理委託料等が費用として計上されます。

次の図表で個人事業主における不動産賃貸業の損益計算書の数値例を示しています。

図表5-23 不動産賃貸業の損益計算書のイメージ図

| 減価償却費 | 賃料収入 |
|---|---|
| 支払利子 | |
| 修繕費 | |
| 管理委託料 | |
| 専従者給与・役員報酬など | |
| 租税公課 | 更新料収入 |
| **利　益** | 駐車場収入 |

収入金額には、主に賃貸料が計上されています。必要経費のなかには、減価償却費、租税

公課、支払利子等が計上されています。

### 図表5-24 個人事業主における不動産賃貸業の損益計算書の例

（単位：千円）

| 収入金額 | 賃貸料 | 10,800 | 必要経費 | 管理委託料 | 1,080 |
|---|---|---|---|---|---|
| | 礼金・権利金・更新料 | 100 | | | |
| | 計 | 10,900 | | | |
| 必要経費 | 租税公課 | 1,000 | | | |
| | 損害保険料 | | | 計 | 8,900 |
| | 修繕費 | 700 | | 差引金額 | 2,000 |
| | 減価償却費 | 1,720 | | 専従者給与 | 960 |
| | 借入金利子 | 2,400 | | 青色申告特別控除前の所得金額 | 1,040 |
| | 地代家賃 | | | 青色申告特別控除 | 650 |
| | 給料賃金 | 2,000 | | 所得金額 | 390 |

　貸借対照表では主要な勘定科目である固定資産と借入金が多額に計上されているのと同様に、損益計算書においても減価償却費や租税公課などの固定資産関連の科目、支払利子などの借入金関連の科目が多額になっているのが特徴です。そのほか、修繕費は支出した年度に計上されます。

　留意が必要な勘定科目について、その内容とポイントは、次の図表のとおりです。

### 図表5-25 不動産賃貸業の損益計算書でポイントとなる勘定科目

| 勘定科目 | ポイント |
|---|---|
| 租税公課 | 固定資産税や都市計画税などの税金支払額。所得税や消費税は含まれない |
| 修繕費 | 建物などの修繕費。具体的には外壁や屋根等の大型修繕から、入居者入れ替え時のハウスクリーニング代等の少額なものも含まれる |
| 減価償却費 | 貸借対照表に計上される建物の減価償却計算により算定される費用。期間の経過による建物の価値の減少を費用として計上するもの |
| 地代家賃 | 事業主が支払っている賃料<br>親族から土地を借り、その土地に建物を建てている場合や、資産管理会社を設立し、資産管理会社名義の土地の上に建物を建てている場合に支払われることがある |

# 第4節 不動産賃貸業の決算書分析

> **Key Message**
> 不動産賃貸業の特徴を踏まえた分析を行います

## 不動産賃貸業の特徴

　債務者等が不動産賃貸業を営む目的はさまざまですが、目的がどのような場合であっても、一旦相当額の投資を行った後は、長期的かつ安定的な収入を得ることを期待しています。

　さらに、節税対策や相続対策の目的で不動産賃貸業を営んでいる債務者等も多いため、通常の事業・ビジネスと異なった観点から決算書等を読む必要もあります。

　分析対象である債務者等が不動産賃貸業を行っている場合に、把握しておきたい事業の特徴をまとめると次の図表のようになります。

図表5-26　不動産賃貸業の特徴

- 長期的かつ安定的な収入が見込まれる
- 発生する費用が予測しやすい
- 固定資産が多額
- 借入が多額

## 不動産賃貸業において分析する指標

　不動産賃貸業においては、上記の特徴を踏まえ「**収益性**」・「**償還能力**」・「**成長性**」の観点から分析することが有用です。

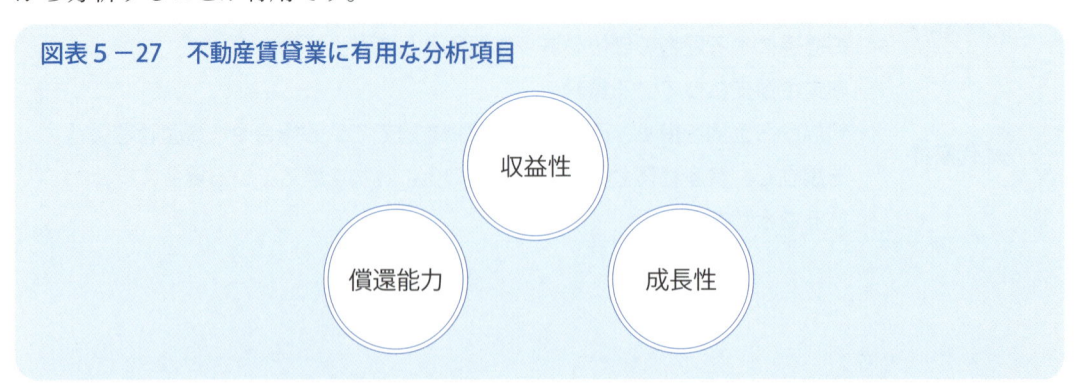

図表5-27　不動産賃貸業に有用な分析項目

- 収益性
- 償還能力
- 成長性

　まず、「長期的かつ安定的な収入が見込まれる」という特徴について、「収益性」の観点から「収入金額が同額程度で推移しているか」、「成長性」の観点で「収入が同額程度で推移するこ

とが見込まれるか」を分析します。

次に、「固定資産が多額」という特徴について、「収益性」の観点から「資産がいかに効率的に収益に貢献しているか」を分析します。

さらに「発生する費用が予測しやすい」という特徴からは、発生する「費用が安定的であるか」否かが「収益性」の観点から重要です。また、「成長性」の観点からは「将来の費用の予測（費用の推移見込み）」を分析します。

そして「借入が多額」という特徴からは、「借入が返済できるか」が「償還能力」の観点から重要です。

以上のように分析の観点と不動産賃貸業の特徴から分析するべき内容の例を整理すると次の図表のとおりです。分析する内容に対応する具体的な財務比率の例もあわせて示しています。

**図表5-28 分析する内容の例と具体的財務比率等**

|  | 長期的かつ安定的な収入が見込まれる | 固定資産が多額 | 発生する費用が予測しやすい | 借入が多額 |
|---|---|---|---|---|
| 収益性 | 収入が同額で推移しているか | 資産がいかに効率的に収益に貢献しているか | 費用が安定的であるか | ― |
|  | 売上高 | 表面利回り | 必要経費、売上高経常利益率、売上高経費率 | ― |
| 償還能力 | ― | ― | ― | 資金繰りに余裕があるか |
|  | ― | ― | ― | 返済比率 債務償還年数 |
| 成長性 | 収入は同額程度で推移することが見込まれるか | ― | 費用の推移見込み | ― |
|  | 計画上の売上高 | ― | 計画上の必要経費 | ― |

## 収益性に関する分析

ここからは「収益性」・「償還能力」・「成長性」の各観点から実施する分析を具体的に解説します。

収益性に関しては売上高、必要経費、売上高経常利益率、売上高経費率、総資産回転率が分析のポイントになります。

まず、不動産賃貸業の特徴である「長期的かつ安定的な収入が見込まれる」という点と「発生する費用が予測しやすい」という点から、売上高や必要経費、経常利益の複数期間実数分析を行い、次に財務比率による分析を行います。長期的というと10年～20年程度を指しますが、ここでは簡便的に5年間を比較対象とします。

① 複数期間実数分析

　実際に分析を行う場合は、いきなり財務比率をみるのではなく、決算書等に記載された売上高や利益などの実数の推移を把握することが重要です。それでは、事例を用いて解説します。

〈決算書の数値で推移を分析する〉

図表5-29　事例：不動産賃貸業の決算書数値の推移

（単位：千円）

|   |        | ×1期    | ×2期    | ×3期    | ×4期    | ×5期    | 情報源   |
|---|--------|---------|---------|---------|---------|---------|----------|
| A | 売上高 | 20,500 | 20,000 | 19,900 | 19,500 | 19,100 | 決算書より |
| B | 減価償却費 | 4,000 | 4,050 | 4,030 | 4,020 | 4,030 | 決算書より |
| C | 修繕費 | 500 | 1,000 | 800 | 5,000 | 500 | 決算書より |
| D | 租税公課 | 2,100 | 2,050 | 2,080 | 2,000 | 2,040 | 決算書より |
| E | 支払利子 | 3,500 | 3,450 | 3,350 | 2,600 | 2,520 | 決算書より |
| F | その他経費 | 2,000 | 2,000 | 2,000 | 2,000 | 2,000 | 決算書より |
| G | 必要経費合計 | 12,100 | 12,550 | 12,260 | 15,620 | 11,090 | 決算書より |
| H | 経常利益 | 8,400 | 7,450 | 7,640 | 3,880 | 8,010 | 決算書より |

　売上高は減少傾向にありますが、経常利益は緩やかに増加している一方で、X3期とX5期に大きくなっています。このように経常利益が期によって大きく異なる傾向は中小零細な法人や個人事業主にはよくみられる現象で、債務者等の経営状況を把握するには単年度の分析だけでは不十分であることがわかります。

〈分解して増減理由を把握する〉

　上記のとおり、この事例では売上高が減少傾向にある反面、経常利益は一定もしくは増加傾向にあるものの大きく変動する期があることがわかります。では、次にその理由を把握してみます。

　決算書等の実数を分析する場合には、それを構成する要素を分解すると分析しやすくなります。

　売上高は入居率と家賃水準に分解されます。また、経常利益は売上高から必要経費を引いて算定されることになるため、不動産賃貸業の経常利益を分析するには、入居率と家賃水準、必要経費の各要素に分解して、それぞれの推移に着目することがポイントです。

　まず、売上高を構成する入居率と家賃水準の推移をみてみます。グラフ化することで分析がしやすくなります。

図表5-30　事例：入居率と家賃水準の推移

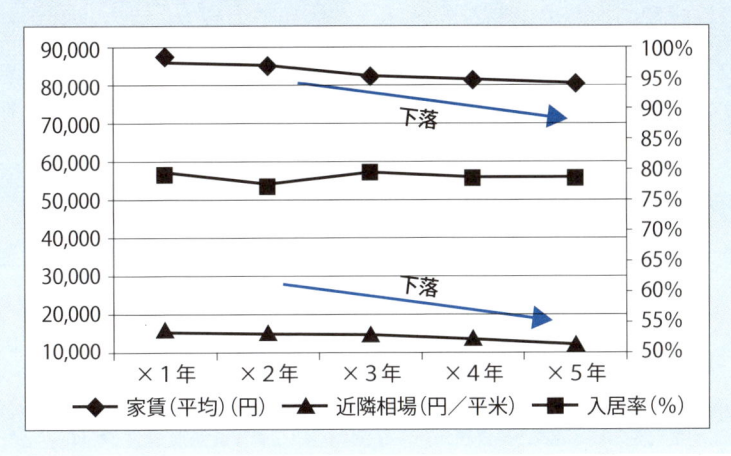

この事例では入居率には大きな変動はなく、売上高の減少要因は家賃水準の下落であることがわかります。また、家賃は近隣の相場と比較すると、売上高の傾向が外部環境と整合した傾向なのか、あくまで債務者のみの傾向なのかどうかわかりやすくなります。

なお、近隣家賃相場の情報はＪＡの資産管理事業部門や不動産管理会社のウェブサイトなどから入手することができます。

次に必要経費も同様にみてみます。

図表5-31　事例：経費内訳の推移

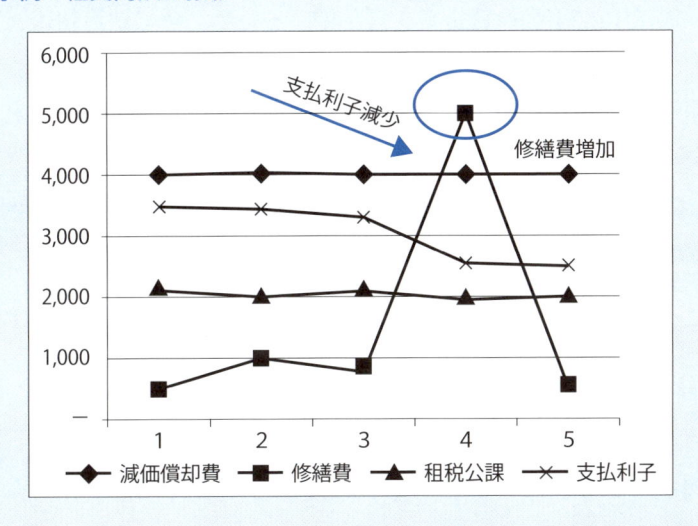

支払利子は減少傾向にあり、修繕費はＸ４期に多額になっていることがわかります。

支払利子は借入元本の返済や借入利子率の低下が要因であることが想定されます。

また、修繕費は臨時多額な修繕（外壁修繕や屋根の補修など）が要因であることが想定されますが、このような要因をさらに把握するためには、支出した内容を申告書の経費内訳で把握するほか、債務者等からのヒアリングなどを行います。このように修繕費については定期的に発生する費用のほか、臨時多額に発生する場合があることがわかります。

この事例では、項目を分解して複数期間実数分析をした結果、売上高は減少傾向にあるものの、臨時的な修繕費の増額の影響を除けば、支払利子の減少により、経常利益が緩やかな増加傾向となっていることがわかります。修繕費については、数年から十数年に一度大規模な修繕を実施することがあり、その発生状況や今後の見通しについて慎重に判断する必要があるといえます。

② 財務比率分析

　次に財務比率分析を行います。まずは各期の財務比率を計算して、比較できるように横に並べてみます。

図表５－32　事例：不動産賃貸業の決算書数値から算定される財務比率の推移

|   |   | ×１期 | ×２期 | ×３期 | ×４期 | ×５期 | 情報源 |
|---|---|---|---|---|---|---|---|
| I | 固定資産 | 220,000 | 217,000 | 216,000 | 215,000 | 214,000 | 決算書より |
| J | 売上高経常利益率 | 41% | 37% | 38% | 20% | 42% | H÷A |
| K | 売上高経費率 | 59% | 63% | 62% | 80% | 58% | G÷A |
| L | 表面利回り | 9.3% | 9.2% | 9.2% | 9.1% | 8.9% | A÷I |

　財務比率分析のメリットは、規模が異なってもその収益性が同じ指標として比較できるということです。そのメリットを最大限に活かせる分析の１つが同業他社比較や業界平均比較です。

　ＪＡでは多くの組合員が不動産賃貸業を営んでいるため、その決算情報と比較するのも１つの方法ですが、ＪＡの組合員以外も含めた平均的な決算情報と比較することも有用です。この場合は、中小企業庁が統計情報として公表している「中小企業実態基本調査」における決算情報を用いることが考えられます。

　当該調査結果によると、平成25年度の不動産賃貸業を営む個人企業の平均的な売上高経常利益率は30%程度、売上高経費率は65%程度となっています。

　この事例では、Ｘ４期に多額の修繕費が発生したことにより財務比率が悪化しているものの、傾向としては平均的な水準であることがわかります。

　なお、表面利回りは、「資産がいかに効率的に収益に貢献しているか」という観点から収益性を分析するものです。不動産賃貸業によく用いられる指標には「利回り」や「収益率」という概念で分析するものがありますが、その代表的なものの１つが、この表面利回りです。これは投資額（主に物件購入価額）からどの程度の収益が期待できるかという指標で、収益を分子に、投資額を分母に計算されます。

　この数値が高いほど、投資額に対して収益を効率的にもたらしており、賃貸物件の稼動状況が良好であるといえます。

$$表面利回り = \frac{期待される収益（１年間の家賃収入）}{投資額（物件の購入価額など）}$$

通常、表面利回りは、購入価額を前提に賃貸物件一棟ずつ算定することになりますが、決算書等に基づく分析では、便宜的に固定資産や有形固定資産の貸借対照表価額を投資額として仮定し、売上高を割ることで算定することも考えられます。

事例の表面利回りは９％程度であり、大都市圏に近い都道府県における一棟アパートの表面利回りと同程度の利回りであることがわかります（「Home's 不動産投資ウェブサイト」http://toushi.homes.co.jp/owner/を参考）。

## 償還能力に関する分析

償還能力に関しては、不動産賃貸業の特徴である「借入が多額」という特徴から、借入の返済可能性として資金繰りの状況に関する分析を行うことがポイントです。返済比率とよばれる財務比率を用いた分析を行います。

### 返済比率

返済比率は借入の返済可能性、すなわち資金繰りの状況を分析するうえで最もシンプルな指標の１つです。多くの金融機関で貸出審査の際の重要な指標として位置づけられています。返済比率の計算式は次のとおりです。

$$返済比率 = \frac{元利金返済額}{支払利息控除前キャッシュ・フロー（経常利益＋減価償却費＋支払利息－税金費用）}$$

数値が低いほど、毎年の資金繰りに、余裕があることを示しています。シンプルなので、初期分析で使う指標としては優れているといえます。

なお、借入金の返済可能性に関する財務比率には債務償還年数とよばれる指標もありますが、これについては第６章で詳細に解説します。

## 成長性に関する分析

成長性に関する分析指標は売上高成長率、経常利益成長率、配当性向等さまざまです。個人の不動産賃貸業においては「長期的かつ安定的な収入が見込める」「発生する費用が予測しやすい」という特徴から、収支計画等の数値を分析することが、将来の収益と費用を予測するシンプルかつ優れた分析といえます。

また、不動産賃貸業の場合、前述のような特徴から債務者等みずからが長期的な収支計画を立てているケースや、または管理を委託している不動産管理会社が作成した収支計画を債務者等が受け取っているケースが多いと思われます。

収支計画の例を示すと、次の図表のとおりです。

図表5－33　不動産賃貸業の収支計画の例

|  | 実績 | | 計画 | | | | | | |
|---|---|---|---|---|---|---|---|---|---|
|  | ×1期 | ×2期 | ×3期 | ×4期 | ×5期 | ×6期 | ×7期 | ×8期 | ×9期 |
| 売上高 | 590 | 577 | 573 | 565 | 553 | 533 | 528 | 518 | 510 |
| 経常利益 | 77 | 94 | 210 | 82 | 200 | 189 | 178 | 167 | 166 |
| 修繕費 | 80 | 70 | 30 | 160 | 50 | 70 | 70 | 70 | 70 |
| 減価償却費 | 123 | 123 | 123 | 123 | 123 | 123 | 123 | 123 | 123 |
| 簡易CF | 200 | 217 | 333 | 205 | 323 | 312 | 301 | 290 | 289 |
| 借入金 | 4,800 | 4,750 | 4,735 | 4,685 | 4,603 | 4,570 | 4,400 | 4,213 | 3,500 |

〈経営計画で成長性を分析するポイント〉

　不動産賃貸業の経営計画をみるポイントは、「収益性」の複数期間実数分析で使用した指標とほとんど同じです。

　ただし、「収益性」では過去の情報を分析していましたが、「成長性」の観点からは将来性について同様の指標をみることになります。

　つまり、売上高および必要経費の構成項目である、家賃水準、入居率、支払利子、修繕費等を分析します。収支計画を分析する際には次の図表にあげるポイントが十分に考慮されているかをみることが重要です。

図表5－34　不動産賃貸業の収支計画をみるポイント

| 大分類 | 具体的な指標 | 将来性を測るポイント |
|---|---|---|
| 売上高に関するもの | 家賃水準 | 地域の傾向を把握する |
|  | 入居率 | 期間経過による低下を考慮する |
| 費用経費に関するもの | 支払利子 | 通常、利子率を一定と仮定する |
|  | 修繕費 | 計画的な修繕を織り込む |

① 　家賃水準

　家賃水準は地価の動向や、物件の供給と需要のバランスなどから変動します。将来の家賃水準を予測するには、通常、近隣の家賃相場の変動をもとに判断します。例えば、近隣の地価が下落傾向にある場合には家賃水準も下落傾向に転ずる可能性が高く、収支計画にも十分に下落傾向を反映させる必要があります。

② 　入居率

　物件は時とともに老朽化し、その地域の利便性や他物件との競合状況も変化します。そのため、常に物件の付加価値を高める努力をしない限り、時間の経過とともに入居率が低下するのが通常です。また、近年の傾向では全国的にも賃貸物件の供給過剰となっています。そのため、全国やその地域の入居率の傾向も把握し、収支計画にも十分に反映させる必要があります。

### ③ 支払利子

　支払利子の基礎となる利子率は市場金利の動向により変動します。今後の利子率の動向については株価、物価、政策金利等多くの要素が関わり、プロのアナリストでも推測がしにくいといえます。

　とくに債務者等にとってマイナスの影響となる利子率の上昇を収支計画に反映させる場合には、利子率の上昇幅について、いくつかのシナリオに応じて複数の収支計画を作成することも考えられます。この場合、単に数値を作成するのではなく、各シナリオにおいても成長性が見込めるのか、どのような対策を打つべきなのかを収支計画に織り込むことが必要です。

### ④ 修繕費

　修繕を定期的に行っていない物件は期間の経過とともに老朽化し、家賃水準や入居率が低下する要因となります。そのため、収支計画には修繕費の支出を織り込むことが必要です。その際、修繕積立金を積み立てる場合や建物更生共済に加入する場合、不動産管理会社の維持管理費に修繕費が含まれる場合があるため、収支計画とあわせて、債務者等の積み立てや共済への加入状況、各物件の管理委託契約を十分に把握する必要があります。

## その他の定量的なポイント

　これまで解説してきた財務比率による分析のほか、不動産賃貸業の決算書等を分析するうえでは、財務数値等の実数を分析することも必要です。

　不動産賃貸業においては、決算書に固定資産として計上されている賃貸物件の評価が適切であるかどうかがポイントです。土地であれば路線価、建物であれば固定資産税評価額に基づく評価と比較して検討することが基本となりますが、必要に応じて不動産鑑定評価等を入手して比較します。

　また、建物は借入によって取得していることが多いと考えられるため、賃貸物件ごとに固定資産計上額と借入金残高を比較し、借入金残高が想定以上に大きくなっていないか確かめる必要があります。なお、借入金残高は元利均等返済がなされることが多く、借入当初は元本の減少幅が小さいため、固定資産計上額より借入金残高のほうが大きくなる場合がありますが、当初の計画通り返済されていて賃貸物件の稼働状況等が良好である場合には、問題がない場合が多いと考えられます。

　また、とくに複数の賃貸物件を所有している債務者等の場合には、全体として借入金残高のほうが大きくなっていないか、すなわち、債務超過に陥っていないか、資産売却等で借入を返済できなくなる状況に陥っていないか把握する必要があります。

## 定性的なポイント

　これまで、不動産賃貸業の決算書等を分析するうえでの定量分析の手法を紹介してきましたが、定性分析のポイントを紹介します。不動産賃貸業の収益性・償還能力・成長性を把握

するためには必ず把握する必要があります。

① 立地条件

　不動産賃貸業において事業の肝となるのは立地条件です。立地がその事業の成功可否を握るといっても過言ではありません。鉄道や幹線道路などからの交通の便、職場や公共施設、病院など生活に必要な施設が近隣にあるかなどが重要なポイントとなります。

② 設備・構造

　税法基準によった場合、木造、軽量鉄骨、鉄筋鉄骨等の数種類に分類されるだけですが、消費者のニーズはそれ以上に多様化しています。浴室、トイレなどの水回りやオートロックなどのセキュリティ面など、消費者のニーズに合わせた設備であるか否かが重要なポイントとなります。

　その際、その立地に単身者が多いのか、若年層の家族が多いのかなどによってニーズが異なるため、立地に応じたニーズにあった設備を備えているかが重要なポイントです。

③ 契約条件

　契約条件は大きく分けると2つ確認する必要があります。入居者との契約条件と不動産管理会社との契約条件です。

　入居者との契約条件で注意する点は家賃のほか、敷金、礼金、保証金、更新料等です。これらの契約条件は入居者と債務者等がトラブルになりやすい取引です。債務者等がどのような契約条件で入居者と契約しているかが重要なポイントです。

　不動産管理会社との契約において、とくに留意すべき事項は一括借上契約です。一括借上といっても、家賃が固定で保証される期間や手数料率等は個々の契約内容によって大きく異なります。また、不動産管理会社側からの一方的な中途解約が認められる場合や大幅な賃料引下げが可能な場合もあります。そのような場合には、予期せぬ重要な損失が発生する原因となり得ますので、必ず把握する必要があります。

④ 節税対策

　不動産賃貸業は、相続税や所得税の節税を目的として営んでいるケースも多いと考えられます。そのため、決算書等では意図的に所得が赤字になるよう調整している場合や債務超過となっている場合があります。このような場合には、その赤字や債務超過が当初から予定されているものであるかどうか、債務者等の節税策を十分に把握する必要があります。

# 第6章

# 与信管理および自己査定の基礎

| | |
|---|---|
| 第1節 | 与信管理とは |
| 第2節 | 与信管理と決算書 |
| 第3節 | 自己査定とは |
| 第4節 | 債務者情報としての決算書 |
| 第5節 | 実態貸借対照表と実態損益計算書 |
| 第6節 | 債務者区分の総合判断 |
| 第7節 | キャッシュ・フローによる債務償還年数 |
| 第8節 | 実質債務超過解消年数 |
| 第9節 | 担保評価 |

# 第1節 与信管理とは

> **Key Message**
> 与信管理はＪＡの損失防止のみならず事業伸長にもつながります

## 与信管理とは

「与信」とは、ＪＡが組合員に対して「信用」を与えることをいい、具体的にはお金を貸し付けたり、掛による販売を行うことをいいます。与信にはリスクが伴います。

仮に購買事業において、組合員との取引がすべて現金で行われるのであれば「与信」は発生しないため、与信管理を行う必要はありません。しかし実際には、肥料や資材等を販売した時点では現金を受け取らずに購買未収金として計上し、その後、農産物等が生育し農産物の売却代金が組合員に入ったときに現金で回収するという取引が行われます。そのため、組合員の事業の状況によっては、購買未収金の回収が遅延することや、場合によっては回収そのものが困難となることもあります。

信用事業において、貸し付けた貸出金が回収不能になることも同様です。

これらは、すべて「与信」に関するリスクなので、これらの「与信」に関するリスクを管理することを総称し、「与信管理」といいます。与信管理とは、貸倒などのリスクからＪＡを守るために行う業務です。与信管理を怠って貸出金や購買未収金等を回収できず貸倒が発生した場合、ＪＡの決算に影響があるだけではなく、ＪＡの事業にも影響が及ぶ可能性があります。このため、円滑な事業伸長を図りＪＡを維持・発展させるためには、与信管理は必要不可欠なものです。

## 過去の不良債権問題と与信管理の重要性

わが国では、1990年前後におきたバブル景気の崩壊により、多くのＪＡや金融機関は融資先の経営悪化を受け、多額の不良債権を抱えることになりました。その主な要因としては、バブル期において、融資先の事業による実態的な返済能力を適切に把握することなく、過度の担保に依存した貸出を行ったこと、すなわち高騰する不動産や株式等を担保に貸出を積み重ねたことがあげられます。バブルの崩壊によって不動産価格や株式が下落すると、融資先は事業によるキャッシュ・フローでは膨らんだ貸出金を返済できず、不良債権となってしまいました。

このような事態を回避するためには、融資先の事業による返済能力を適切に把握するとともに、融資先の経営状況の変化を把握するなど、与信管理が必要といえます。

## 与信管理と信用リスク管理

　系統金融検査マニュアルにおいても、与信管理に関する記載があります。信用供与先の財務状況の悪化等によりＪＡがリスクを被る**「信用リスク」**としての記載となっており、ＪＡにおいては与信管理と信用リスク管理は概ね同じ意味をもつと理解して差し支えありません。

**図表６－１　系統金融検査マニュアルにおける記載**

　信用リスクとは、信用供与先の財務状況の悪化等により、資産（オフ・バランス資産を含む。）の価値が減少ないし消失し、系統金融機関が損失を被るリスクである。

・系統金融機関における信用リスク管理態勢の整備・確立は、系統金融機関の業務の健全性及び適切性の観点から極めて重要であり、経営陣には、これらの態勢の整備・確立を自ら率先して行う役割と責任がある。また、債務者の実態を把握し、債務者に対する経営相談・経営指導及び経営改善に向けた取組みへの支援を行うことは信用リスク削減の観点からも重要である。
・検査官は、系統金融機関の戦略目標、業務の規模・特性及びリスク・プロファイルに見合った適切な信用リスク管理態勢が整備されているかを検証することが重要である。
・系統金融機関が採用すべき信用リスク評価方法の種類や水準は、系統金融機関の戦略目標、業務の多様性及び直面するリスクの複雑さによって決められるべきものであり、複雑又は高度な信用リスク評価方法が、すべての系統金融機関にとって適切な方法であるとは限らないことに留意する。

（出典）農林水産省「系統金融検査マニュアル」

　適切な与信管理のためには、系統金融検査マニュアルにも定められている次の対応が必要といえます。

① **与信先に対する日常からの与信管理**

　決算書やヒアリングを通じて、日頃から債務者の経営状況等の実態を把握し、必要に応じて経営相談・経営指導等を行います。

② **問題債権管理**

　自己査定における債務者区分が要注意先以下の債務者の経営状況等を適切に把握・管理し、必要に応じて経営改善計画の作成指導や、貸出金や購買未収金の整理・回収を行います。

③ **ポートフォリオ管理**

　特定の業種または特定のグループ先等に対する与信集中の状況等を確認します。

④ **大口先の与信管理**

　特定の融資先の与信集中の状況等を確認します。

⑤ **与信限度額の管理**

　融資先ごとに与信限度額を設定し、適切に運用されているか、付帯条件が遵守されているかどうか定期的に確認します。

上記のうち、①と②については、後述する自己査定と一体となって行われる管理業務であり、ＪＡの与信管理において極めて重要なものです。
　また、信用リスクは、ＪＡの規模や事業の内容により、その信用リスクの種類、特性やリスクがどこにあるかが異なっています。そのため、単に画一的な管理手法が求められるということではなく、各ＪＡにおいて自らの事業について深い理解や分析をしたうえで、ＪＡの実情を踏まえた管理手法を整備しなければなりません。系統金融検査マニュアルにおいても、その旨が記載されています。

## 与信管理と自己査定

　融資実行後の管理行為の１つとして重要な機能をもつものに、自己査定があります。
　自己査定は、ＪＡのリスク管理手段の１つであり、債務者の実態を適切に把握したうえで、ＪＡの決算において償却・引当を行うための準備作業であると同時に、ＪＡが経営相談機能の発揮等を通じて農業をはじめとした組合員が行う事業の経営の向上・改善に貢献するための手段の１つでもあります。
　とくに債務者の実態把握を行う点で自己査定は与信管理と一体であり、自己査定は、次の図表に示す「事前審査→融資実行→事後管理→（管理結果を受けた）取組方針の決定」という与信管理業務のサイクルのうち、事後管理業務の重要な要素となります。
　自己査定の具体的な手続については、本章第３節以降で詳しく解説します。

### 図表６－２　与信管理の流れと自己査定の位置づけ

**事前審査**
・債務者情報の把握
・資金使途の確認
・担保・保証の確認

**融資実行**
・与信限度額の設定
・金利等の条件設定

**事後管理**
・延滞管理
・債務者情報の更新
・自己査定

**取組方針の決定**
・取組方針
　（積極取組・回収徹底）
・回収シナリオ
　（担保権の実行等）

# 第2節 与信管理と決算書

> **Key Message**
> 決算書を読むことは与信管理のスタートになります

## 日常業務における与信管理

　与信管理は自己査定と一体となって、年間を通じて対応することが必要です。とくに債務者の経営状況等の実態把握は、日常の管理業務として実施していくものであり、自己査定の仮基準日以降などの一定の時期に限って実施するものではありません。そして、自己査定における一般査定先・簡易査定先の別にかかわらず、また、購買未収金のみの先であっても、日常の管理業務として実施する必要があります。

　なお、正常先など貸倒リスクに特段の懸念のない債務者であっても、債務者や家族等の状況を把握するなど適切な与信管理を行うことで、不良債権の発生防止や新たな資金需要の開拓に繋がる可能性があります。例えば、貯金日での集金や貯金・共済等のキャンペーンなど、貸出業務以外の目的で組合員への訪問をすることがあると思いますが、そのときに、申込書等の各種書類に記載された勤務先や家族等の情報を参考に、勤務先は変わったか、子供は学校を卒業したかなどの状況を、世間話等を交えながら聞き取ることができます。

## 決算書および確定申告書の重要性

　債務者の実態把握を行うために入手すべき情報のなかで最も重要なものは、決算書や確定申告書です。与信管理では、債務者の現在の概況をはじめ、そもそもの取引の経緯や経過を踏まえたうえで債務者の実態を把握する必要があります。融資実行時点だけでなく、融資実行後においても決算書を入手して、債務者の収支状況や保有資産、負債の内容および状況を適宜把握・分析することで、債務者の業況の変化や業績の見通しをたてることができ、延滞の予防や経営相談を行うなど必要な措置を講ずることができます。

　また、決算書や確定申告書といった具体的な数値が記載された資料をもとにすることで、例えば前年度業績の良かった点悪かった点を数値に基づいて共有できるなど、債務者とのコミュニケーションが円滑になることが考えられます。

　債務者が個人の場合は、国税庁の確定申告の受付期間は3月15日までであることから、通常、遅くとも4月中には確定申告書が手許にあることになります。したがって、4～5月頃に、確定申告書の提出を債務者に依頼することが望ましいといえます。

　一方、債務者が法人の場合は、通常、決算日から2ヵ月が法人税の申告期限となりますの

で、3月末が決算日の法人であれば、6月頃に、決算書の提出を債務者に依頼することが望ましいといえます。

なお、例えば12月など自己査定の仮基準日以降の時期になってから債務者に対して決算書や確定申告書の提出を求めても、債務者にとっては数ヵ月前に作成したものであるため、手許にない、あるいは保管場所を失念したなどの理由により、スムーズに入手を行えない場合があるので注意が必要です。

ところで、個人であっても、事業を営む個人事業主である以上、原則として確定申告書の入手によって収支の情報や資産負債の状況等を把握し、債務者の実態把握を継続的に行わなければなりません。ただし、過去には債務者に対して一律に確定申告書の提出を求めていなかった等の理由により、入手が困難な状況もあるため、債務者との円滑な取引を阻害しないよう留意する必要があります。

**図表6－3　債務者と融資担当者の日々のコミュニケーション**

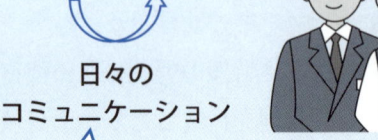

融資担当者は、債務者との日々のコミュニケーションを通じて、書類提出に協力してくれるように働きかけて理解を得ていく必要がある。また、個人事業主でも法人でも決算は年1回なので、決算時期を事前に把握して、早期に債務者へ訪問し、直接対話しながら状況把握をしていくことが望まれる。

## 決算書の入手にあたって留意すべき事項

決算書等の必要書類の入手に際して、債務者との信頼関係に支障をきたさないよう十分に配慮する必要があります。債務者にとっては、継続的に決算書等の必要書類の提出を行うことは負担であり、地域によっては決算書等の必要書類を継続的に提出することが慣習として受け入れられていないケースもあります。とくに、財務内容や資金繰り等の点で優れている正常先に対して必要書類の提出を強制することは、債務者に対して悪い印象や誤解を与えるおそれもあります。

なお、債務者に対しては、「系統金融検査マニュアル」や「与信管理」という言葉は、極力使わないほうがよいと考えられます。これらはJAの立場から用いる専門用語であり、債務者に強制的なイメージをもたらす可能性があります。あくまで「今後ともお付き合いをしていくために」という趣旨により、債務者と直接対話をしながら依頼すべきものであると考えられます。債務者の担当者のみでは、なかなか債務者の理解や協力を得られない場合は、次の図表に示す方法などにより債務者の理解を促進する必要があります。

図表6－4　債務者の理解を促進するための方法

| 対応方法 | 利　点 |
|---|---|
| 営農担当者の協力 | 営農担当者が債務者と懇意であるなど信頼関係が強い場合は、営農担当者の同行などにより、債務者の理解や協力を得られる可能性がある |
| 上位の管理者および役員の協力 | 債務者の担当者のみでは債務者の理解や協力を得られない場合であっても、上位の管理者や役員の同行などにより債務者の態度が軟化する場合がある |

## 決算書等が入手できない場合

　債務者との信頼関係に支障をきたさないよう十分に配慮し、誠心誠意、決算書等の必要書類の入手に努めたとしても、債務者から決算書等の必要書類をどうしても入手できない場合があります。このような場合、必要書類の提出を債務者に無理強いすると、債務者との信頼関係を損なうのみならず、今後のＪＡとの取引にも影響を及ぼす懸念があります。

　そこで、与信管理のためには、次の確定申告書以外の手段により債務者情報を把握することが考えられます。

図表6－5　決算書等を入手できない場合

| 情報入手の手段 | 利　点 | 欠　点 |
|---|---|---|
| 農業収入証明、貯金取引年間実績表の利用 | ＪＡの営農取引先である場合、ＪＡが有するデータを用いることで、収支データ等を把握できる | ＪＡの営農取引先に限定される |
| ＪＡによる農業所得の算定＊ | ＪＡの取引先でなくとも、所得金額を推定できる | 一般的なデータに終始するため、個別の実態が反映されない |

＊債務者との営農取引を通じて家畜の頭数や園芸の作付面積等を品種別に把握可能な場合は、当該データを用いて、過去に税務において認められていた「農業所得標準」の考え方に準じて、営農類型別に簡便的な計算で農業所得を算出することも考えられる

① 畜産のケース
　農業所得＝家畜頭数×家畜1頭当たり販売単価×所得率－所得調整
② 園芸等のケース
　農業所得＝作付面積×単位面積当たり収穫量×単価×所得率－所得調整
　・家畜頭数・作付面積…営農部署等で把握する
　・収穫量、単価、所得率…営農類型別に農林水産省の統計データである「農業経営統計調査」等で平均的な数値を把握する
　・所得調整…大型の農機具を購入する等、所得率に含まれていないような経費が発生した場合に適宜調整を行う

## 第3節 自己査定とは

> **Key Message**
> 自己査定は適正な償却・引当を行うための準備作業であるとともに、与信管理と一体となって年間を通じて行われるものです

### 自己査定の意義・目的

　資産査定とは、ＪＡの保有する貸出金などの保有資産を個別に検討して、回収の危険性や価値を毀損する危険性の度合いに従って区分することであり、ＪＡ自ら行う資産査定のことを自己査定といいます。自己査定には次の３つの目的があります。

**目的①　適正な決算・開示情報のため**

　自己査定を正確に行うことによって、保有資産の回収可能性を正しく把握することができるため、決算において適正な償却・引当を行うことができます。適正な償却・引当は、適正な決算・開示情報に直結します。

**目的②　信用リスク管理のため**

　自己査定は、ＪＡの職員が組合員等債務者の状況などを年間を通じて確認することによって行われるものであるため、仮に債務者の状況に悪化の兆候があった場合にも、すぐに気づくことで回収不能に陥る前に適切な対応をとることができ、信用リスクを軽減することができます。

**目的③　債務者の経営管理の向上および改善のため**

　債務者の業況が悪化した場合に必要な支援を実施することや、逆に債務者の事業拡大等に伴って資金ニーズが発生したような場合にも、速やかに対応することができます。このような経営相談機能の発揮による債務者の経営管理の向上・改善に役立てることができます。

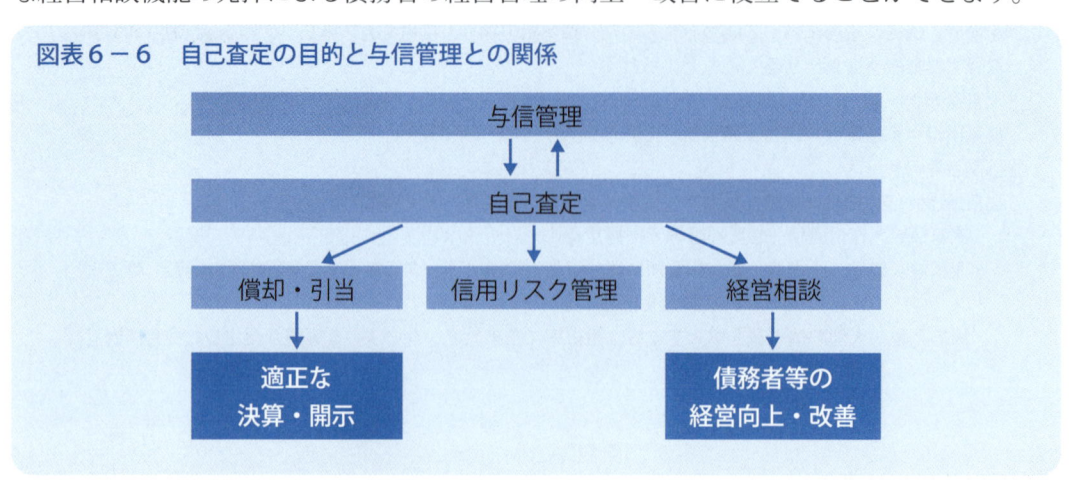

図表６－６　自己査定の目的と与信管理との関係

```
              与信管理
                ↓↑
              自己査定
         ↙      ↓      ↘
   償却・引当  信用リスク管理  経営相談
       ↓                        ↓
     適正な                   債務者等の
   決算・開示                経営向上・改善
```

### 自己査定の実施時期

　償却・引当を決算に反映させる観点から、ＪＡにおける自己査定の基準日は、決算日の1日です。しかし実務的には、支店（支所）や本店（本所）において貸出調査表（ラインシート）や自己査定ワークシート、その他自己査定資料作成など第一次の査定を実施し、本店（本所）の企画管理部門等においてヒアリングなど第二次の査定を実施したうえで、内部監査部門がその適切性の検証を行うなど、長時間を要することとなります。したがって、基準日で自己査定にかかるすべての手続を行うことは現実的に困難であることから、決算期末の約3ヵ月前を仮基準日として設定し、自己査定の手続を行うことが一般的となっています。

　さらに、自己査定は日常的な与信管理と一体となって行われるべきものであるということを勘案すると、仮基準日以降だけでなく、日頃から取り組むべき事項があります。年間を通じた自己査定のイメージと、日頃から取り組むべき事項の具体例は、次の図表のとおりです。

**図表6−7　年間を通じた自己査定のイメージ（3月決算の場合）**

| 月 | 主なイベント | 1次査定部署 | 2次査定部署等 | 内部監査等 |
|---|---|---|---|---|
| 4月 | 前期申告書交付／固定資産税評価交付 | 日頃から取り組むべき事項（申告書入手／固定資産税評価入手／債務者概況表作成・債務者区分） | 1次査定部署からの相談対応等 | 期中の内部監査（テーマ監査等） |
| 5月 | | | | |
| 6月 | | | | |
| 7月 | | | | |
| 8月 | | | | |
| 9月 | 半期末日 | | | |
| 10月 | | | | |
| 11月 | | | | |
| 12月 | 仮基準日 | | | |
| 1月 | | 仮基準日以降実施する事項 | 2次査定 | 内部監査（期末） |
| 2月 | | | | |
| 3月 | 3／15申告期限　基準日／決算日 | | | |
| 4月 | 申告書交付 | 基準日で実施する事項（申告書入手） | 理事会への報告 | |
| 5月 | | | | |

（年間を通じた自己査定・与信管理）

図表6－8　日頃から取り組むべき事項の具体例

| ① | 債務者とのコミュニケーションを通じた経営状況等の把握 |
| ② | 債務者情報（確定申告書・決算書等）の入手 |
| ③ | 実質同一債務者との名寄せ登録 |
| ④ | 査定対象債務者の把握 |
| ⑤ | 査定区分（一般査定先／簡易査定先）の決定 |
| ⑥ | 債務者概況表の記載の更新・登録 |
| ⑦ | 債務者区分の暫定的決定 |
| ⑧ | 担保・保証データの更新・登録 |

## 自己査定の流れ

自己査定では、**財務状況、資金繰り、収益力**等により、**債務者の返済能力**を判定して、その状況等により債務者を**正常先、要注意先、破綻懸念先、実質破綻先**および**破綻先**の5つに区分します。これを**債務者区分**といいます。

債務者区分の判定では、延滞の有無や赤字の有無といった形式面だけでなく、キャッシュ・フローに基づく債務償還能力などの実態を十分に勘案して判断します。この債務者区分が不正確なものになると、その後の分類区分の決定や償却・引当額も不正確なものになってしまうため、債務者区分は正確な自己査定を行ううえで最も重要かつ基本的な手順であるといえます。

債務者区分を判定した後、担保・保証による保全状況を勘案したうえで回収の危険性や価値の毀損の危険性の度合いに応じて、資産をⅠ～Ⅳの4段階に分類・集計します。この分類区分の決定が、償却・引当算定の基礎となり、決算・開示情報に直結します。

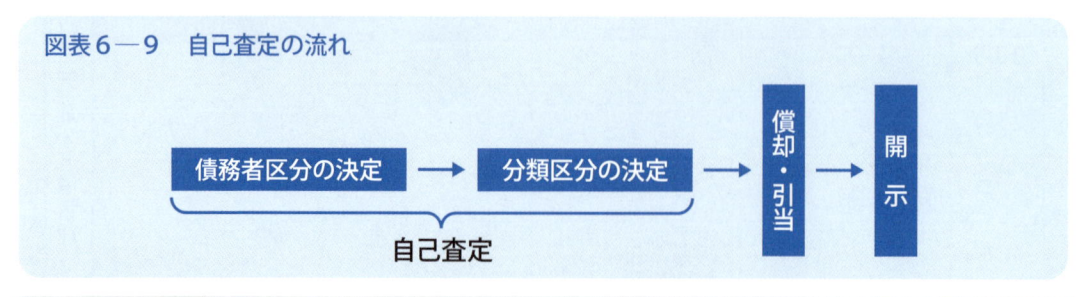

図表6－9　自己査定の流れ

債務者区分の決定 → 分類区分の決定 → 償却・引当 → 開示

（債務者区分の決定・分類区分の決定＝自己査定）

## 債務者区分

債務者区分は正常先、要注意先、破綻懸念先、実質破綻先および破綻先の5つであり、要注意先は要管理先とその他の要注意先に分けられます。

① **正常先**

正常先とは、業況が良好であり、かつ、財務内容にも特段の問題がないと認められる債務者をいいます。

例えば、黒字基調が継続しており、かつキャッシュ・フローに問題がない債務者であったり、十分な純資産を有していて債務超過に陥るような状況にない債務者、資産に比べて多額の借入を負っていない債務者などが正常先に区分されます。

### ② 要注意先

　要注意先とは、金利減免・棚上げを行っているなど貸出条件に問題のある債務者、元本返済もしくは利息支払が事実上延滞しているなど履行状況に問題がある債務者のほか、業況が低調ないしは不安定な債務者または財務内容に問題がある債務者など、今後の管理に注意を要する債務者をいいます。

　なお、要注意先のうち、「貸出条件緩和債権」または「3ヵ月以上延滞債権」に該当する貸出金を有する債務者は「要管理先」とされ、要管理先以外の「その他の要注意先」と区別されます。

### ③ 破綻懸念先

　破綻懸念先とは、現状、経営破綻の状況にはないが、経営難の状態にあり、経営改善計画等の進捗状況が芳しくなく、今後、経営破綻に陥る可能性が大きいと認められる債務者（金融機関等の支援継続中の債務者を含む）をいいます。

　現状、事業を継続しているものの、実質債務超過の状態に陥っており、業況が著しく低調で貸出金が延滞状態にある債務者や、このような状態を脱するための計画は策定されているが、達成状況が悪く、短期的な改善が見込めない債務者、そもそもそのような計画が策定されておらず、短期的な改善が見込めない債務者が破綻懸念先に区分されます。

### ④ 実質破綻先

　実質破綻先とは、法的・形式的な経営破綻の事実は発生していないものの、深刻な経営難の状態にあり、再建の見通しがない状況にあると認められるなど実質的に経営破綻に陥っている債務者をいいます。

　事業を形式的には継続しているものの、財務内容において多額の不良資産を抱えている、あるいは債務者の返済能力に比して明らかに過大な借入金が残っており、実質的に債務超過の状態に相当期間陥っていて事業好転の見通しがない状態にある債務者が実質破綻先に区分されます。

### ⑤ 破綻先

　破綻先とは、法的・形式的な経営破綻の事実が発生している債務者をいいます。

　破産、清算、会社整理、会社更生、民事再生、手形交換所の取引停止処分、相続放棄や相続人のいない死亡等により回収見込みがない債務者等が破綻先に区分されます。

　債務者区分ごとの与信管理の基本的な考え方は、次の図表のとおりです。

図表6-10　債務者区分ごとの与信管理の基本的な考え方

| 債務者区分 | | 定義（要約） | 与信管理の基本的な考え方 |
|---|---|---|---|
| 正常先 | | 業況が良好であり、かつ、財務内容にも特段の問題がないと認められる債務者 | 債務償還に特段の不安がない先のため、通常の管理を行う |
| 要注意先 | | 貸出条件に問題、元利の支払が事実上延滞、業況が低調ないし不安定、財務内容に問題がある等、今後の管理に注意を要する債務者 | 債務償還に通常以上の不安があるため、十分な管理を行う。条件変更がある場合は、留意を要する |
| | その他要注意先 | 要管理先以外の債務者 | |
| | 要管理先 | 3ヵ月以上延滞債権、貸出条件緩和債権に該当する貸出金を有する債務者 | |
| 破綻懸念先 | | 現在、経営難の状況にあり、今後経営破綻に陥る可能性が高い債務者 | 債務償還に重大な懸念がある先であり、厳格な管理が必要。①回収・保全強化を急ぐか、②債務者の経営改善を図るのかの方針を定める |
| 実質破綻先 | | 深刻な経営難の状態にあり、再建の見通しがない状況にある等、実質的に経営破綻に陥っている債務者 | 法的手続も含め、専ら債権回収を図る |
| 破綻先 | | 法的・形式的な経営破綻の事実が発生している債務者 | 法的手続も含め、専ら債権回収を図る |

## 資産の分類

自己査定においては、資産をⅠ～Ⅳの4段階に分類します。

① Ⅰ分類（非分類）

Ⅱ分類、Ⅲ分類およびⅣ分類としない資産であり、回収の危険性または価値の毀損の危険性について問題のない資産をいいます。非分類ともよばれます。

② Ⅱ分類

債権確保のための諸条件が満足に充足されないため、あるいは、信用上疑義が存在する等の理由により、その回収について通常の度合いを超える危険を含むと認められる債権等の資産をいいます。

③ Ⅲ分類

最終の回収または価値について重大な懸念があり、したがって損失の発生可能性が高いが、その損失額について合理的な推計が困難な資産をいいます。

④ Ⅳ分類

回収不能または無価値と判定される資産をいいます。

これらの分類は、債務者区分と担保・保証といった保全状況を勘案して行われます。

正常先に対する債権については、すべてⅠ分類（非分類）とします。

要注意先に対する債権については、優良担保の処分可能見込額および優良保証により保全措置が講じられていない部分をⅡ分類とし、残額をⅠ分類（非分類）とします。

破綻懸念先に対する債権については、優良担保の処分可能見込額および優良保証等により保全されている債権以外のすべての債権を分類することとし、一般担保の処分可能見込額、一般保証により回収が可能と認められる部分をⅡ分類とし、これ以外の部分をⅢ分類とします。

実質破綻先に対する債権については、優良担保の処分可能見込額および優良保証等により保全されている債権以外のすべての債権を分類することとし、一般担保の処分可能見込額、一般保証により回収が可能と認められる部分、清算配当等により回収が可能と認められる部分をⅡ分類、優良担保および一般担保の担保評価額と処分可能見込額との差額をⅢ分類、これ以外の回収の見込がない部分をⅣ分類とします。なお、保証による回収の見込が不確実な部分はⅣ分類とし、当該保証による回収が可能と認められた段階でⅡ分類とします。

破綻先に対する貸出金の分類については、基本的に実質破綻先と同様です。

### 図表６－11　債務者区分および資産の保全状況と資産の分類の関係

| 保全状況<br>債務者区分 | 優良担保[*1]の処分可能見込額[*2]、優良保証[*3]等 | 一般担保[*4]の処分可能見込額、一般保証[*5]により回収が可能と認められる部分等 | 優良担保および一般担保の担保評価額[*6]と処分可能見込額との差額 | 左記以外の回収見込みが不確実な部分、担保不足の部分 |
|---|---|---|---|---|
| 正常先 | Ⅰ分類<br>（非分類） | | | |
| 要注意先 | | Ⅱ分類 | | |
| 　その他要注意先 | | | | |
| 　要管理先 | | | | |
| 破綻懸念先 | | | Ⅲ分類 | |
| 実質破綻先 | | | | Ⅳ分類 |
| 破綻先 | | | | |

* 1　優良担保とは、預金等（預金、貯金、掛け金、元本保証のある金銭の信託、満期返戻金のある保険・共済）、国債等の信用度の高い有価証券および決済が確実な商業手形等をいいます。
* 2　処分可能見込額とは、担保評価額に一定の掛け目を乗じた金額をいいます。
* 3　優良保証とは、公的信用保証機関の保証、金融機関の保証、複数の金融機関が共同で設立した保証機関の保証、地方公共団体の損失補償契約等保証履行の確実性が極めて高い保証をいいます。
* 4　一般担保とは、優良担保以外の担保で客観的な処分可能性があるものをいいます。不動産担保などがこれに該当します。
* 5　一般保証とは、優良保証以外の保証をいいます。個人による保証などがこれに該当します。
* 6　担保評価額とは、客観的・合理的な評価方法で算出した評価額（時価）をいいます。

# 第4節 債務者情報としての決算書

> **Key Message**
> 客観的な債務者区分の判定のためには決算書が不可欠です

## 債務者情報の入手

　債務者区分判定を行うにあたっては、債務者の実態的な財務内容、資金繰り、収益力等を検討のうえ、総合的に判断することが求められています。そのため、ヒアリングによる情報のみならず、確定申告書や決算書等による定量情報の入手が必要になります。定量情報の入手手段は債務者の属性（個人事業主、給与所得者、法人）によって異なります。

## 個人事業主の場合

　債務者が個人事業主の場合、定量情報の主な入手手段は確定申告書です。確定申告書の損益計算書部分から事業所得・事業支出・減価償却費等の収支情報を、貸借対照表（資産負債調）から保有資産および負債の情報を収集します。また、貸借対照表が作成されていない場合には、ＪＡの貯金データや貸出金データ、他行の借入金返済計画、固定資産課税明細書等から、保有資産および負債の情報を収集します。

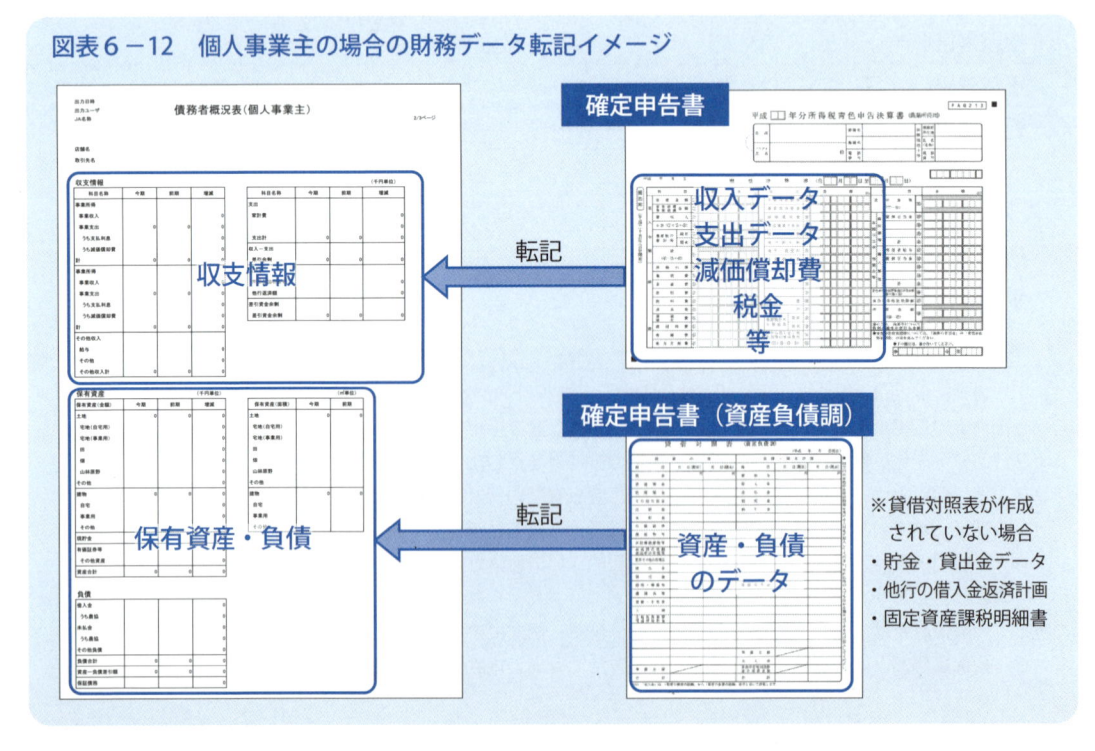

**図表6-12　個人事業主の場合の財務データ転記イメージ**

確定申告書（収入データ・支出データ・減価償却費・税金 等）→ 転記 → 収支情報

確定申告書（資産負債調）資産・負債のデータ → 転記 → 保有資産・負債

※貸借対照表が作成されていない場合
・貯金・貸出金データ
・他行の借入金返済計画
・固定資産課税明細書

## 給与所得者の場合

債務者が給与所得者の場合、定量情報の主たる入手手段は債務者の勤務先から交付される源泉徴収票や所得証明です。源泉徴収票の場合、記載されている給与・賞与の年間の総額から源泉徴収される税額および社会保険料を控除することで、年間のキャッシュ・フローを算定できます。

また、保有資産および負債については、借入実行時に入手した資産負債調等を適宜修正することになります。

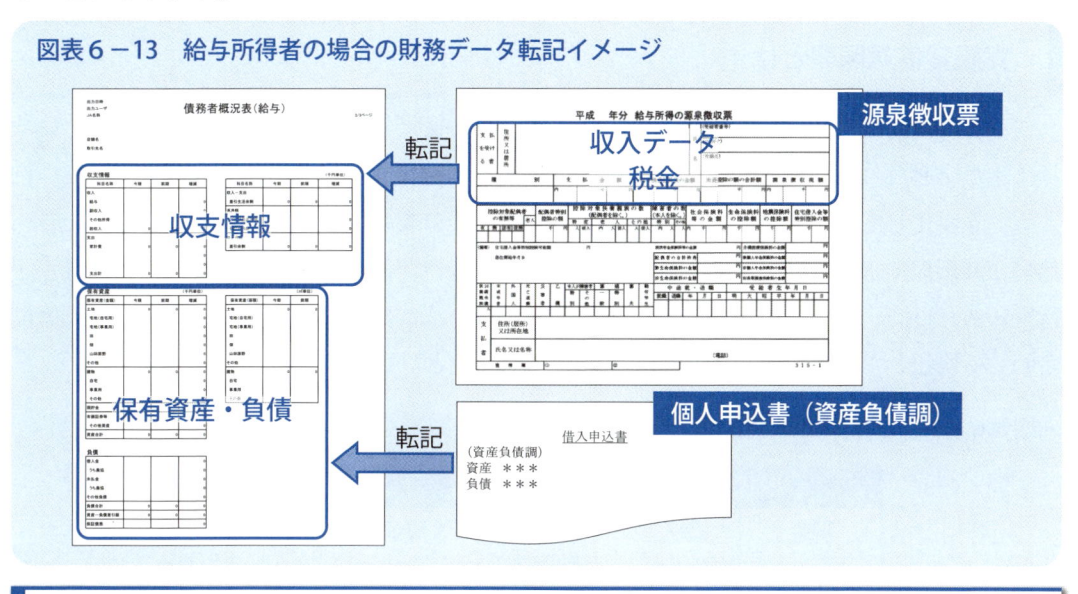

**図表6-13 給与所得者の場合の財務データ転記イメージ**

## 法人の場合

債務者が法人の場合、貸借対照表、損益計算書から定量情報を収集します。

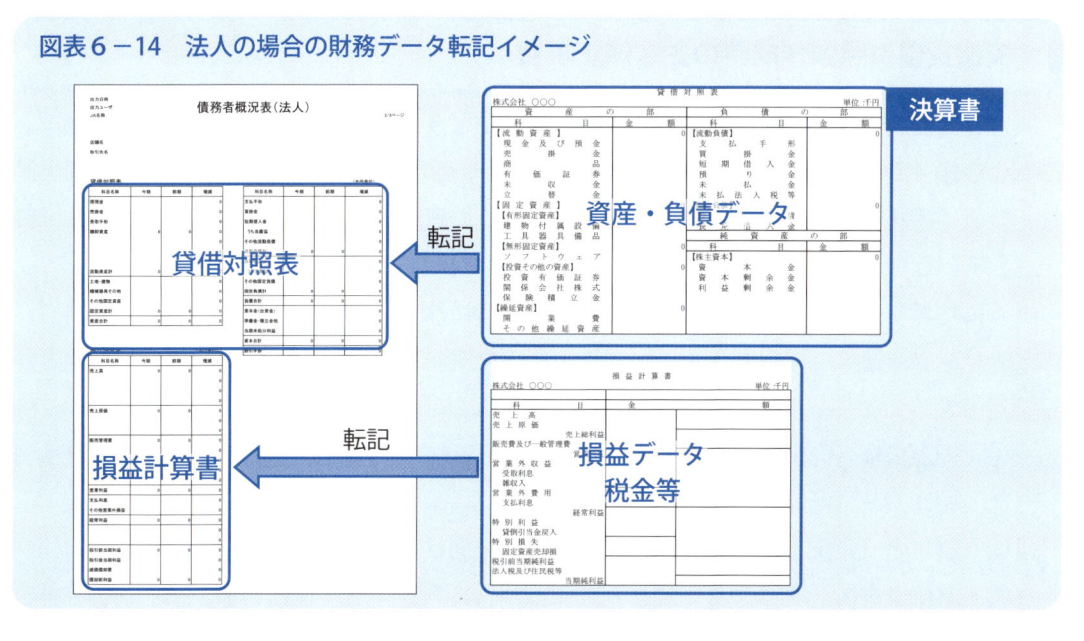

**図表6-14 法人の場合の財務データ転記イメージ**

# 第5節　実態貸借対照表と実態損益計算書

> **Key Message**
> 貸借対照表と損益計算書の分析にあたっては実態を把握することが重要です

## 実態貸借対照表とは

　債務者の財務状態は決算書や確定申告書に含まれる貸借対照表をもとに把握することになりますが、必ずしも債務者の作成した貸借対照表が実態を反映しているとは限りません。例えば、陳腐化して資産価値が減少している製品がそのままの金額で資産計上されていたり、建物が減価償却されないまま計上されているような場合があります。そのため、自己査定を行うにあたって、こうした項目について実態を示すように修正する必要があり、この実態に合わせて修正した貸借対照表のことを実態貸借対照表といいます。

**図表6－15　実態貸借対照表のイメージ**

| 形式B/S | |
|---|---|
| 現金 (50) | 借入金 (50) |
| 建物 (50) | 自己資本 (50) |

含み損を反映 →

| 実態B/S | |
|---|---|
| 現金 (50) | 借入金 (50) |
| 建物 (40) | 自己資本 (40) |

## 実態貸借対照表作成時の主な修正項目

　実態貸借対照表を作成するにあたり修正を行うかどうかを検討すべき項目は、第2章第2節および第4章第2節で解説した貸借対照表の着眼点と同様です。すなわち、資産は**資産性**、負債は**網羅性**がポイントととなり、資産性のない資産項目は適切な価値まで減額し、計上されていない負債項目は適切な価値で計上する必要があります。

　とくに注意すべき貸借対照表項目は主に次の8つになり、いずれも資産項目で、債務者へのヒアリングを通じて把握できるほか、複数期の勘定科目明細書や回転期間等の推移などから推定できることもあります。

① 売上債権（売掛金・受取手形）
② 棚卸資産（商品、製品、仕掛品等）
③ 貸付金（業況不良先、関係会社やオーナー向け等）
④ 有価証券

⑤ その他の債権等（未収金、仮払金等）
⑥ 有形固定資産（土地、建物等）
⑦ 繰延資産
⑧ 繰延税金資産

項目ごとに修正のポイントを説明します。

① 売上債権（売掛金・受取手形）の修正

売掛金や受取手形のうち、相手先の破綻や財務状況の悪化などによって回収不能に陥った債権や回収が困難な債権については減額する必要があります。具体的には、勘定科目明細書をみて、残高が変動していない債権や財務状況が悪化していることが判明している先に対する債権があれば、減額を検討する必要があります。

また、売上債権回転期間を算出し、業種に応じた適当な回転期間を大幅に超過しているような場合は、その原因を把握・分析し、回収不能見込額があれば、回収見込額を超える部分については減額する必要があります。

なお、回転期間は、売上債権や棚卸資産、仕入債務の期末残高が売上高（仕入債務の場合は売上原価）の何ヵ月分となっているのかを示す指標であり、この数値が大きいほど残高が積み上がっていることを示すため、内容を把握する必要性が高いといえます。次の計算式で求められます（計算式には、いくつかの考え方があり、一例です）。

$$売上債権回転期間 = \frac{売上債権期末残高}{(年間売上高 \div 12)}$$

② 棚卸資産（商品、製品、仕掛品等）の修正

商品や製品、仕掛品等のうち、今後の販売可能性が低いものについては、減額する必要があります。

棚卸資産回転期間を算出し、適当な回転期間を大きく超えるような場合は、その原因を把握・分析し、販売不能見込の在庫があれば、販売見込額まで減額する必要があります。

③ 貸付金（業況不良先、関係会社やオーナー向け等）の修正

長期にわたって延滞していたり、貸付先の財務状態等により回収可能性が低いとみられる貸付金については、回収可能見込額まで減額する必要があります。とりわけ、中小零細な法人や個人事業主で発生する貸付金は、役員や家族、関係の深い会社向けなど特別な関係にある相手に対するものが多く、なかには赤字補てんとして貸付が発生しているなど、回収可能性に疑義が生じるようなケースもあるので注意が必要とされます。

④ 有価証券の修正

中小零細な法人や個人事業主の場合、保有している有価証券については時価が下落していたとしても、税務上の損金処理の要件を満たさなければ損失処理を実施しないケースが見受けられます。したがって、中小零細な法人や個人事業主の自己査定にあたっては、有価証券を適切に評価したうえで、財務状態を分析する必要があります。

⑤ その他の債権等（未収金、仮払金等）の修正

　貸借対照表の中身をみていくと、多額の「その他の資産」が計上されていることがあります。とくに、内訳の「未収金」や「仮払金」に回収可能性が低い内容や、実態として表面ベースよりも価値が低下している内容が含まれていることがあります。そのため、勘定科目明細書等や残高推移を分析することで、必要に応じて実態数値に修正する必要があります。

⑥ 有形固定資産の修正（土地、建物等）

〈減価償却不足の修正〉

　土地以外の建物等の有形固定資産は、耐用年数にわたって費用化、つまり減価償却することになりますが、中小零細な法人や個人事業主の場合、表面上の業績を良くみせるために減価償却を中止したり、減額するケースが見受けられます。この場合、実態貸借対照表において固定資産を減額修正し、実態損益計算書において減価償却費を加算する必要があります。

〈売却を前提としている物件の修正〉

　工場や本社社屋など、事業を継続するうえで保有し続けることを前提としていた有形固定資産について、環境の変化等により使用が見込まれなくなり遊休状態となった場合などには、売却を予定している資産と同様に時価で評価する必要があります。

⑦ 繰延資産の修正

　繰延資産とは開業費や開発費など、将来にわたってその効果が得られるもので、支出した期だけの費用とはせず、翌期以降に費用化するために資産として計上するものです。ただし、将来において現金として回収されるものではないため、原則として実態貸借対照表では評価をゼロとします。

⑧ 繰延税金資産の修正

　繰延税金資産とは、会計上は費用・損失になっているが税務上は損金とならないもののうち、将来において税務上の損金となり、将来の税金を減額できるものについて、税金の前払分として資産計上するものです。ただ、あくまでも支出抑制効果は見込み上のものであることから、回収可能性を考慮したうえ、必要に応じて減額を行います。所得が不安定な中小零細な法人の場合には、とくに慎重な判断が求められます。

　なお、中小零細な法人において、代表者からの借入があり、代表者が当該借入金の返済を要求することが明らかとなっている場合以外には、実態貸借対照表を作成するにあたって、当該借入金を負債ではなく自己資本とみなすことができます。

## 実態損益計算書とは

　貸借対照表と同様に、債務者の経営成績は決算書や確定申告書に含まれる損益計算書をもとに把握することになりますが、必ずしも債務者の作成した損益計算書が、将来にわたって債務者が獲得することのできると見込まれる実態的な収益力やキャッシュ・フローを反映しているとは限りません。例えば、不動産賃貸業における物件の建替えに伴う一時的な売上高

の減少など、一過性の要因によって収益が大きく落ち込んでいる場合があります。このような項目について実態を示すように修正した損益計算書を実態損益計算書といいます。

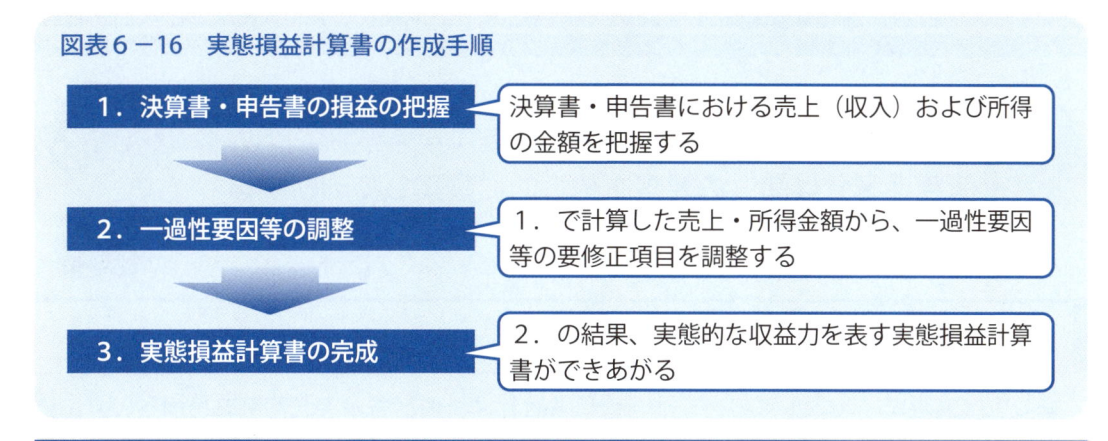

図表6-16　実態損益計算書の作成手順

1. 決算書・申告書の損益の把握 ← 決算書・申告書における売上（収入）および所得の金額を把握する

2. 一過性要因等の調整 ← 1．で計算した売上・所得金額から、一過性要因等の要修正項目を調整する

3. 実態損益計算書の完成 ← 2．の結果、実態的な収益力を表す実態損益計算書ができあがる

## 実態損益計算書作成時の主な修正項目

実態損益計算書を作成するにあたり修正を行うかどうかを検討すべき主な項目は、「一過性要因の調整」と「実態貸借対照表作成と関連した損益調整」「代表者との取引」です。

① 一過性要因の調整

損益計算書の各項目について、一過性の要因に基づくものがある場合、将来にわたって債務者が獲得することのできると見込まれる実態的な収益力やキャッシュ・フローを把握するには、その要因分を調整して修正する必要があります。ここでいう一過性とは、赤字要因や利益を圧迫しているといったマイナスの要因またはその逆のプラスの要因が一時的なものであり、翌期以降には損益・収支に影響を及ぼさないものであることが明白であるものをいいます。この場合、一過性であることの説明と翌期の収支改善または収支悪化が確実であることの疎明が必要となります。

一過性要因の例は、次のとおりです。
・ 固定資産の除去・売却損益、減損損失
・ 退職金の支払い
・ 損害賠償による賠償金の収入または賠償金の支払い
・ 災害による固定資産の滅失
・ 創業赤字

② 実態貸借対照表作成と関連した損益調整

実態貸借対照表作成と関連した損益調整とは、実態貸借対照表のところで解説したとおり、例えば、固定資産の減価償却不足がある場合に、貸借対照表上で固定資産を減額修正するほか、損益計算書において減価償却費を加算する修正が必要となります。

③ 代表者との取引

代表者に対して支払われる役員報酬や家賃等については、代表者の収入状況や資産状況を十分に検討したうえで、削減可能な費用項目として修正することができる場合があります。

# 第6節　債務者区分の総合判断

> **Key Message**
> 債務者区分は諸々の要素を総合的に勘案して判断する必要があります

## 債務者区分に係る総合判断の重要性

　系統金融検査マニュアルにおいては、「債務者区分は、債務者の実態的な財務内容、資金繰り、収益力等により、その返済能力を検討し、債務者に対する貸出条件及びその履行状況を確認の上、業種等の特性を踏まえ、事業の継続性と収益性の見通し、キャッシュ・フローによる債務償還能力、経営改善計画等の妥当性、金融機関等の支援状況等を総合的に勘案し判断する」とされています。

　したがって、債務者区分の判定にあたっては、延滞や赤字、債務超過など形式基準だけではなく、定量情報・定性情報を網羅的に把握し、実態把握をしたうえで総合的に判断する必要があります。これは、形式基準のみでは債務者の実態を必ずしも反映できず、債務者区分を判定するにあたり適切な判断ができない懸念があるためです。

　また、形式基準においても、実態判断においても、個々の要素のみで判断するのではなく、勘案すべき複数の要素を総合的に勘案して判定する必要があります。

　例えば、延滞している債務者については、当該延滞が資金繰りや財務内容の悪化によるものではなく、事務的事情による延滞であれば、必ずしも正常先とすることを妨げるものではありません。また、延滞がないという要素は、正常先としての必要条件ではありますが、十分条件ではないため、延滞がないということのみをもって正常先とすることはできません。業況が良好かつ財務内容にも問題がない、ということを疎明する一要素に過ぎないからです。

## 債務者区分の判定要素

　自己査定実務では、各金融機関で作成している自己査定に関する基準やマニュアル等に従って債務者区分を判定することになりますが、いずれも標準的なものはみられません。もっとも、各金融機関とも、チェックすべき要素そのものには大きな差異はみられず、概ね次の図表のような判定要素ごとに、それぞれ形式基準と実態判断基準を設けて、債務者区分を総合的に判定しています。なお、形式基準はマトリクス形式やフローチャート形式で作成している場合が多くみられます。

　なお、総合的に判断する際に重視する要素は金融機関ごとに異なるものの、貸出金等の査

定はその回収可能性に関する判定であることから、「**キャッシュ・フローによる債務償還能力**」が最重視すべき要素であることは共通しています。

図表6－17　一般的な債務者区分の判定要素

| 判定要素 | 形式基準 | 実態判断 |
| --- | --- | --- |
| ① 延滞 | 延滞月数 | 事実上の延滞の有無<br>延滞の内容（事務延滞等） |
| ② キャッシュ・フロー | | 約定返済とキャッシュ・フローの比較<br>債務償還年数の判定 |
| ③ 財務内容 | 表面財務数値上の債務超過 | 実質債務超過<br>経営改善計画 |
| ④ 損益の状況 | 表面財務数値上の赤字・繰越欠損 | 一過性の赤字<br>創業赤字 |
| ⑤ その他貸出条件等 | 条件変更 | 実質条件緩和<br>負債整理資金 |
| ⑥ 法的・形式的な破綻事由 | 法的・形式的な破綻事由の有無 | |
| ⑦ 失踪、行方不明、廃業、法的回収手続といった事象 | 失踪、行方不明、廃業、法的回収手続といった事象の有無 | |
| ⑧ 相続 | （形式的な）相続手続の状況 | 実質的な相続の状況 |

① 延滞

　延滞月数は客観的な指標であり、債務弁済の履行状況を表すとともに資金繰りの良否を間接的に示す指標となるため、債務者区分判定のための形式基準として重要な役割を担っています。債務者区分の実態判断にあたっては、延滞の内容を把握し、事務延滞に該当しないか、延滞の解消が見込めるか等について検討する必要があります。また、事実上の延滞とは、他行借入が延滞している場合や租税公課の滞納により差押えがなされている場合など、ＪＡの貸出には延滞は発生していないものの債務者全体としては支払能力が低下している状態をいいます。

② キャッシュ・フロー

　キャッシュ・フローとは現金の流れをいいます。キャッシュ・フローが十分でない場合には、約定弁済が滞る可能性があるため、債務償還能力に疑義があると考えられます。また、債務償還能力の判定に際し、債務償還年数が資金使途に比べて長期に及ぶ場合は、中長期的に収支が悪化することが予見されます。このような場合には、償還財源を勘案したうえで、債務者区分判定に反映させる必要があります。キャッシュ・フローは、通常、本章第5節で解説した実態損益計算書をもとに算定されます。キャッシュ・フローによる債務償還能力は

本章第7節で詳細に解説します。

③　財務内容

　本章第5節で解説した実態貸借対照表をもとに判定する要素です。実態的な財務内容を把握することにより実質自己資本を算定し、実質債務超過の有無、その程度、解消見込み、関連する経営改善計画の有無等を把握・分析する必要があります。

④　損益の状況

　本章第5節で解説した実態損益計算書をもとに判定する要素です。債務者から入手した決算書や確定申告書等の表面財務数値に基づく売上高、利益、繰越欠損金等の有無の把握だけでは、業績を実態判断するには十分ではありません。一過性の損益や創業赤字の有無等の内容を把握・分析する必要があります。

⑤　その他貸出条件等

　貸出条件変更の有無、条件変更が有の場合は変更内容が実質的に貸出条件緩和となっていないかの検討が必要です。また、負債整理資金は、当初の約定に対して期限の延長や金利の減免といった債務者に有利な措置となっている場合があるため、その内容を把握・分析する必要があります。

⑥　法的・形式的な破綻事由

　会社更生法、民事再生法による更生・再生手続開始の申立てといった法的・形式的な経営破綻の事実の有無は破綻先への該当の有無に直結するため、当該事項は正確に把握する必要があります。

⑦　失踪、行方不明、廃業、法的回収手続といった事象

　債務者の失踪、行方不明、廃業、あるいは競売の申立て等の法的回収手続の最中にある場合は、実質破綻先に該当するか否かの判定要素の1つとなるため、事実関係を正確に把握する必要があります。

⑧　相続

　債務者が死亡した場合は、相続人の存在の有無のほか、相続による収支や資産・負債の動向を把握し、当該債務者に対する債権の回収可能性を判断する必要があります。したがって、被相続人のみならず、相続人についても収支・財務の内容を把握しなければなりません。

# 第7節　キャッシュ・フローによる債務償還年数

> **Key Message**
> 債務者区分判定ではキャッシュ・フローによる債務償還能力を十分に勘案することが最も重要です

## キャッシュ・フローによる債務償還能力とは

　**キャッシュ・フローによる債務償還能力**とは、債務者が将来にわたって獲得するキャッシュ・フローをもって債務者が有するすべての債務を返済することができるかどうかを表す能力をいいます。

　債務者区分判定を行うにあたっては、債務者の実態的な財務内容、資金繰り、収益力等を検討のうえ、総合的に判断することが求められていますが、なかでもキャッシュ・フローによる債務償還能力を十分に勘案することは、債務者に対する貸出金等の回収可能性の観点から最も重要です。

　キャッシュ・フローによる債務償還能力を検討するにあたっては、実務上は原則として**債務償還年数**という客観的な数値を算定し、その債務償還年数と貸出金等の資金使途から想定される返済期間とを比較します。

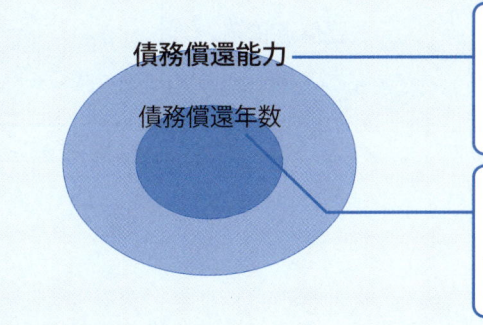

**図表6-18　キャッシュ・フローによる債務償還能力と債務償還年数**

債務償還能力 ＞ 債務償還年数

- 系統金融検査マニュアルにおいて、**キャッシュ・フローによる債務償還能力**を重視すべき旨が規定されている。
- 実務上、キャッシュ・フローによる債務償還能力は、**債務償還年数**という客観的な数値によって測定される。

## 償還年数の算定

　償還年数の計算式は、次のとおりです。

　　　　債務償還年数　＝　要償還債務　÷　将来の正常なキャッシュ・フロー

　要償還債務とは、債務者の返済すべきすべての負債を基礎として算定される債務のことであり、将来の正常なキャッシュ・フローとは、債務者が将来、事業活動から獲得すると予測

されるキャッシュ・フローのことです。

　つまり、上記の計算式で求められる債務償還年数は、債務者の要償還債務の額を、将来の正常なキャッシュ・フローの金額で除すことにより、債務者が要償還債務を完済するのに何年かかるかを示しています。

　算定された債務償還年数について、貸出金等の資金使途から想定される返済期間と比較することで、債務償還能力の程度を判断することになります。

## 要償還債務

　要償還債務の計算式は、次のとおりです。

　　　要償還債務　＝　借入金等
　　　　　　　　　　－現金及び預貯金
　　　　　　　　　　－売却可能資産の処分可能見込額見合いの金額
　　　　　　　　　　－正常な運転資金見合いの借入
　　　　　　　　　　－住宅ローン

　要償還債務は、通常、債務者の借入金等（当ＪＡからの借入だけでなく他金融機関等からの借入等も含みます）となりますが、その範囲については、実態に応じて判断する必要があります。すなわち、借入金以外にも例えば不動産賃貸業を行っている場合で入居者から預かった敷金・保証金といった返済義務のある負債も、原則として要償還債務に含まれます。

　なお、要償還債務の算定にあたっては、借入金等について次の事項を調整する可能性があります。

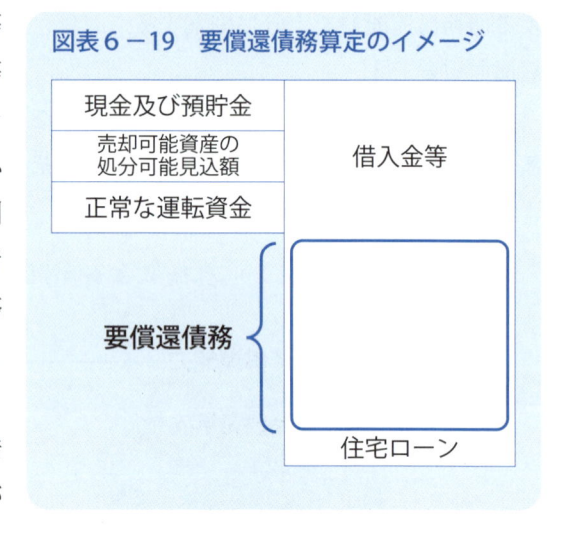

図表６−19　要償還債務算定のイメージ

① 現金及び預貯金

　すでに手許にある現金及び預貯金のうち余剰資金は、債務の返済原資となるため、原則として借入金等から控除することができます。そのため、貯金担保貸出における定期貯金は余剰資金と推定され、借入金等から控除されることになります。

　ただし、債務者の確定申告書や決算書などに記載されている現金及び預貯金残高の金額をもって画一的に全額を控除するのは適切ではありません。例えば、設備購入資金のように使途が決まっていて債務の返済に充当することができない場合は、当該資金に相当する金額は借入金等から控除すべきではない点に留意する必要があります。

## ② 売却可能資産の処分可能見込額見合いの金額

　市場性のある有価証券や保険（共済）積立金、遊休不動産等があり、売却や解約等により債務の返済原資となる場合は、当該金額を借入金等から控除することができます。

　ただし、借入金等から控除することができるのは、（ア）事業に関連しておらず、かつ（イ）実際に売却や解約の実行可能性が高い場合で、（ウ）その売却や解約によって実際に現金が流入する額に相当する金額に限ります。すべての保険（共済）積立金や遊休不動産等が直ちに該当するわけではなく、上記の（ア）（イ）の要件をともに満たす場合に、（ウ）に相当する金額のみが控除の対象となり得る点に留意する必要があります。

## ③ 正常な運転資金見合いの借入

　正常な運転資金見合いの借入は、返済の原資が将来のキャッシュ・フローではなく、現在の売上債権、棚卸資産、仕入債務の精算によって発生する資金となるため、要償還債務の算定にあたって借入金等から控除することができますが、全額ではなく、正常と認められる部分に限られることに留意が必要です。

　運転資金の計算式は、次のとおりです。

$$運転資金 = 売上債権\{売掛金＋受取手形（ただし、割引手形、前受金を除く）\} \\ ＋棚卸資産 \\ －仕入債務\{(当ＪＡにとっての購買未収金等の)買掛金＋支払手形\}$$

　なお、正常な運転資金を算出するために、売掛金または受取手形のなかの回収不能額、棚卸資産のなかの不良在庫に該当する額を控除するなど、適切な実態貸借対照表を作成する必要があります。

　また、正常な運転資金がマイナスとなる場合は、将来のキャッシュ・フローの一定金額が仕入債務の支払いに充当されるということを意味するため、借入金等に加算します。

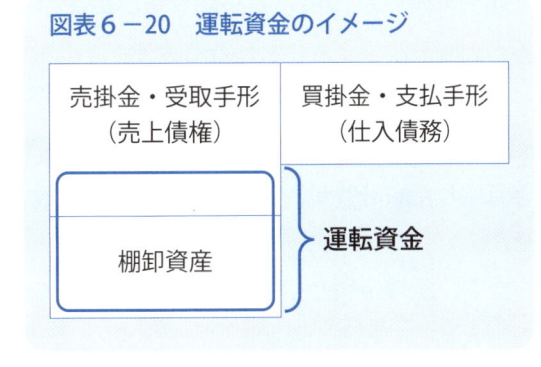

**図表6－20　運転資金のイメージ**

| 売掛金・受取手形<br>（売上債権） | 買掛金・支払手形<br>（仕入債務） |
|---|---|
| 棚卸資産 | 運転資金 |

## ④ 住宅ローン

　事業性貸出と住宅ローンの両方を利用している債務者の場合、すべての借入金を算定対象とすると、債務償還年数が長期に算定されてしまい、場合によっては、債務者の実態と整合しない債務者区分が推定されてしまう可能性があります。

　このような場合、事業性貸出と住宅ローンの性質の違いを考慮し、住宅ローンの影響を除いた債務償還年数により、債務者区分の推定を行うことも可能であるとされています。

　この場合、要償還債務の算定にあたって借入金等から住宅ローン残債額を控除することになるため、後述するキャッシュ・フローの算定にあたって、キャッシュ・フローから住宅ローン約定返済額（年額）もあわせて控除する必要があることに留意する必要があります。

## キャッシュ・フロー

キャッシュ・フローの計算式は、次のとおりです。

〈個人の場合〉

　　　キャッシュ・フロー　＝　所得金額　－　家計費　－　税金支払額　＋　減価償却費
　　　　　　　　　　　　　　－　住宅ローン約定返済額（年額）

〈法人の場合〉

　　　キャッシュ・フロー　＝　経常利益　－　税金支払額　＋　減価償却費

上記のキャッシュ・フローの算定において、各項目で留意するべき内容は、次のとおりです。

① 所得金額、経常利益

将来を予測することは客観性が乏しく恣意性が介入する懸念があるため、原則として過去の実績値を用います。ただし、一過性の損益が計上されている場合には調整を行う必要があります。

なお、法人債務者の場合には、経常利益を所得金額として用いるのが一般的です。

② 家計費

家計費は原則として、人事院や地方公共団体が公表している世帯人員別「標準生計費」の金額（月額）を12倍した金額を用いますが、どのような基準を設けるかについては、各ＪＡの判断で決定することになります。

家計費の算定対象となる世帯の人数については、原則として確定申告書等における扶養家族の人数に基づくものとします。ただし、債務者の実態把握の結果、扶養家族の人数に基づき算定した家計費が、実態と乖離したものになるおそれがある場合にはこの限りではありません。

なお、所得金額として専従者給与控除前の金額を用いる場合には、当該専従者を扶養家族の１人として数え、適切に家計費の算定基礎に含める必要があることに留意する必要があります。

③ 税金支払額

税金支払額は原則として、個人事業主は確定申告書上の所得税額、法人は損益計算書上の「法人税、住民税及び事業税」に記載された実際支払額を用います。

ただし、税務上の繰越欠損金があることによって過去の実際支払額が少額となっている場合など、実際支払額が債務者の実態を表さないと判断される場合には、実態損益計算書等で算定された所得金額や経常利益に一定割合を乗じた値を税金支払額としてキャッシュ・フローを算定することも考えられます。

④ 減価償却費

通常は「利益（損失）の額＝現金の増加（減少）額」となりますが、第１章でも解説した

とおり、減価償却費については、資産の取得の際には実際の現金の流出が発生するものの、その後の減価償却費計上の際には現金の流出が発生していません（このような現金の支出を伴わない費用または収益のことを**非資金損益**といいます）。このため、キャッシュ・フローの算定において、減価償却費は利益に加算して調整することになります。

また、減価償却費以外の非資金損益が確定申告書、決算書等に含まれている場合、その他調整が必要と考えられる事項がある場合には、調整を実施します。

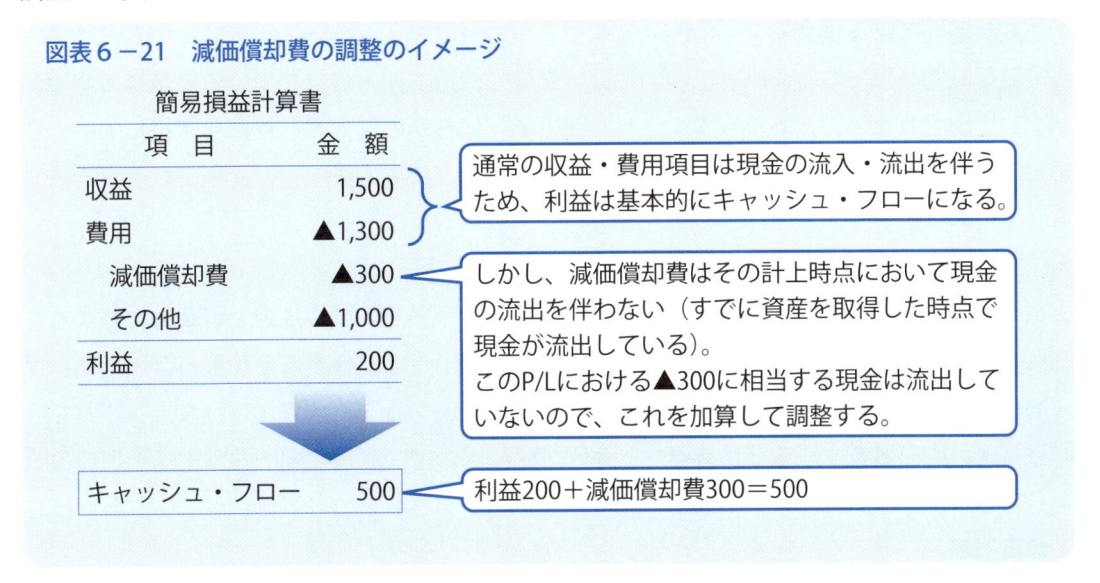

**図表6－21　減価償却費の調整のイメージ**

簡易損益計算書

| 項　目 | 金　額 |
|---|---|
| 収益 | 1,500 |
| 費用 | ▲1,300 |
| 　減価償却費 | ▲300 |
| 　その他 | ▲1,000 |
| 利益 | 200 |
| キャッシュ・フロー | 500 |

通常の収益・費用項目は現金の流入・流出を伴うため、利益は基本的にキャッシュ・フローになる。

しかし、減価償却費はその計上時点において現金の流出を伴わない（すでに資産を取得した時点で現金が流出している）。
このP/Lにおける▲300に相当する現金は流出していないので、これを加算して調整する。

利益200＋減価償却費300＝500

⑤　住宅ローン約定返済額（年額）

要償還債務の算定にあたり、借入金等から住宅ローン残債額を控除する場合には、キャッシュ・フローの金額の算定にあたり、住宅ローン約定返済額（年額）もあわせて控除する必要があります。

## 将来の正常なキャッシュ・フローの見積り

将来の正常なキャッシュ・フローの見積りとは、債務者が将来獲得するキャッシュ・フローの正しい金額を推定することをいいます。正常なキャッシュ・フローの見積りにあたっては、債務者の過去の所得等を基礎としますが、過去の所得等を無条件にそのまま用いるのではなく、当該債務者の状況に応じて、将来継続的に獲得することのできるキャッシュ・フローを合理的に見積る必要があります。

具体的には、①業況が安定している場合、②業況の変動が激しい場合、③減益基調である場合、④増益基調である場合のそれぞれについて以下のように見積ることが考えられます。

① 業況が安定している場合

売上等が順調に推移していて、債務者の業況が安定している場合には、明らかに今後業績に大きな影響を与える事象等が識別されていない限り、今後も継続してこれまでと同水準のキャッシュ・フローが獲得されるものと推定できるため、直近1期、または直近2期の実績からキャッシュ・フローの金額を算定することが考えられます。

② 業況の変動が激しい場合

　例えば農業に代表されるように、天候や災害、病害虫などの自然条件の影響により毎期の収益性（利益または所得）が不安定である、すなわち毎期の業績の変動が激しい業種においては、必ずしも直近2期の実績だけでは債務者の将来のキャッシュ・フローを推定する基礎データとして十分でないケースもあり得ます。そのような場合には直近3期等の2期以上の過去実績から将来キャッシュ・フローを推定することが考えられます。

③ 減益基調である場合

　業績が減益基調である債務者については、単純に直近2期平均値を用いると業績の基調が適切に反映されないことになります。したがって、何らかの形で減益基調を実績に加味することや、直近1期のみの実績を用いることなどにより、将来のキャッシュ・フローを推定する必要があります。

④ 増益基調である場合

　業績が増益基調にある債務者については、何らかの形でその増益基調を実績に加味することも考えられますが、必ずしも当期の業績水準が継続または上昇するとは限らないため、保守的に直近2期平均等で将来キャッシュ・フローを推定することが考えられます。ただし、増益基調が当面継続することが合理的に疎明できる場合は、直近1期のみの実績を用いることもできます。

●事例●

　債務者の業況について①業況が安定している場合、②業況の変動が激しい場合、③減益基調である場合、④増益基調である場合のそれぞれについて、キャッシュ・フローを求めてください。

① 業況が安定している場合

（単位：千円）

|  | 前々期 | 前　期 | 当　期 |
|---|---|---|---|
| 所得金額（A） | 7,500 | 6,000 | 7,000 |
| 家計費（B） | 2,400 | 2,400 | 2,400 |
| 税金支払額（C） | 1,600 | 1,200 | 1,400 |
| 減価償却費（D） | 3,000 | 3,000 | 3,000 |
| 住宅ローン約定返済額（E） | 1,200 | 1,200 | 1,200 |
| キャッシュ・フロー（A－B－C＋D－E） | 5,300 | 4,200 | 5,000 |

　当債務者の場合、所得金額は、前々期7,500千円、前期6,000千円、当期7,000千円と比較的安定して推移しており、業況は安定しているものと判断できます。今後業績に大きな影響を与える事象等が識別されていなければ、キャッシュ・フローの金額は当期の実績値のみで求めるか、直近2期の平均値から求めます。

　　<u>キャッシュ・フロー　＝　5,000千円（当期実績値）</u>

　　もしくは、<u>キャッシュ・フロー　＝　(4,200千円＋5,000千円)÷2　＝　4,600千円</u>

② 業況の変動が激しい場合

(単位：千円)

|  | 前々期 | 前期 | 当期 |
|---|---|---|---|
| 所得金額（A） | 14,000 | 2,000 | 7,000 |
| 家計費（B） | 2,400 | 2,400 | 2,400 |
| 税金支払額（C） | 2,800 | 40 | 1,400 |
| 減価償却費（D） | 3,000 | 3,000 | 3,000 |
| 住宅ローン約定返済額（E） | 1,200 | 1,200 | 1,200 |
| キャッシュ・フロー（A－B－C+D－E） | 10,600 | 1,360 | 5,000 |

　当債務者の場合、所得金額は、前々期14,000千円、前期2,000千円、当期7,000千円と大幅に変動しており、業況の変動が激しいと判断できます。したがって、当期または前期の業績だけでは将来キャッシュ・フローの推定のためのデータとして必ずしも十分ではないと考えられるため、キャッシュ・フローの金額は当期、前期、前々期の3期平均で求めます。

　<u>キャッシュ・フロー　＝　（10,600千円＋1,360千円＋5,000千円）÷3　＝　5,653千円</u>

③ 減益基調である場合

(単位：千円)

|  | 前々期 | 前期 | 当期 |
|---|---|---|---|
| 所得金額（A） | 14,000 | 10,000 | 7,000 |
| 家計費（B） | 2,400 | 2,400 | 2,400 |
| 税金支払額（C） | 2,800 | 2,000 | 1,400 |
| 減価償却費（D） | 3,000 | 3,000 | 3,000 |
| 住宅ローン約定返済額（E） | 1,200 | 1,200 | 1,200 |
| キャッシュ・フロー（A－B－C+D－E） | 10,600 | 7,400 | 5,000 |

　当債務者の場合、所得金額は、前々期14,000千円、前期10,000千円、当期7,000千円と下方に推移しており、業況は減益基調にあります。業況の回復が特段見込まれている状況でない場合に前期および前々期の業績を将来キャッシュ・フローの推定データとして加味してしまうと、減益基調という債務者の実態が反映されにくくなります。そこで、キャッシュ・フローの金額は当期のみの実績から求めます。

　<u>キャッシュ・フロー　＝　5,000千円（当期実績値）</u>

④ 増益基調である場合

(単位：千円)

|  | 前々期 | 前期 | 当期 |
|---|---|---|---|
| 所得金額（A） | 4,000 | 5,500 | 7,000 |
| 家計費（B） | 2,400 | 2,400 | 2,400 |
| 税金支払額（C） | 800 | 1,100 | 1,400 |
| 減価償却費（D） | 3,000 | 3,000 | 3,000 |
| 住宅ローン約定返済額（E） | 1,200 | 1,200 | 1,200 |
| キャッシュ・フロー（A－B－C+D－E） | 2,600 | 3,800 | 5,000 |

当債務者の場合、所得金額は、前々期4,000千円、前期5,500千円、当期7,000千円と上方に推移しており、業況は増益基調にあります。前期および前々期の業績を将来キャッシュ・フローの推定データとして加味してしまうと、増益基調という債務者の実態が反映されにくくなるため、当期のみの実績からキャッシュ・フローを算定することが考えられます。しかし、当期の業績水準が来期以降も継続または上昇する合理的な理由が特段把握されていなければ、キャッシュ・フローは保守的に直近2期の平均値から求めます。

　　キャッシュ・フロー　＝（3,800千円＋5,000千円）÷2　＝　4,400千円

## 債務償還能力の判定

　債務償還能力の判定は、資金使途に鑑みて「将来、安定（継続）して事業活動からキャッシュ・フローを得られる期間以内に、要償還債務を返済することができるか」を判定することであり、債務償還年数は債務償還能力を判定するための指標となります。

　したがって、算定された債務償還年数が、資金使途から想定される返済期間と比較してその期間以内と判断できるのであれば償還能力に問題のない水準として正常先、その期間を超過していると考えられるのであれば今後の管理に注意を要するものとして要注意先、さらに、その期間を大幅に超過していると考えられるのであれば、貸出金の回収に重大な懸念が生じているものとして破綻懸念先以下と判断することになります。

　資金使途から想定される返済期間には、①貸出金の対象である主な施設の残存耐用年数や②貸出金の残存融資期間等が考えられます。

**図表6−22　債務償還年数と債務者区分**

| 状　況 | 推定される債務者区分 |
|---|---|
| 債務償還年数が資金使途から想定される返済期間以内 | 正常先 |
| 債務償還年数が資金使途から想定される返済期間を超える | 要注意先 |
| 債務償還年数が資金使途から想定される返済期間を大幅に超える | 破綻懸念先以下 |

　例えば、債務者Aさんに資金を貸し出しており、資金使途が賃貸不動産の建設資金であるとします。当該賃貸不動産の残存耐用年数が25年である場合、算定された債務償還年数が10年であれば、想定される返済期間である25年の範囲内であるため、ほかに特段の問題がなければAさんの債務者区分は正常先と推定されます。一方、算定された債務償還年数が30年であれば、想定される返済期間である25年を超えているため、Aさんの債務者区分は要注意先以下と推定されます。

# 第8節　実質債務超過解消年数

> **Key Message**
> 実質債務超過でも、その程度や解消の可能性などによって債務者区分は異なります

## 実質債務超過とは

　実態的な財務内容に基づいて算定された実質自己資本がマイナスとなる場合、つまり、回収不能な売上債権や不良在庫、不動産の含み損、その他資産性・換金価値のない資産を把握するなど、債務者の資産内容を精査した結果、その資産価値の毀損部分を控除した資産の総額が負債総額を下回った状態に陥っている場合、このことを実質債務超過といいます。

　実質債務超過は、すべての資産をもってしても負債を賄いきれていない状態にあるということです。そのため、貸出金等の回収可能性の観点から重大な懸念が生じているといえ、さらに資金調達余力も低下している状態にあると考えられるため、事業の継続性に疑義が生じている可能性が高いといえます。

図表6-23　実質債務超過のイメージ

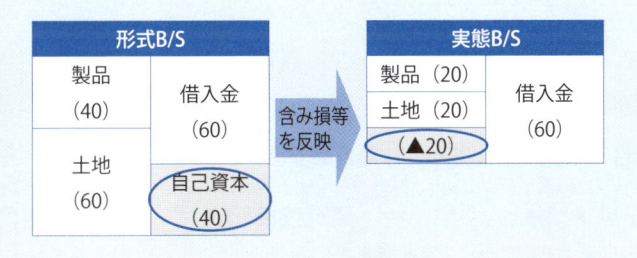

| 形式B/S | | | 実態B/S | |
|---|---|---|---|---|
| 製品(40) | 借入金(60) | 含み損等を反映→ | 製品(20)<br>土地(20)<br>(▲20) | 借入金(60) |
| 土地(60) | 自己資本(40) | | | |

## 実質債務超過の場合の債務者区分の考え方

　実質債務超過の場合、原則として債務者区分は正常先や要注意先ではなく、破綻懸念先と考えることが必要となります。また、大幅な実質債務超過の状態に相当期間陥っており、再建の見通しがない状況にある場合は、実質破綻先となります。

　もっとも、実質債務超過であっても、経営破綻に陥る可能性が大きいとまで認められない場合は破綻懸念先とする必要はなく、要注意先にとどめることもあり得ます。また、大幅な債務超過に陥っていても、再建の見通しがある場合は実質破綻先とする必要はありません。要するに、実質債務超過と債務者区分の関係は、実質債務超過が継続した期間というよりは、実質債務超過の程度や、今後、経営破綻に陥る可能性の大小、キャッシュ・フローによる債務償還能力の判定等を総合的に勘案して判断しなければなりません。

また、個人事業主の場合には、確定申告書に添付された貸借対照表のみでは財政状態を把握することができないことが多く、ＪＡの貯金データや貸出金データ、他行の借入金返済計画、固定資産課税明細書等を入手して、債務者全体の資産状況を把握することが必要です。

## 実質債務超過となっている原因の把握・分析

　実質債務超過の場合、その原因の把握・分析を行うことが重要です。例えば、農業を本業とする債務者の場合、保有する田畑等の固定資産税評価額が下落したことで債務超過となったのであれば、事業自体が堅調に推移している限り、債務の償還に特段懸念は生じません。また、個人の住宅ローンや賃貸住宅資金で、融資対象物件の価値が下落したことで債務超過となった場合も、それだけをもって返済に懸念が生じるわけではありません。

　このように、実質債務超過に陥った経緯や要因からみて、それが経営を圧迫するものでなければ、実質債務超過は単なる外形的要因に過ぎず、それのみをもって回収に懸念があると判断できるものではありません。したがって、キャッシュ・フローによる債務償還能力など他の要素との総合判断により正常先とすることも考えられます。

## 実質債務超過の解消

　債務者が経営難の状態にあり、事業を継続しているものの、業況が著しく低調で赤字の計上等により実質債務超過の状態に陥っている場合は、今後、経営破綻に陥る可能性が高いことが想定されます。しかしながら、業況の回復や経営改善計画等の作成・実行を通じて業績の回復が図られ、黒字を計上することで実質債務超過を解消することができる場合もあります。

　したがって、実質債務超過の場合、現在の実質債務超過額が将来の利益によって今後何年程度で解消されるかを算定し、その解消見込期間によって債務者区分を判断することになります。実質債務超過の解消見込期間の計算式は、次のとおりです。

　　実質債務超過の解消見込期間　＝　実質債務超過額　÷　税引後の当期利益*
　　　＊税引後の当期利益の算定　（個人事業主の場合）
　　　　所得金額　－　家計費（生活費）　－　税金支払額（所得税）

　上記の計算式で求められる実質債務超過の解消見込期間の程度に応じて、債務者区分が推定されます。一般的には、次のとおり債務者区分が推定されます。

### 図表６−24　実質債務超過の解消に係る債務者区分判定

| 実質債務超過の解消見込期間 | 推定される債務者区分 |
|---|---|
| 翌期の解消が確実 | 正常先* |
| 短期間で解消が可能 | 要注意先 |
| 解消不能<br>解消に長期間を要する | 破綻懸念先 |

＊業況の回復等により、実質債務超過の解消が確実で、その後も実質債務超過に陥る懸念がない場合に限る

# 第9節 担保評価

> **Key Message**
> 組合員とのコミュニケーションのためには不動産評価の概要も理解する必要があります

## 不動産担保の評価方法を理解する必要性

　融資判断で重要な要素の１つは担保評価額です。近年では貸出にあたり、担保主義から脱却し他の要素も総合的に勘案する方向にありますが、依然として担保評価額は重要な要素となっています。これは、担保の存在が直接に貸出金の回収可能性に影響することと、他の審査要素に比べて金額により客観的・定量的に把握できるためです。

　近年、多くの金融機関で担保評価の事務コストを低減させるため、担保評価のシステム化が進められ、必要となる担保物件情報を入力すると、金融機関のルールに基づいた担保評価額が算出されるようになっています。ＪＡグループでもシステムの導入が進められている状況にあります。

　しかし、システムが導入されたとしても、組合員と融資実行の可否やその後の経営状況についてコミュニケーションをとる場面において、担保評価額の根拠を説明できなければ、組合員の信頼を獲得・維持することは難しいといえます。

## 公的な土地の価格

　具体的な担保評価方法の前に、日本における公的な土地の価格の種類について簡単に解説します。

① 公示価格

　公示価格は、国土交通省が毎年１月１日時点における全国の標準地の価格を調査・公示するものです。公示価格は、一般の取引における参考指標、不動産鑑定士における鑑定評価の規準などにすることが目的となります。

② 基準地価格

　基準地価格は、都道府県知事が毎年７月１日時点における都道府県下の基準地の標準価格を調査・公表するものです。公示価格とあわせて一般の取引における参考指標とすることを目的としています。

③ 路線価

　路線価は、国税庁が毎年１月１日時点における路線ごとの価格を調査し公表するものです。路線価は相続税や贈与税の計算基礎とすることを目的としています。なお、路線価は公

示価格の80％程度となる点に特徴があります。

④　固定資産税評価額

　固定資産税評価額は、市町村町が基準年の１月１日時点における不動産の価格を示すものです。価格の見直しは原則として３年に１度行われます。固定資産税評価額は固定資産税や都市計画税などの計算基礎とすることを目的としています。なお、固定資産税評価額は公示価格の70％程度となる点に特徴があります。

図表６－25　公的な土地の価格の種類

|  | 公示価格 | 基準地価格 | 路線価 | 固定資産税評価額 |
| --- | --- | --- | --- | --- |
| 価格決定者 | 国土交通省 | 都道府県 | 国税庁 | 市町村 |
| 価格時点 | 毎年１月１日 | 毎年７月１日 | 毎年１月１日 | 基準年の１月１日 |
| 目的 | 取引指標<br>不動産鑑定評価の規準　など | 取引指標 | 相続税、贈与税の計算基礎 | 固定資産税等の計算基礎 |
| 特徴 | － | 公示価格と同水準 | 公示価格の80％程度 | 公示価格の70％程度 |

## 担保評価方法の種類

　担保評価方法の種類は大きく①路線価に基づく方法、②固定資産税評価額に基づく方法、③不動産鑑定評価基準に基づく方法に分けられます。ＪＡにおける実務では事務負担も勘案し、土地については①の路線価に基づく方法が、建物については②の固定資産税評価額に基づく方法が用いられると考えられます。

① 路線価に基づく担保評価

　担保物件である土地が接する道路に付されている路線価を用いて担保物件を評価する方法です。具体的な路線価の読み取り方、計算例は後述します。

　また、路線価が定められていない地域も存在し、その場合には路線価が記載された「財産評価基準書」に定められた倍率を固定資産税評価額に乗ずることで担保物件評価の基礎とします。これを倍率方式といいます。

　ちなみに公示価格、基準値価格は評価対象地の土地単価が示されているだけであり、担保物件が評価対象地の近くであれば活用できますが、通常は離れていますので路線価を使用することになります。

② 固定資産税評価額に基づく担保評価

　担保物件である建物について、固定資産税評価額を用いて評価する方法です。

　また、固定資産税評価額に基づく方法以外に再調達原価や取得原価に基づく方法ありますが、いずれも使用年数が経過することによって評価額が減少する点は一致します。

③ 不動産鑑定評価基準に基づく担保評価

　不動産鑑定評価基準とは、不動産鑑定士が不動産の鑑定評価を行う際に参照する基準で、

土地、建物を合わせて評価することもあります。専門家として評価を行うことから、その精度は高く、複雑な担保物件や金額的に重要性の高い担保物件について不動産鑑定士に鑑定評価の依頼をすることが多くなります。

　不動産鑑定評価基準では主として3つの評価基準を列挙しており、不動産の種類に応じて複数を組み合わせて鑑定評価を行うこととされています。一般的に価格には**費用性、市場性、収益性**の3つの側面があるといわれています。3つの手法はこれら3つの側面からみた評価手法である点に特徴があります。

・原価法

　原価法とは、不動産の再調達原価を求め、建物については減価修正を行って価格を求める手法をいいます。原価法は、不動産の費用面に着目した手法であるといわれています。

・取引事例比較法

　取引事例比較法とは、多数の取引事例を収集し、必要に応じてその不動産が存在する地域、その不動産の個別事情を勘案して補正を行うことで価格を求める手法をいいます。取引事例比較法は、不動産の市場性に着目した手法であるといわれています。

・収益還元法

　収益還元法は、不動産が将来生み出すであろうキャッシュ・フローの割引現在価値の総和を求めることで価格を求める手法をいいます。収益還元法は、不動産の収益性に着目した手法であるといわれています。

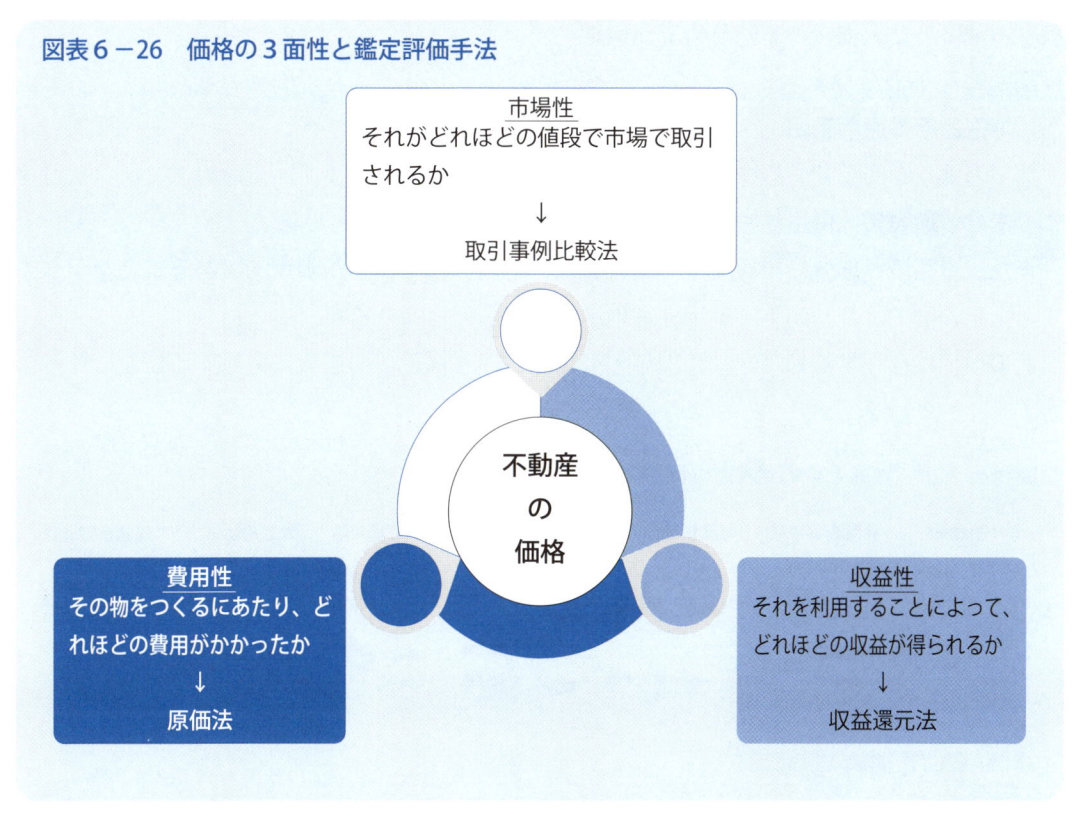

**図表6-26　価格の3面性と鑑定評価手法**

市場性
それがどれほどの値段で市場で取引されるか
↓
取引事例比較法

不動産の価格

費用性
その物をつくるにあたり、どれほどの費用がかかったか
↓
原価法

収益性
それを利用することによって、どれほどの収益が得られるか
↓
収益還元法

## 路線価の見方

　路線価は国税庁のウェブサイトから誰でも見ることができます。路線価を確認するには路線価図を読み解く必要があります。

① 路線価

　路線価図の道路には図表6－27のようなマークが付されています。真ん中の数字は千円単位で、この道路に面する土地の1㎡当たりの土地単価を示します。この場合は1㎡当たり38万円となります。

図表6－27　路線価

（出典）国税庁「路線価図の説明」

② 借地権割合

　数字の右にあるアルファベットは、借地権割合を示します。借地権割合とは、土地に借地権が設定されている場合、更地価格にこれを乗じることで借地権の価格を求めるための割合です。

　図表6－28の借地権割合早見表を用いて借地権割合を把握します。上記の例では数字の隣にCと記載されているので、借地権割合は70％となります。

図表6－28　借地権割合早見表

| 記号 | 借地権割合 | 記号 | 借地権割合 |
|---|---|---|---|
| A | 90％ | E | 50％ |
| B | 80％ | F | 40％ |
| C | 70％ | G | 30％ |
| D | 60％ |  |  |

③ 地区とその適用範囲

　数字の周りを囲んでいる枠の形は、その不動産の地区を表します。上記の例であれば丸ですので、普通商業・併用住宅地区ということになります。

　また、道路境界部分に模様がある場合には、地区を示す範囲が限定的であることを示します。上記の例では普通商業・併用住宅地区の道路沿いとなります。

　どの地区に存在するのかは、路線価の計算における補正率の選択に影響することになります。

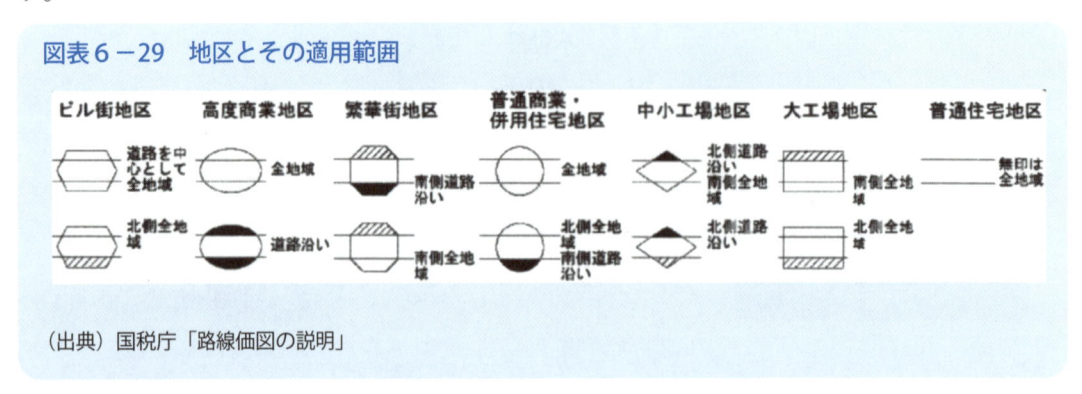

図表6－29　地区とその適用範囲

（出典）国税庁「路線価図の説明」

第9節　担保評価

figure 6-30　路線価図の見方

（出典）国税庁「路線価図の説明」

## 路線価の計算方法

### ① 補正の必要性

路線価をそのまま土地面積に乗じただけでは、土地の路線価評価額を求めることはできません。例えば次の図表の標準的な土地と標準的でない土地の場合、ともに路線価は同じ、面積も同じですが形状が異なります。その結果、形のよい標準的な土地に高い値段がつけられることが予想されます。このような不均衡を解消するため、補正が必要になります。

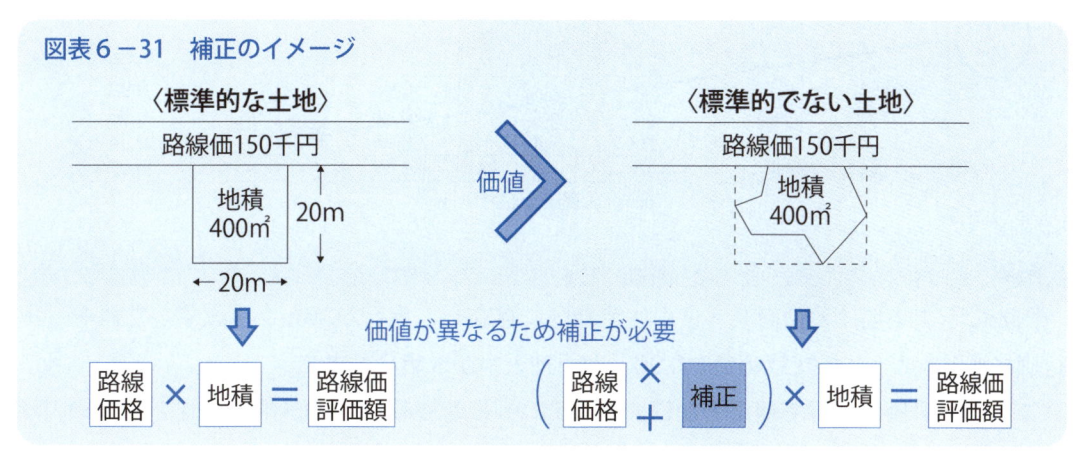

図表6-31　補正のイメージ

〈標準的な土地〉
路線価150千円
地積400㎡　20m　←20m→

価値 >

〈標準的でない土地〉
路線価150千円
地積400㎡

価値が異なるため補正が必要

路線価格 × 地積 ＝ 路線価評価額

（路線価格 × ＋ 補正）× 地積 ＝ 路線価評価額

② 補正の種類

　路線価の補正は、着眼点別に複数あり、補正の種類ごとに補正率表が設けられています。補正の計算式も補正の種類によって異なります。国税庁の財産評価基準書に詳細が記載されていますので、適宜参照してみてください。

図表6-32　補正の種類

| 着眼点 | 補正名 | 内容 |
| --- | --- | --- |
| 奥行きの長さ | 奥行価格補正 | 奥行きが長い場合に補正 |
| 接道状況 | 側方路線影響加算 | 角地の場合に補正 |
| | 二方路線影響加算 | 前後で道路に面している場合に補正 |
| | 三方または四方路線影響加算 | 三ないし四方で道路に面している場合に補正 |
| 形状 | 間口狭小 | 道路に面している長さが短い場合に補正 |
| | 奥行長大 | 間口と奥行きのバランスが悪い場合に補正 |
| | がけ地 | がけがある場合に補正 |
| | 不整形地 | 形が悪い場合に補正 |
| | 無道路地 | 道路に面していない場合に補正 |
| その他の要因 | 借地権・底地 | 借地権が設定されている場合に補正 |
| | 高圧線下の宅地 | 高圧線がある場合に補正 |
| | 都市計画施設予定地 | 都市計画施設が計画されている場合に補正 |
| | 大規模工業地の評価 | 大規模な工業地の場合に補正 |

事例として、奥行価格補正を解説します。

●事例●

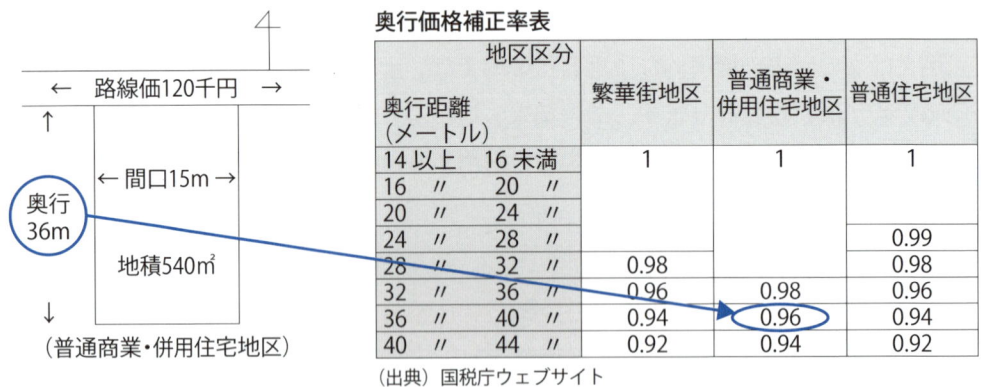

　路線価120千円
　間口15m
　奥行36m
　地積540㎡
　（普通商業・併用住宅地区）

奥行価格補正率表

| 地区区分<br>奥行距離<br>（メートル） | 繁華街地区 | 普通商業・併用住宅地区 | 普通住宅地区 |
| --- | --- | --- | --- |
| 14以上　16未満 | 1 | 1 | 1 |
| 16　〃　　20　〃 | | | |
| 20　〃　　24　〃 | | | |
| 24　〃　　28　〃 | | | 0.99 |
| 28　〃　　32　〃 | 0.98 | | 0.98 |
| 32　〃　　36　〃 | 0.96 | 0.98 | 0.96 |
| 36　〃　　40　〃 | 0.94 | 0.96 | 0.94 |
| 40　〃　　44　〃 | 0.92 | 0.94 | 0.92 |

（出典）国税庁ウェブサイト

解説
　図表に示す土地は普通商業・併用住宅地区に存在し、奥行が36mあります。これを「奥行価格補正率表」にあてはめると0.96という補正率が求められます。
　これを路線価に乗じて補正をかけ、地積540㎡を乗じると路線価評価額62,208,000円が

176

求められます。

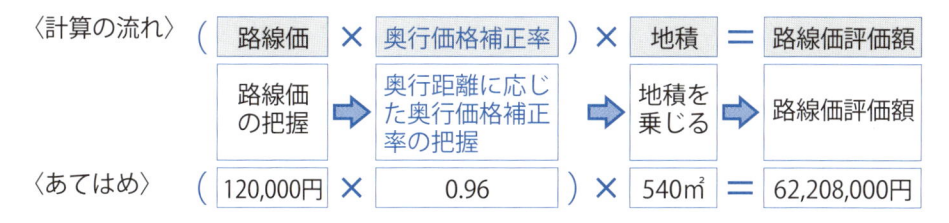

〈計算の流れ〉（ 路線価 × 奥行価格補正率 ）× 地積 ＝ 路線価評価額

路線価の把握 ➡ 奥行距離に応じた奥行価格補正率の把握 ➡ 地積を乗じる ➡ 路線価評価額

〈あてはめ〉 （ 120,000円 × 0.96 ）× 540㎡ ＝ 62,208,000円

## 収益還元法の計算方法

　不動産鑑定評価基準にある収益還元法は不動産の収益性に着目した評価手法です。このため、とくに賃貸物件などの投資目的の不動産を評価するには有効な評価手法といわれています。実際、不動産会社における不動産購入の際には、ほとんどが収益還元法を用いて検討がなされています。系統金融検査マニュアルでも、賃貸ビル等の収益不動産については原則として収益還元法に基づく評価を行うことを求めています。

　ＪＡにおいては、とくに賃貸用不動産の担保評価で有用と考えられることから、収益還元法の計算方法の概要を解説します。

　収益還元法は、不動産が将来生み出すであろうキャッシュ・フローの割引現在価値の総和をもって価格を求める手法です。この将来キャッシュ・フローの割引現在価値の総和を求める方法には２種類あります。１つは直接還元法、もう１つはＤＣＦ法（ディスカウントキャッシュフロー法）です。これらの方法には一長一短があります。

① **直接還元法**

　直接還元法とは、不動産から生じる単年の利益を還元利回りで除することで、将来キャッシュ・フローの割引現在価値の総和を求める方法です。

　必要となる情報は、年間の収益見込み、費用見込み、還元利回りの３つだけですので、事務負担が軽くなります。一方で、この３つの数字が少しぶれただけで大きく結果が異なるため、計算が不正確になりやすいという短所があります。

**図表６－33　直接還元法の計算式**

〈直接還元法〉
一期間の純収益を還元利回りによって還元する方法
長所：計算が簡便　　　短所：評価結果が精緻でない

$$\frac{１年間の総収益 － １年間の総費用}{還元利回り} ＝ 不動産価格（土地＋建物）$$

② **ＤＣＦ法**

　不動産の収益、費用を複数年（通常は10年程度）見積もり、これらをそれぞれ割り引くことで将来キャッシュ・フローの割引現在価値の総和を求める方法です。

ＤＣＦ法は複数年にわたり収益と費用を見積もるため、計算結果が直接還元法に比べて精緻になりやすいといわれています。一方で、複数年の収益・費用の見積もりには多大な事務負担がかかることになります。

**図表６－34　ＤＣＦ法の計算式**

〈ＤＣＦ法〉
連続する複数の期間に発生する純収益及び復帰価格を、その発生時期に応じて現在価値に割り引き、それぞれを合計する方法

長所：評価結果が精緻　　短所：計算が煩雑

$$\frac{1年目の総収益 - 1年目の総費用}{(1+割引率)} + \frac{2年目の総収益 - 2年目の総費用}{(1+割引率)^2} + \frac{3年目の総収益 - 3年目の総費用}{(1+割引率)^3} \cdots$$

$$\cdots + \frac{復帰価格}{(1+割引率)^n} = 不動産価格（土地＋建物）$$

n：保有期間
復帰価格：保有期間満了時の不動産価格

（出典）国土交通省「不動産鑑定評価基準書　第７章第１節　収益還元法」をもとにトーマツ作成

## 担保評価と決算書

　これまで解説してきたように、不動産担保評価は路線価や固定資産税評価、不動産鑑定評価に基づいて行われるため、債務者の決算書や確定申告書とは直接的には関係しません。しかし、例えば土地を担保とした場合に、当該土地が貸借対照表に計上されているものかどうかといった観点や、決算書等に計上されている価額と不動産担保評価と大きな乖離がないかといった観点から、不動産担保評価と決算書等の整合性を確かめることは与信管理や自己査定において有用であると考えられます。

　一方、近年では、不動産担保への過度な依存を避けるため、ＡＢＬ（Asset Based Lending：動産担保融資）とよばれる売上債権や棚卸資産といった動産を担保にした貸出金に取り組む金融機関が増加しており、その際には、決算書等を十分に分析して売上債権や棚卸資産の資産性を評価することが求められます。

# 第7章

# 経営改善への取組み

第1節　経営相談機能の必要性
第2節　経営改善計画とは
第3節　経営理念と経営目標
第4節　現状分析
第5節　経営分析フレームワーク
第6節　具体的な計画の作成と管理
第7節　債務者区分と経営改善計画
　　　　（実抜計画・合実計画）の関係
第8節　ＪＡにできる経営改善支援の具体策

# 第1節　経営相談機能の必要性

> **Key Message**
> 債務者等が抱える経営課題にＪＡは総合的に支援することが求められます

## 経営相談機能とは

「経営相談機能」とは、コンサルティング機能ともよばれ、債務者等の経営課題を把握・分析したうえで、解決するための方策を提案・実行する取組みをいい、金融機関が果たすべき重要な役割の１つです。

債務者等との日常的・継続的なコミュニケーションを通じて、経営目標や課題を見定め、これを実現・解決するために債務者等の主体的な取組みを促すとともに、現状分析の支援や解決方法の提案、経営改善計画の作成支援、技術開発支援・販路獲得支援・資金的支援等の具体的な支援、解決策の進捗管理の支援などを行います。

**図表７－１　経営相談機能のイメージ**

経営目標の見定め → 現状分析支援 → 解決策立案提案 → 経営改善計画作成支援 → 資金的支援等の実行 → 進捗管理

債務者等との日常的・継続的なコミュニケーションを通じた相談・支援

## 金融機関に経営相談機能が求められる理由

金融機関の業務の基本は、資金の余っている預貯金者から資金を集め（資金の調達）、資金を必要とする債務者等に貸し出す（資金の運用）ことです。これを「金融仲介機能」といい、金融機関の存在により、社会経済の資金が円滑に循環することになります。

このことから、金融機関には、債務者等の状況をきめ細かく把握し、関係する他の金融機関などとも十分に連携しながら、融資の円滑な実行や貸出条件の変更等に努め、地域経済の活性化や地域における金融の円滑化などについて、適切かつ積極的に取り組む責任があります。

また、このような観点から、金融機関は、資金供給者としての役割のみならず、経営相談機能の発揮を通じて、債務者等の経営改善に向けた取組みを支援する役割が求められます。

なお、経営相談機能の具体的な内容は、一律・画一的な対応が求められるものではなく、

各金融機関において、自らの規模や特性、債務者等のニーズ等を踏まえて弾力的に取り組む必要があります。

## ＪＡが果たすべき経営相談機能とは

　ＪＡは金融機関であることから、経営相談機能を発揮することは当然に求められます。これは金融庁と農林水産省が定める「系統金融機関向けの総合的な監督指針」にも明示されています。

　しかし、それ以前に、ＪＡは、組合員の経済的社会的地位の向上を図ることを目的として設立される協同組合組織であることから、組合員が抱える課題に対して総合力をもって解決の支援をすることは当然の使命であるといえます。

　ＪＡ全国大会決議においても、ＪＡグループのめざす10年後の姿として「消費者の信頼にこたえ、安全で安心な国産農畜産物を持続的・安定的に供給できる地域農業を支え、農業所得の向上を支える姿」「総合事業を通じて地域のライフラインの一翼を担い、協同の力で豊かで暮らしやすい地域社会の実現に貢献している姿」「次世代とともに、『食と農を基軸として地域に根ざした協同組合』として、存立している姿」を掲げており、その実現に向け次の図表の３つの戦略を展開するとしています。

**図表７－２　ＪＡのめざす10年後の姿**

| | |
|---|---|
| 地域農業戦略 | 「地域営農ビジョン」・「ＪＡ生産販売戦略」・「新たな担い手づくりと農地のフル活用」等により、農業生産の拡大、農家組合員の所得向上、農を通じた豊かな地域づくりをめざすもの |
| 地域くらし戦略 | 支店等を拠点に、組合員・地域住民のくらしのニーズにこたえ、ＪＡくらしの活動・ＪＡ事業を通じて地域コミュニティの活性化をめざすもの |
| 経営基盤戦略 | 地域に即した組合員・利用者目線の事業・活動を行い、組合員拡大、資本・財務強化、事業伸長等をめざすもの |

（出典）ＪＡ全中ウェブサイト「第26回ＪＡ全国大会決議（全体像）」

　これらの戦略に共通する、組合員に対する総合的な相談・支援を実践する１つの方法が、組合員に対する経営相談機能の発揮であるといえます。

　とくに、大規模化・多角化、また法人化する農家組合員が増加するなかで、個々の農家組合員が農業経営力の強化を図る必要があり、今後、ＪＡは農業技術指導や販売先拡大の支援だけでなく、経営分析やそれに基づく事業提案、経営管理の高度化を支援することが求められるようになると考えられます。

　次の図表は、「農業所得最大化」というＪＡグループが掲げる基本目標と３つの具体的な目標、それを達成するために解決すべき主な課題を要約したものです。農家組合員の経営力の強化が具体的な目標の１つとして位置づけられていることがわかります。

fig表7-3　農業所得の最大化への目標と主な課題

| 目標 | 農業所得の最大化 |||
|---|---|---|---|
|  | 収益性向上・安定化 | コスト削減・省力化 | 経営力の強化 |
| 課題 | ・大型化する小売等との取引関係の強化<br>・拡大する加工・業務用需要の輸入品からのシェア奪還<br>・需給の影響の大きい市場流通主力からの転換<br>・担い手の事業拡大リスクの負担軽減<br>・付加価値拡大に向けた消費者への直販ニーズの高まり<br>・輸出拡大による需要開拓 | ・規模拡大と農地の作付け維持、拡大<br>・規模拡大に必要な労力・機械・投資のバックアップ<br>・施設再編等による物流コスト低減 | ・担い手の規模拡大・多角化に対応した経営管理高度化<br>・担い手に対する経営分析・事業提案の拡充 |

(出典) 規制改革会議農業ワーキンググループ第14回資料（全国農業協同組合中央会提出）をもとにトーマツ作成

## 経営相談機能と決算書分析

　経営相談にあたっては、決算書等は不可欠な書類となります。

　経営課題を把握するためには、第4章で解説した、定量分析と定性分析を行うことが必要です。また、通常、経営課題を解決するためには**経営改善計画**等を作成することになりますが、経営改善計画等では、資産や負債、純資産（資本）、収益や費用といった財務数値に関する目標値を定め、それを達成するための行動計画を作成します。さらに、進捗管理においても、目標値の数値がどの程度達成できているかなど、決算書等の数値の確認を行います。

　このように、決算書等から得られる財務数値は、経営改善計画には必須の項目です。これは、決算書等から得られる財務数値が、定性情報と比べて把握・管理しやすく、債務者等との協議や金融機関内での意思決定に際して、客観的な指標となる性質をもっているためだといえます。

## 第2節　経営改善計画とは

> **Key Message**
> 経営改善計画を作成する目的を明確にする必要があります

### 経営改善計画作成の目的

　債務者等が経営改善計画を作成する目的は、金融機関に債務の返済猶予等を依頼する場合や、事業承継を前提に後継者等とともに経営改善に取り組む場合など、さまざまです。

　経営改善計画の作成にあたっては、作成する目的を明確にする必要がありますが、ＪＡなどの金融機関が深く関与する経営改善計画作成の場面の多くは、債務者の経営不振により、債務の返済猶予等を受けることが目的であると考えられます。

　なお、経営改善計画を作成するにあたり、個人事業主や中小零細な法人の代表者が自ら率先して作成する場合もありますが、税理士、中小企業診断士等といった専門家に相談しながら作成することが一般的です。

　また、公的な支援機関として、専門知識や実務経験が一定レベル以上の者を国が経営革新等支援機関（認定支援機関）に認定する制度があり、認定支援機関を活用して経営改善計画を作成した場合には、一定の要件を満たすことで補助金等を得ることができます。具体的には、商工会や商工会議所など中小企業支援者のほか、金融機関、税理士、公認会計士、弁護士等が主な認定支援機関として認定されており、中小企業庁および各地方の経済産業局が認定支援機関を公表しています。

### 経営改善計画の構成

　経営改善計画には定められた様式はありません。次の図表に記載しているような「債務者概況表」や「資金実績表」「計数計画・具体的な施策」など多くの項目から、債務者等が主体的に取り組むことができるよう、必要な項目を選択して作成し、それらの項目の組み合わせを総称して経営改善計画といいます。

図表７－４　経営改善計画の構成例

| 項　目 | 内　容 |
|---|---|
| 債務者概況表 | 企業の概要を把握するための一覧表を作成する |
| 経営改善計画の概要 | 経営改善計画の全体像を端的に要約する |
| 企業集団の状況 | 企業集団や親族と資産管理会社などの関係をわかりやすく表現する |
| ビジネスモデル俯瞰図 | 得意先・仕入先・外注先の取引関係をわかりやすく表現する |

| 経営環境の分析 | 外部環境と内部環境を分析したうえで、窮境要因を特定する |
|---|---|
| 資金実績表 | 向こう3ヵ月から6ヵ月程度の資金繰りの見通しを示す |
| 計数計画・具体的な施策 | 窮境要因に対応した改善施策を具体化する |
| 実施計画 | 施策項目ごとにスケジュールと担当者を明らかにする |
| 貸借対照表計画 | 施策と連動した整合性ある貸借対照表数値計画を作成する |
| 損益計算書計画 | 施策と連動した整合性ある損益計算書数値計画を作成する |
| キャッシュ・フロー計算書計画 | 施策と連動した整合性あるキャッシュ・フロー計算書計画を作成する |
| 資金保全状況 | 借入について保証明細や担保明細の一覧表を作成する |

(出典) 中村中著『バンクミーティング』TKC出版をもとにトーマツ作成

## 経営改善計画作成のステップ

経営改善計画を作成するにあたっては、債務者等が経営不振に陥った要因について、過去の業績推移や内外の環境分析といったさまざまな角度から究明することが必要です。そして、それらの要因をいかに乗り越えて経営の改善を図るかを検討し、経営理念および経営目標、現状分析、財務計画、具体的な行動計画まで1つの経営改善計画としてまとめます。

経営改善計画作成のステップは次の図表のとおりです。

### 図表7-5 経営改善計画作成のステップ

**経営理念の確認**
経営理念は経営における信条のような普遍的なものであり、経営改善計画作成にあたって立ち返って認識する

↓

**現状分析**
経営不振に陥った要因を分析するとともに、取り巻く内外の環境をSWOTや3Cなどの観点から分析し、課題を設定する

↓

**経営目標の設定**
経営理念と現状分析から導き出される、経営改善計画作成にあたっての目標および3年や5年といった計画の対象となる期間を定める

↓

**経営戦略の設定**
経営目標を達成するための具体的な方針である「経営戦略」を決定する

↓

**「資金計画」「貸借対照表計画」「損益計算書計画」等の具体的な数値計画の作成**
経営目標、経営戦略を数値的に管理・評価するために、財務数値等を基礎とした「資金計画」や「貸借対照表計画」「損益計算書計画」といった個別計画書を作成する

↓

**数値計画を達成するための具体的な行動計画の作成**
数値を達成するための具体的な行動を作成する

## 経営改善計画作成における実務上の留意点

　上記のステップに従って経営改善計画を作成するには、債務者等が行う事業の概要把握からはじまり、事業、財務、税務等、あらゆる分野の把握・分析、文書化、内部関係者間の協議を繰り返すなど、さまざまなプロセスを経ることが必要です。

　そこで、効率的に作成するためには、資料依頼リストの作成や協議日程の設定など、事前準備を入念に行うことがポイントです。

　経営改善はＪＡが債務者等に強いるものではなく、債務者等が自己責任のもと、主体的に取り組むべきものであり、その自助努力を最大限支援することがＪＡの使命です。

　そのため、ＪＡは債務者等と十分に協議し、債務者等自らが作成した経営改善計画について、その実践を支援することになります。

　ただし、債務者等が個人事業主や中小零細な法人である場合には、精緻な経営改善計画が作成できない場合も多いことから、その際には債務者等の実態に即してＪＡが作成・分析した資料などを債務者等と共有し、経営改善に取り組むことも必要です。

# 第3節 経営理念と経営目標

**Key Message**
経営理念・経営目標は経営改善のゴールであるため、必ず設定します

## 経営理念、経営目標と経営改善計画の関係

　第2節で解説したように、経営改善計画の作成にあたっては、まずはじめに「経営理念」と「経営目標」を明らかにする必要があります。

　「経営理念」は、企業が持続的に成長し続けるための普遍的な価値観を示し、経営の根幹を表すものです。具体的には、事業を行う個人事業主や法人代表者の「夢」や「願い」、「思い」を示し、何のために事業を行うか、存在意義を表すものです。経営理念は高尚である必要はなく、ＪＡの組合員等であれば、「家族の幸せを実現する」といったシンプルな内容になることも考えられます。

### 図表7-6　経営理念（企業理念）の例

〈京セラ〉

> 全従業員の物心両面の幸福を追求すると同時に、人類、社会の進歩発展に貢献すること。

（出典）京セラ ウェブサイト

〈全農〉

> 私たち全農グループは、生産者と消費者を安心で結ぶ懸け橋になります。
> 私たちは「安心」を3つの視点で考えます。
> 　営農と生活を支援し、元気な産地づくりに取り組みます。
> 　安全で新鮮な国産農畜産物を消費者にお届けします。
> 　地球の環境保全に積極的に取り組みます。

（出典）全国農業協同組合連合会ウェブサイト

　一方、「経営目標」は、経営理念を今後3年間や5年間といった一定時期の間に実現するために、第4節で解説する現状分析を踏まえて具体的に定められる、定量的または定性的な指標をいいます。

　通常、経営理念は変更されないのに対して、経営目標は組織の置かれた環境の変化等により弾力的に変更されます。

図表7-7　経営理念・経営目標の関係図

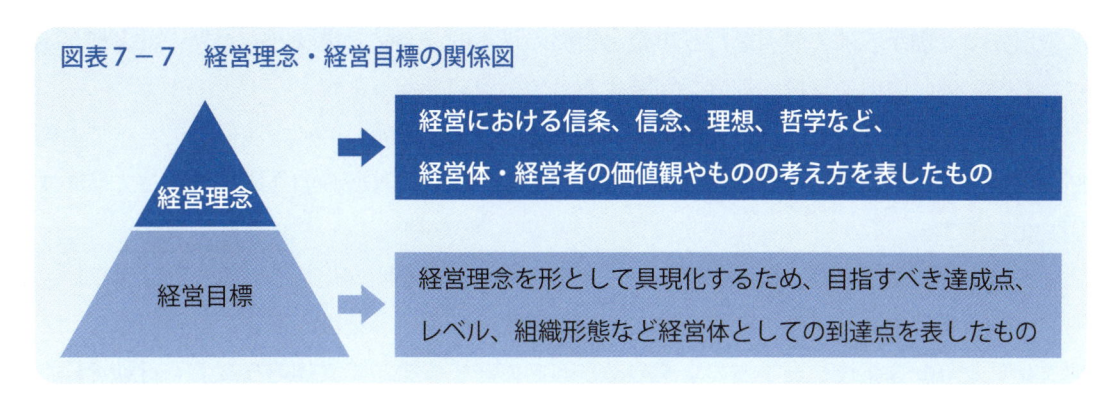

経営理念：経営における信条、信念、理想、哲学など、経営体・経営者の価値観やものの考え方を表したもの

経営目標：経営理念を形として具現化するため、目指すべき達成点、レベル、組織形態など経営体としての到達点を表したもの

　また、経営目標と現状との差（ギャップ）を**経営課題**といい、経営課題を解決する手段、すなわち経営目標を実現するための手段を**経営戦略**といいます。

　そして、経営戦略を、誰が（Who）、いつまでに（When）、どこで（Where）、何を（What）、誰に（Whom）、なぜ（Why）、どのように（How）、いくらで（How Much）、どのくらい（How Many）、といった6W3Hの観点で、債務者等が具体的に取り組むことが可能な数値や行動の個別計画に落とし込みます。

　つまり、経営改善計画の作成にあたっては、経営改善への取り組みのゴールとなる経営目標およびそのもととなる経営理念が明確に定まっている必要があります。

図表7-8　経営理念から始まる経営改善計画の全体イメージ

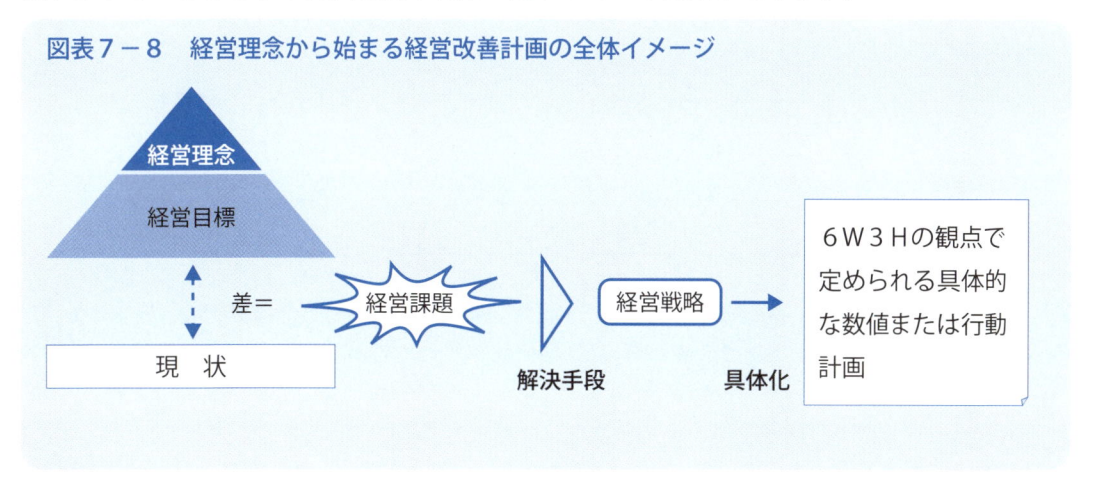

経営理念 / 経営目標 — 現状　差＝経営課題（解決手段）→経営戦略（具体化）→6W3Hの観点で定められる具体的な数値または行動計画

## 経営理念・経営目標を明文化する必要性

　経営理念や経営目標は、個人事業主または法人代表者、その従業員、金融機関をはじめとした取引先など、利害関係者それぞれの立場により、位置付けが異なります。

　まず、個人事業主や法人代表者の立場からは、将来における自身・自社のあるべき姿、ありたい姿を従業員や取引先に示すことで、多くの関係者を巻き込んで自身の理念の実現を図ることになります。

　一方、従業員の立場からは、所属する事業・組織の目指すべき方向性、将来の有り様、到達すべき目標が示されることで、どのように行動し事業・組織に貢献するかを判断することになります。

取引先の立場からは、取引を行う事業・組織の基本的な姿勢と現状との差異、将来像が示されることで、取引や支援の程度を判断する１つの要素となります。
　したがって、経営理念・経営目標を明文化することは、いずれの利害関係者にとっても判断および行動に重要な情報を与えることになるため、経営改善計画の作成にあたっては必ず明文化します。
　ＪＡの実務においては、債務者等が経営理念や経営目標を明文化していることは少ないと考えられますので、ヒアリング等を通じて債務者等の「思い」を汲み取って経営理念として明文化したり、３年後や５年後の事業のあり方を協議するなかで具体的な数値や行動を経営目標として明文化したりすることが対応として考えられます。

# 第4節 現状分析

> **Key Message**
> 経営課題を洗い出すためには、十分な現状分析を行います

## 経営不振に陥った要因の把握

　経営改善計画の作成にあたっては、現状分析を行うことで、経営目標を定めることができ、経営目標との差異である経営課題を洗い出すことができます。

　経営改善とは、経営不振に陥った実質債務超過や過剰債務等の窮境状況の原因（**窮境原因**）を特定し、これを除去することです。

　窮境原因は、外部環境に起因するものと、内部環境に起因するものとに大別されます。前者にはコスト競争力の喪失、大口得意先の倒産等があり、後者には経営多角化の失敗、設備投資の失敗、役員・従業員の不正等があります。

　もっとも、このような内外の環境の原因は表面的なものであり、窮境原因は、突き詰めれば経営判断の誤りにあるといえます。

　経営改善を実現するためには、窮境原因を除去する必要がありますが、個人事業や中小零細な法人の場合には事業が個人的な資質に依拠していることがほとんどであることから、代表者を容易に交代させることはできないと考えられます。そこで、ＪＡの実務においては、債務者等と十分なコミュニケーションをとり、危機意識と、経営改善に向けての意欲、そして経営改善をやり切る覚悟をもってもらうことが必要です。

図表7-9　中小零細な法人の主な窮境原因

| 項　目 | 内　容 |
| --- | --- |
| 販売不振 | 必要な売上が上がらなかったことが主な要因で、資金ショートするケース |
| 既往のしわよせ | 徐々に悪化している経営状況にもかかわらず、その現実を注視せずに具体的な対策を講じないまま過去の資産を食い潰していくケース |
| 連鎖倒産 | 特定の得意先に売上の多くを依存している場合、その得意先が倒産することで自社も倒産してしまうというケース |
| 過小資本 | 会社の体力である自己資本が過小のため、予期しない事態に対処できないケース |
| 放漫経営 | ずさんな管理体制や本業以外への出費等が原因で倒産に至るケース |
| 設備投資過大 | 過大な設備投資による資金繰りを悪化させるケース |
| 信用力の低下 | 金融機関や取引先、顧客からの信用が低下するケース |

| 売掛金回収困難 | 売掛金回収に支障をきたすことで経営危機に陥るケース |
|---|---|
| 在庫状態の悪化 | 表面上は利益が出ていても在庫の存在によって実際は損をしているというケース |

## 現状分析の方法

　現状分析にあたっては、第4章で解説した「定量分析」と「定性分析」を行うことが必要です。

　まず、定量分析について、とくに経営不振に陥っている場合には、どれくらいの時期からどれくらいの程度で経営が悪化しているかを確かめる必要があります。そこで、過去3期以上の決算書等をもとに複数期間実数分析や財務比率分析を行います。

　単年度実数分析として、直近に作成された決算書等のみで、損益が赤字か黒字か、または債務超過か否かなどの分析を行うことも必要ですが、複数期間実数分析を行うことで悪化の傾向がわかるため、現状をより明確に把握することができます。

　決算書等の財務数値を用いて現状を分析する場合には、基本的な売上高や利益の増減を分析することは当然ですが、地域別、営業所別、担当者別、商品別などに財務数値を細分化して分析することが、現状分析の次のステップである経営目標の設定や経営戦略の立案、具体的な数値計画および行動計画の作成に繋がります。

　次に、定性分析について、経営不振の要因を分析する観点は当然ですが、債務者等の置かれた外部環境や内部環境、強みと弱み、商品や物件、取引先、従業員などの特徴を、経営目標の設定や経営戦略の立案、具体的な数値計画および行動計画の作成に繋げることをイメージしながら分析することが有用です。

　経営改善計画の全体像を意識したうえで定性分析と定量分析を組み合わせることで、より効果的に債務者等の現状を分析することができます。

　なお、現状分析にあたっては「経営分析のフレームワーク」を活用して分析を行うと、整理がしやすく、経営目標の設定や経営戦略の立案にスムーズに繋がります。経営分析のフレームワークについては次節で解説します。

## 現状分析と経営目標

　現状分析の結果、例えば、売上高の10％増加が必要であるとか、人員を5人削減することが必要であるといった定量的な課題や、後継者の育成が必要であるといった定性的な課題が把握できるようになります。そして、それらの課題のなかから、経営不振の要因を除去するために重要であると考えられるものを絞り込んで経営目標として設定します。

　経営目標を設定するにあたっては、それを達成するために必要な期間を考慮するとともに、例えば現実からかけ離れたものでないことなど、債務者等だけでなく、従業員や利害関係者が納得できる内容とすることがポイントです。

# 第5節 経営分析フレームワーク

> **Key Message**
> フレームワークを利用することで現状分析や経営戦略の立案が容易になります

## 経営分析フレームワークとは

　経営分析フレームワークとは、事業・ビジネスの問題を発見し解決するための、さまざまな枠組みのことをいい、世界中の事業・ビジネスに関連する先人たちが長い時間をかけて作り上げてきたものです。

　フレームワークを利用することで、過去の経営分析の成功事例に基づいた効率的な問題発見や効果的な問題解決が期待されます。また、フレームワークは1つで利用する場合もありますが、複数のフレームワークを組み合わせて利用することで、より効果を発揮します。

　一方で、フレームワークを利用することは既存の枠組みに当てはめて問題解決を考えることになるため、留意が必要です。

　JAの実務おいては、債務者等の情報をいきなりフレームワークに当てはめるのではなく、債務者等の経営状況について定量分析や定性分析を簡単に行ったのち、どのフレームワークを利用することが適切であるのかを十分に検討したうえで、利用する必要があります。

## 代表的な経営分析フレームワークの関係

　世の中には、数え切れないほどの経営分析フレームワークが存在します。本書では、そのなかから、ポピュラーかつシンプルなフレームワークであり、JA職員の方が使いやすいと考えられるものをいくつか紹介します。

　具体的には、「PEST分析」「VRIO分析」「SWOT分析」および「3C分析」です。

　次の図表では、外部環境と内部環境の観点から、それらのフレームワークの関係性を表しています。

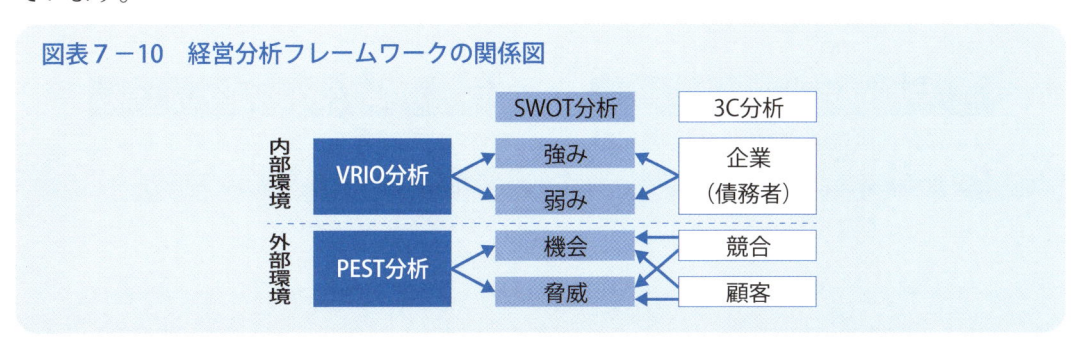

図表7-10　経営分析フレームワークの関係図

## PEST分析

　PEST（ペスト）分析は、政治的環境（Politics）、経済的環境（Economy）、社会的環境（Society）、技術的環境（Technology）の頭文字をとったものです。4つの要因を切り口として、マクロ環境を効率的に分析します。

図表7-11　PEST分析の要因

**政治的環境（Politics）**
事業に重要な影響を与える政治的環境を整理する
- 政府の動き、地方自治体の動き
- 法規制、法改正

**経済的環境（Economy）**
事業に重要な影響を与える経済的環境を整理する
- 景気動向
- 株価、為替、経済成長率

**社会的環境（Society）**
事業に重要な影響を与える社会的環境を整理する
- 人口動態
- 消費者意識／スタイル

**技術的環境（Technology）**
事業に重要な影響を与える技術的環境を整理する
- 技術革新（イノベーション）
- 特許

## VRIO分析

　VRIO（ブリオ）分析は、経済価値（Value）、希少性（Rarity）、模倣困難性（Inimitability）、組織（Organization）の頭文字をとったものです。4つの要因を切り口として、企業（債務者）内部の経営資源を評価します。

図表7-12　VRIO分析の要因

**経済価値（Value）**
組織が保有する経営資源が外部環境における機会をうまく捉えることに貢献するか、もしくは脅威を少なくすることに貢献するか

**希少性（Rarity）**
その経営資源を保有しているのが少数の競争相手かどうか

**模倣困難性（Inimitability）**
競争優位の源泉は競争相手が容易に模倣できるものか

**組織（Organization）**
その経営資源を十分に活用できるような組織内の仕組みが整っているか

## SWOT分析

SWOT（スウォット）分析は、債務者の強み（Strength）、弱み（Weakness）、債務者を取り巻く機会（Opportunity）、脅威（Threat）の頭文字をとったものです。4つの要因を軸に戦略を絞り込みます。

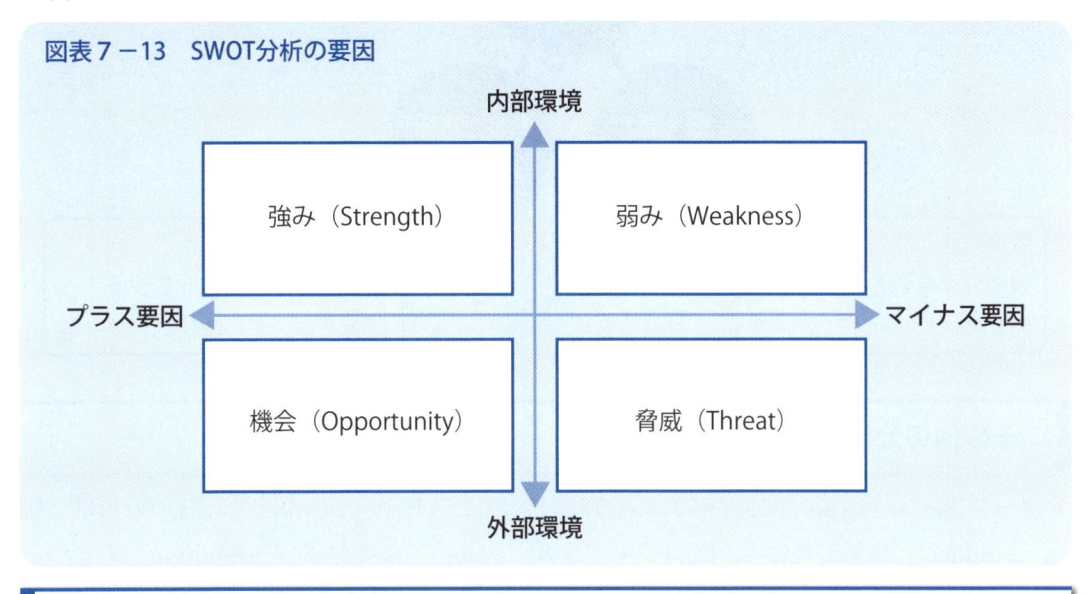

図表7−13　SWOT分析の要因

|  | プラス要因 | マイナス要因 |
|---|---|---|
| 内部環境 | 強み（Strength） | 弱み（Weakness） |
| 外部環境 | 機会（Opportunity） | 脅威（Threat） |

## クロスSWOT分析

クロスSWOT分析は、SWOT分析で整理された外部環境の機会・脅威の各項目と、債務者の強み・弱みの各項目をそれぞれ組み合わせて、経営戦略および具体的な計画を作成するものです。例えば、債務者にとって強みであり、かつ外部環境として機会のある項目であれば、積極攻勢策をとることが考えられます。

図表7−14　クロスSWOT分析のイメージ

|  | 機会（Opportunity） | 脅威（Threat） |
|---|---|---|
| 強み（Strength） | 積極攻勢策<br>（強み×機会） | 差別化策<br>（強み×脅威） |
| 弱み（Weakness） | 弱点強化策<br>（弱み×機会） | 防衛・撤退策<br>（弱み×脅威） |

## 3C分析

3Cは、企業（Company）、顧客（Customer）、競合（Competitor）を示し、それぞれの視点から分析を行います。3C分析では、顧客のニーズと競合他社の状況を踏まえて、企業（債務者）の製品やサービスが差別化できているか、また、今後も競争力を維持できるのか等を分析することが重要になります。

図表7－15　3C分析の要因

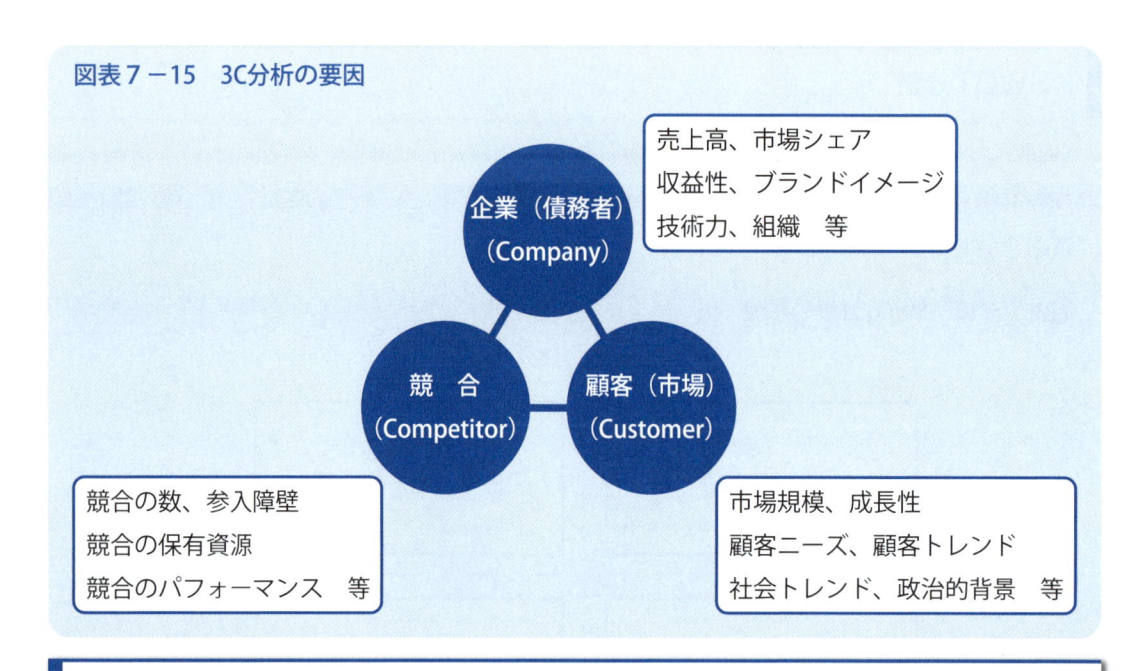

- 企業（債務者）(Company)
  - 売上高、市場シェア
  - 収益性、ブランドイメージ
  - 技術力、組織　等
- 競合 (Competitor)
  - 競合の数、参入障壁
  - 競合の保有資源
  - 競合のパフォーマンス　等
- 顧客（市場）(Customer)
  - 市場規模、成長性
  - 顧客ニーズ、顧客トレンド
  - 社会トレンド、政治的背景　等

## その他の分析

マーケティング政策を検討するための方法として、4P分析があります。この分析は、製品（Product）、価格（Price）、販売チャンネル（Place）、販売推進（Promotion）の4つの要因の頭文字をとったものであり、一つひとつに着目して現状を分析するとともに、4つの最適な組み合わせを考えて、具体的なマーケティングの戦略・計画を作成します。

主に卸・小売業、サービス業等において、競合他社との差異を分析するのに有用です。

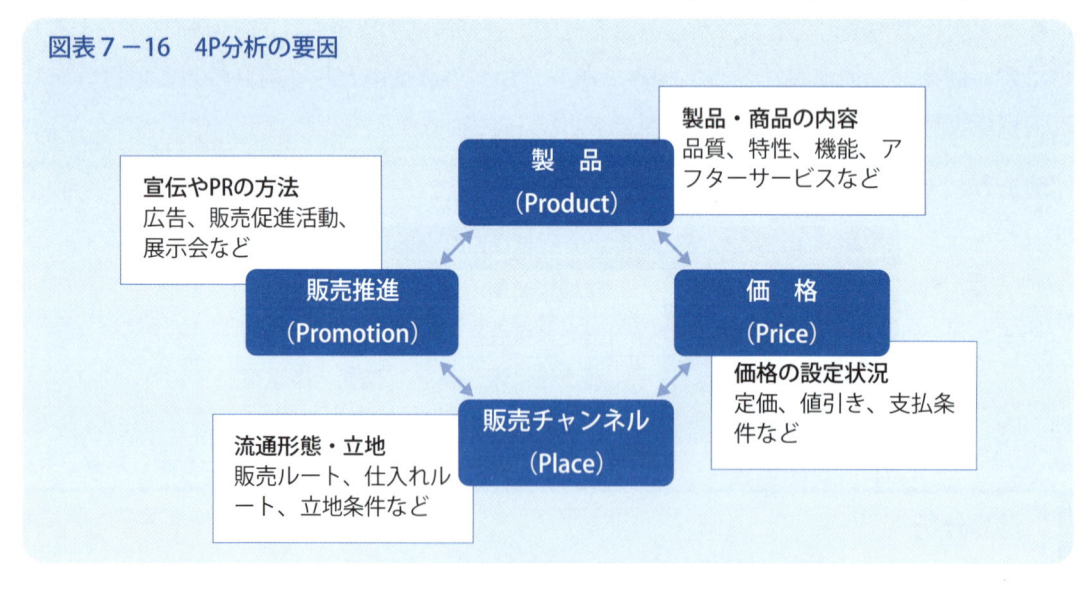

図表7－16　4P分析の要因

- 製品（Product）
  - 製品・商品の内容：品質、特性、機能、アフターサービスなど
- 価格（Price）
  - 価格の設定状況：定価、値引き、支払条件など
- 販売チャンネル（Place）
  - 流通形態・立地：販売ルート、仕入れルート、立地条件など
- 販売推進（Promotion）
  - 宣伝やPRの方法：広告、販売促進活動、展示会など

# 第6節　具体的な計画の作成と管理

**Key Message**
経営不振に陥った原因分析を踏まえた具体的な行動計画が必要です

## 具体的な行動計画

　経営目標、経営戦略が定まったら、数値的に管理・評価するために、財務数値等を基礎とした「資金計画」や「貸借対照表計画」「損益計算書計画」といった個別計画書を作成します。しかし、例えば損益計算書計画で売上目標や利益目標が示された場合、その数値があるだけでは、目標達成には繋がりません。その数値目標を達成するための、経営者や従業員の行動が必要となってきます。それぞれの数字を行動可能な単位まで細分化して具体的な行動計画を作成することが必要となります。

　例えば、「営業利益を増加させる」という数値目標が示された場合、まず利益を構成する「売上を増加させる」という目標と「費用を減少させる」という目標に分解します。次に「売上を増加させる」という目標を「売上単価を上げる」という目標と「販売数量を増加させる」という行動可能な単位まで分解し、この「売上単価を上げる」という目標に対する具体的な行動計画と「販売数量を増加させる」という目標に対する具体的な行動計画を作成することになります。

　そして、計画の進捗管理を行う際には、数値目標を達成できたかどうかだけでなく、計画された行動が達成できたかどうかの視点でも管理を行うことにより、経営者や従業員が日々の行動から経営改善に取り組むことが可能になります。

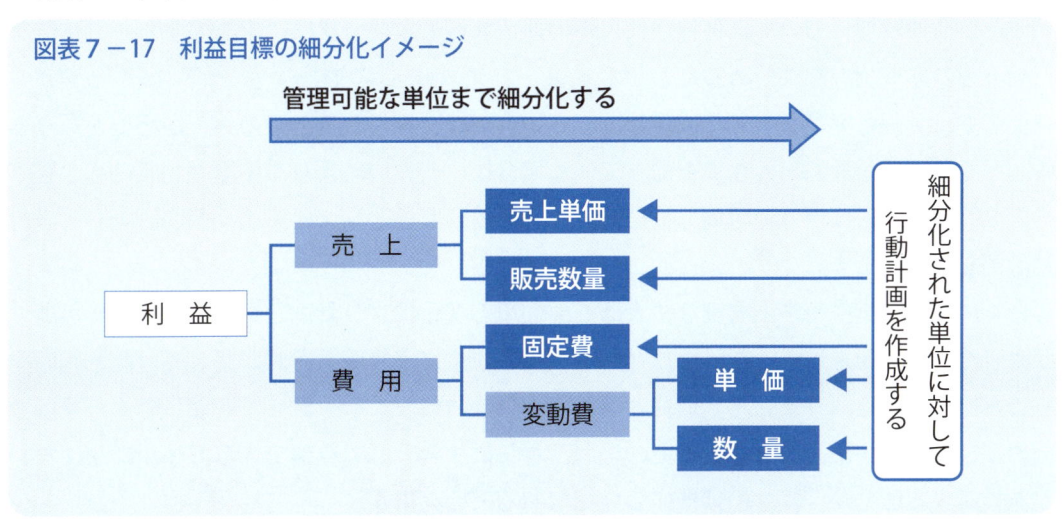

### 図表7-17　利益目標の細分化イメージ

管理可能な単位まで細分化する →

利益
- 売上
  - 売上単価
  - 販売数量
- 費用
  - 固定費
  - 変動費
    - 単価
    - 数量

細分化された単位に対して行動計画を作成する

## 経営改善計画の検討と決算書等

　経営改善計画の作成にあたっては、決算書等の財務数値が基礎になります。そのため、ＪＡが経営改善計画を検討するにあたっても、決算書等との整合性を十分に検討するとともに、決算書等の内容についても改めて吟味・分析し、実行性の高い経営改善計画となっていることを確かめることが必要です。

　また、経営改善計画の作成にあたっては、財務数値以外の定量情報や定性情報も重要です。例えば次のような情報があげられます。それらが決算書等の情報と整合しているかどうか確かめることが必要です。

- ・経営者の人柄・人脈
- ・ヒト、モノ、カネ、情報
- ・生産力、販売力、企画力
- ・後継者
- ・社会的貢献

## 経営改善計画の進捗管理と経営改善計画の見直し

　債務者等が経営改善計画を作成するだけでは経営状況は改善しません。経営改善計画に示された経営改善施策の実行と、定期的な進捗管理を行い、その達成状況によって適時に対応策を検討・実行することが必要です。ＪＡにおいては、債務者等と継続的なコミュニケーションを図って、それらの状況を確かめ必要な助言・支援をすることが必要です。

　経営改善計画の進捗管理のタイミングは、月次で行うことが原則となります。しかし、ＪＡの場合には農業や不動産賃貸業といった、製造業やサービス業よりもビジネスサイクルの長い業種への貸出が多いことから、３ヵ月や半年といったタイミングでの進捗管理を行うことも考えられます。なお、経営改善計画を作成する際には、例えば月次で管理を行うのであれば月次の計画内容とするなど、進捗管理のタイミングを意識することが必要です。

　また、進捗管理においては各種数値目標の達成状況も重要ですが、上記のとおり具体的な行動計画の達成状況を確かめることがポイントです。

　そして、計画と実績が大きく乖離している場合には、経営改善計画の修正が必要となります。とくに実績が計画を大きく下回っている場合には、作成時よりも慎重な判断に基づき、その要因分析および内外の環境分析を行ったうえで、実績と整合するよう個別計画および行動計画を修正します。

　とくに個人事業主や中小零細な法人は外部環境の変化により計画と実績が乖離する可能性が大きく、計画が未達成であったことをもって、すぐに経営改善計画が誤っていたと判断することは適切ではありません。債務者等との十分なコミュニケーションを通じて、未達の要因およびその解決策、新たな改善策の検討、さらにＪＡとして支援できる方法がほかにないかを検討することが、経営相談機能の発揮であるといえます。

## 経営改善計画管理資料

ＪＡでは債務者等が作成した経営改善計画について、その内容を十分に吟味し、その進捗管理を継続的に行う必要があります。

次の図表ではＪＡが作成すべき経営改善計画管理資料の例を示しています。ＪＡにおいては、個人事業主または中小零細な法人といった債務者等が多数を占めることから、ポイントを絞ったシンプルな管理資料で対応することが債務者等とＪＡ双方にとって有用であると考えられますので、本書ではとくに定量情報（財務数値）については損益計算書計画を基礎にした例を示しています。

**図表７－18　経営改善計画管理資料（例）－定量情報**

| 債務者 | | | | | | | | | |
|---|---|---|---|---|---|---|---|---|---|
| | 前々期 | 前期 | 当期(X0期) | ×＋１期 | | | ×＋５期 | | |
| 内　容 | 実績 | 実績 | 実績 | 計画 | 実績 | 達成率 | 計画 | 実績 | 達成率 |
| 売上高 | | | | | | | | | |
| 売上原価 | | | | | | | | | |
| 売上総利益 | | | | | | | | | |
| 販売費及び一般管理費 | | | | | | | | | |
| 営業利益 | | | | | | | | | |
| 経常利益 | | | | | | | | | |
| 税引前当期利益 | | | | | | | | | |
| 当期純利益 | | | | | | | | | |
| 減価償却費 | | | | | | | | | |
| キャッシュ・フロー | | | | | | | | | |
| 自己資本 | | | | | | | | | |
| 借入金残高 | | | | | | | | | |
| … | | | | | | | | | |
| … | | | | | | | | | |
| … | | | | | | | | | |

（単位：千円、％）

※下部にある「…」の箇所は、従業員数や固定資産の額など、経営改善施策の改善項目のうち上部にない項目がある場合に使用します。

定量情報の資料は、定性情報の「経営不振の要因」の参考となるよう、当期を含め過去３期分程度の過去の情報を記載することが考えられます。

また、上記の「内容」欄は、個人事業主であれば所得税申告書の損益計算書項目にするといったように、債務者等の決算書等と整合する勘定科目にすることで管理がしやすくなると考えられます。

図表7－19　経営改善計画管理資料（例）－定性情報

| 債務者 | |
|---|---|

| 事業内容 | |
|---|---|

| 経営理念 | |
|---|---|

| 経営不振の要因 | |
|---|---|

| 現状分析 | 内部環境 | 外部環境 |
|---|---|---|
| | 【強み】 | 【機会】 |
| | 【弱み】 | 【脅威】 |

| 計画のポイント（経営目標） | |
|---|---|

| 具体的経営改善施策 | 改善項目 | 具体的な改善実施項目 | 実施時期 |
|---|---|---|---|
| | | | |
| | | | |
| | | | |
| | | | |

| 計画についてJAの判断支援方針 | |
|---|---|

定性情報の管理資料のなかで、ＪＡ（金融機関）としてとくに重要であるのが、「具体的経営改善施策」の記載と、「計画についてＪＡの判断　支援方針」の記載です。経営改善施策については、経営目標および個別計画を達成するための具体的な内容となっているか、また、実行可能な内容となっているか十分に検討する必要があります。そして、それを含めた経営改善計画全体を合理性や実現可能性の観点から判断した結果を明確に記載し、貸出条件の緩和等、ＪＡが実施する支援の方針を記載します。

# 第7節　債務者区分と経営改善計画(実抜計画・合実計画)の関係

> **Key Message**
> 経営改善計画が作成されており、一定の要件を備えている場合には、債務者区分の引上げが可能です

## 債務者区分の判断とは

　第6章で解説したとおり、自己査定において、「債務者区分は、債務者の実態的な財務内容、資金繰り、収益力等により、その返済能力を検討し、債務者に対する貸出条件及びその履行状況を確認の上、業種等の特性を踏まえ、事業の継続性と収益性の見通し、キャッシュ・フローによる債務償還能力、経営改善計画等の妥当性、金融機関等の支援状況等を総合的に勘案し判断」します。本節においては、この判断要素のうち、経営改善計画等と債務者区分との関係について解説します。

## 貸出条件緩和債権と「実抜計画」

　元来は、債務者に対して貸出条件の緩和(金利の減免、利息の支払猶予、元本の支払猶予、債権放棄など)を実施した場合、当該リスクに見合った高い金利を徴収できる場合以外は、貸出条件緩和債権に該当することになり、いわゆる不良債権としての引当や開示が必要でした。

　ところが、2008年11月の系統金融検査マニュアル改定で、貸出条件の緩和を実施した場合でも、「実現可能性の高い抜本的な経営再建計画(以下、「実抜計画」といいます)」がある場合には、金利の水準にかかわらず貸出条件緩和債権には該当しないものとされました。実抜計画が作成されている場合には、債務者のキャッシュ・フローは改善し、その結果、貸倒リスクはむしろ低下することが見込まれるため、金利水準を引き上げる必要はないという考え方によるものです。

　さらに、2009年12月の金融円滑化法成立以降、「実抜計画」を作成していない場合であっても、債務者が農林漁業者、中小・零細企業であって、貸出条件の変更から最長1年以内に計画を作成できる見込があれば、条件変更から最長1年間は、貸出条件緩和債権には該当しないものとされました。

## 「実抜計画」とは

　「実抜計画」が作成された場合には、債務者に対する債権が貸出条件緩和債権に該当しないということは、債務者区分が要管理先である場合に、その他要注意先に引き上げることが

できるということです。

なお、経営改善計画が「実抜計画」として認められるには、「実現可能性の高い」および「抜本的な」という二つの観点から、次の要件をすべて満たすことが必要です。

〈「実現可能性の高い」とは〉
① 計画の実現に必要な関係者との同意が得られていること。
② 計画における債権放棄等の支援の額が確定しており、当該計画を超える追加的支援が必要と見込まれる状況でないこと。
③ 計画における売上高、費用および利益の予測等の想定が十分に厳しいものとなっていること。

〈「抜本的な」とは〉
概ね3年（債務者等の規模または事業の特質を考慮した合理的な期間の延長を排除しない）後の当該債務者の債務者区分が正常先となること。

## 合理的かつ実現可能性の高い経営改善計画（合実計画）とは

「実抜計画」とは別に、系統金融検査マニュアルでは、「合理的かつ実現可能性の高い経営改善計画（以下、「**合実計画**」といいます）」が作成されている場合には、債務者区分を破綻懸念先から要注意先（原則として要管理先）に引き上げることができると定められています。

経営改善計画が「合実計画」として認められるには、原則として、次の要件をすべて満たすことが必要です。

① 経営改善計画等の計画期間が原則として概ね5年以内であり、かつ、計画の実現可能性が高いこと。経営改善計画等の計画期間が5年を超え概ね10年以内となっている場合で、計画等の進捗状況が概ね計画どおり（売上高等および当期利益が、計画に比して概ね8割以上確保されていること）であり、今後も概ね計画どおりに推移すると認められる場合を含む。
② 計画期間終了後の当該債務者の債務者区分が原則として正常先となる計画であること。ただし、金融機関の再建支援を要せず、自助努力により事業の継続性を確保することが可能な状態となる場合は、要注意先であっても差し支えない。
③ すべての取引金融機関等において、支援を行うことについて、正式な内部手続を経て合意されていることが文書その他により確認できること。
④ 支援の内容が、金利減免、融資残高維持等に止まり、債権放棄、現金贈与等の債務者に対する資金提供を伴うものではないこと。ただし、すでに資金提供を行い、今後は行わないことが見込まれる場合、および今後債務者に対する資金提供を計画的に行う必要があるが、支援による損失見込額を全額引当金として計上済で、今後は損失の発生が見込まれない場合を含む。

## 債務者区分と実抜計画・合実計画との関係

なお、「実抜計画」と「合実計画」を比べた場合、前者の要件が厳しくなっています。これは、「実抜計画」があれば、債務者区分を不良債権とはならないその他要注意先にまで引き上げることができるのに対して、「合実計画」の場合には、原則として引き上げられるのが要管理先にとどまるためです。

ただし、債務者が農林漁業者や中小企業者である場合は、系統金融検査マニュアル別冊（農林漁業者・中小企業融資編）において、「合実計画が作成されている場合には、当該計画を実抜計画とみなして差し支えない」とされており、「合実計画」が作成されていれば、その他要注意先まで引き上げることができます。したがって、ＪＡの債務者の大半は農林漁業者や中小零細な法人と考えられますので、「合実計画」が作成されれば、債務者区分をその他要注意先とすることができます。

図表７−20　「実抜計画」と「合実計画」の違い

|  | 実抜計画 | 合実計画[1] |
|---|---|---|
| 要件記載場所 | 総合的な監督指針 | 系統金融検査マニュアル |
| 対象債務者区分（計画策定前） | 要管理先 | 破綻懸念先 |
| 債務者区分（計画策定時） | その他要注意先 | 要注意先 |
| 債務者区分（計画終了後） | 正常先 | 正常先[2] |
| 計画期間 | 概ね３年 | ５年以内[3] |
| 内容 | 業績見込みが十分に厳しい | 実現可能性が高い |

[1] 農林漁業者・中小企業であれば、合実計画の要件を満たせば実抜計画とみなされる
[2] 自力再生可能であれば要注意先でも可
[3] 一定の要件を満たす場合には10年以内でも可

図表７−21　「実抜計画」と「合実計画」に基づく債務者区分の判定

破綻懸念先 → 合実計画の要件を満たしているか
- はい → 実抜計画の要件を満たしているか
  - はい → その他要注意先
  - いいえ → 要管理先
- いいえ → 破綻懸念先

※農林漁業者・中小企業の場合には、合実計画の要件を満たしていれば、債務者区分を破綻懸念先からその他要注意先とすることができるため、このステップは不要である

## 第8節　ＪＡにできる経営改善支援の具体策

**Key Message**
ＪＡには債務者等の経営状況に合わせた多様な支援が求められます

### ＪＡにできる経営支援

　経営不振に陥った債務者等について、経営改善の主体はあくまでも個人事業主または中小企業の代表者であり、ＪＡはそれを支援する存在として、経営相談機能を発揮することが求められます。さまざまな経営改善支援は、経営相談機能の1つであり、本節では、経営不振に陥った債務者に対しての金融支援、ＪＡならではの支援について解説します。

### 経営破綻に至る3つのプロセス

　通常、債務者等が経営不振に陥り経営破綻に至るまでには、財務的な側面から主に3つの段階を経ると考えられます。そして、各段階によって支援策が異なります。

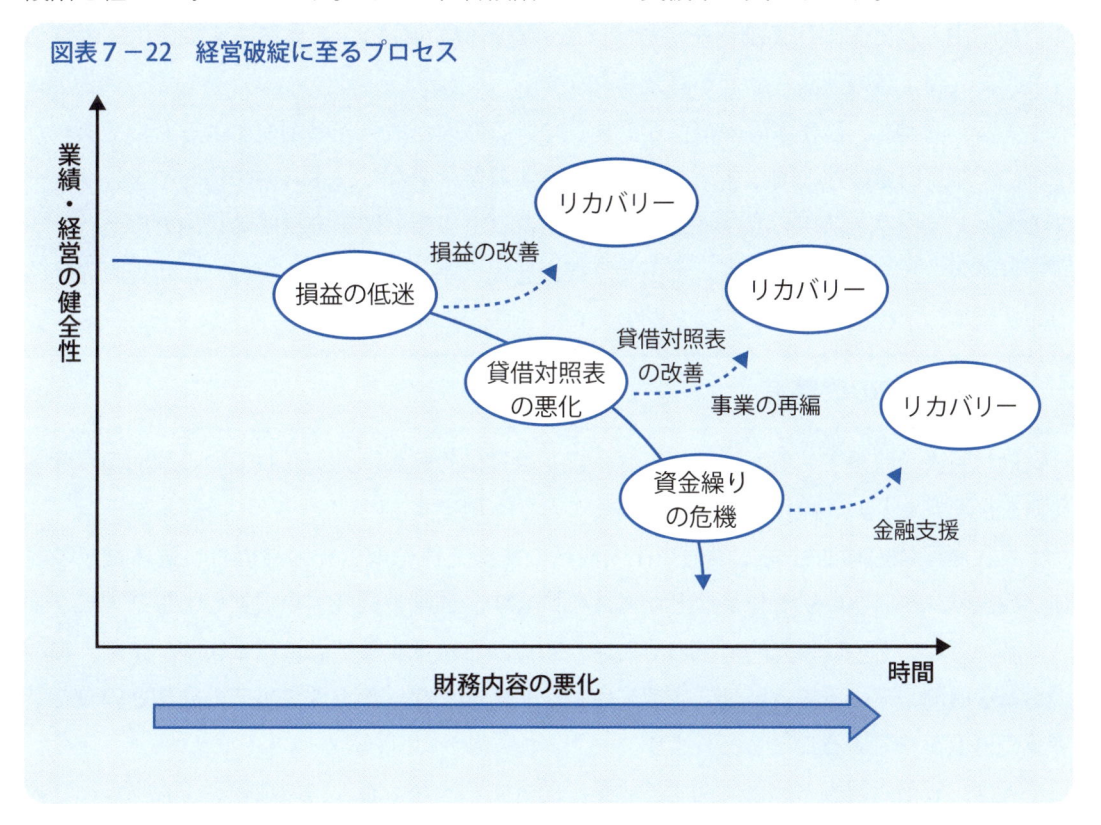

図表7－22　経営破綻に至るプロセス

縦軸：業績・経営の健全性　横軸：時間

- 損益の低迷 → 損益の改善 → リカバリー
- 貸借対照表の悪化 → 貸借対照表の改善 → リカバリー
- 資金繰りの危機 → 事業の再編／金融支援 → リカバリー

財務内容の悪化

まず、第一段階では、債務者等の業績が低迷し、損益が年々悪化して「損益計算書」で赤字が発生する状態に陥ります。自己査定の債務者区分としては、概ね要注意先に該当します。

　第二段階では、損益の改善を図るために、売上を伸ばそうとして、過剰に生産を行ったり、信用力のない顧客に販売を行うといったことにより、「貸借対照表」に過剰となった棚卸資産や貸倒リスクの高い売上債権が資産として計上され、あるいは、借入金の返済のための借入金を増加させ、債務超過の状態に陥ります。自己査定の債務者区分としては、概ね破綻懸念先に該当します。

　第三段階では、損益の悪化に加えて貸借対照表の悪化が続いたことにより、返済資金を借りることもできなくなり、資金繰りすなわち「キャッシュ・フロー」がマイナスになるなど逼迫して破綻に陥ります。自己査定の債務者区分としては、概ね実質破綻先、破綻先に該当します。

## 損益の改善策

　損益を改善させる方法としては、収益である売上高と費用に分け、売上高の拡大と費用の削減（変動費率の低減、固定費の低減）の観点から考えてみることが有用です。

　売上高を拡大させる方法としては、新規市場への参入、ブランドの確立、新規販売経路の開拓、低価格化による需要喚起などが考えられます。また、費用を削減させる方法としては、共同仕入れにより仕入価格を引き下げる（変動費の低減）、人件費の変動費化、労務慣行の改善（固定費の低減）などが考えられます。

　ＪＡは、例えば、債務者等の損益が低迷している原因が取引先の倒産によるものであった場合に、新規販売経路の開拓施策について助言するだけでなく、ＪＡ内の情報やＪＡグループのネットワークを活用して、ビジネスマッチング（事業展開を支援する目的で事業パートナー（顧客、仕入先、提携先等）と出会う機会を提供するサービス）を行い、新規販売経路の開拓施策の実行まで支援することが考えられます。

## 貸借対照表の改善策

　貸借対照表を改善させる方法としては、まずは貸借対照表に計上されている個別の資産・負債を整理するという観点から考えてみることが有用です。

　不良在庫圧縮の検討、売上債権や仕入債務の決済条件や取引先の見直し、遊休資産の売却、設備のリースへの切り替えなどが考えられます。通常、資産・負債とも、事業・ビジネスに必須でないものは優先的に減らすという観点から整理することになります。また、複数の事業を展開している場合には、すでに収益を生まなくなった不採算事業の売却といった、事業の再編を検討することもあります。

　ＪＡは、貸借対照表の改善に関する施策を助言するほか、ＪＡ内の情報やＪＡグループのネットワークを活用して、例えばリース設備の紹介や遊休不動産の売却先を探すといった支

援をすることが考えられます。

## 金融支援（資金的支援）実施の判断

　損益の改善や貸借対照表の改善を行ったとしても、すでに債務者等の経営体力に比べて借入金の元本返済および利息の支払いの負担自体が重くなっていることが考えられます。この段階では、資金繰りが逼迫し、負っている債務の金額が債務者等の資産価値を大幅に超過していることが通常であるため、その状態を改善し、事業の継続と金融取引を正常化させるためには、ＪＡ等の金融機関から支援を受けることが必要となります。

　何らかの方法で債務の圧縮等を図ることを、「金融支援（資金的支援）」といいます。金融支援にあたっては、金融機関の痛みを伴うことになりますので、ＪＡとして支援すべきかどうか、支援するとした場合にはどのような方法で支援するかを慎重に判断します。

　事業の持続可能性がある（例えば、期限延長をした場合にキャッシュ・フローがプラスとなると予想される場合）と判断されれば、何らかの支援を行って経営改善・事業再生を図っていくことになります。逆に、持続不可能の場合（例えば、期限延長をしてもキャッシュ・フローがマイナスになると予想される場合）には、廃業・清算したほうがＪＡの回収額が大きくなると考えられるため、支援を行わないことになります。また、金融支援によって債務者等の事業を継続させることが、本当に債務者等にとって良いことであるかどうか、場合によっては廃業・清算したほうが債務者にとって良いこともあるということもポイントです。

## 金融支援の手法

　金融支援の手法としては、金融機関の痛みが少ないほうから順に、リスケジュール、金利減免、DDS（デット・デット・スワップ）、DES（デット・エクイティ・スワップ）、債権放棄等があります。

① リスケジュール（返済猶予）

　リスケジュールとは、貸出条件を変更し、元本あるいは利息の支払期限を延期することをいい、返済猶予や期限延期、リスケともいいます。リスケジュールを活用する目的は、返済条件を緩和している間に債務者等が経営改善に取組み、事業性や財務体質の改善を図ることにあります。

② 金利減免

　金利減免は、貸出条件を変更し、金利を低減させることをいいます。金利減免を活用する目的は、金利負担を軽減し、資金的余裕を与えることにより、債務者等の財務体質の改善を図ることや元本の返済を進めることにあります。

③ DDS（デット・デット・スワップ）

　DDS（デット・デット・スワップ）とは、債権者が既存の債権を別の条件の債権に変更することをいいます。金融機関が既存の貸出債権を他の一般債権よりも返済順位の低い劣後貸出金に切り替えることが一般的です。これにより、元本返済が一定期間猶予されるため、キ

ャッシュ・フローを改善することができるなどのメリットがあります。なお、一定の要件を満たす場合、自己査定の実態把握において当該劣後貸出金残高を自己資本とみなすことができます。

④ DES（デット・エクイティ・スワップ）

DES（デット・エクイティ・スワップ）とは、借入金等の債務を株式化することをいいます。金融機関が債務者等に対する貸出金の一部を株式にすることが一般的です。株式となるため、債務者にとって自己資本となり財政状態が改善する一方、金融機関は配当や株式売却による回収を図ることになります。

⑤ 債権放棄

債権放棄とは、金融機関等が、債務者等から貸出金の返済を受ける権利を放棄することをいいます。債権放棄は、金融機関にとって最も厳しい金融支援であり、債務者等の説明責任と経営責任を厳しく追及し、放棄の相当性、経済合理性、各金融機関間の公平性、過剰支援となっていないか等を十分に検討・協議する必要があるため、時間や手間を要する手法です。

⑥ 法的整理

上記の①〜⑤は、私的整理とよばれる、当事者間の合意に基づき債務を整理する方法です。これに対して、裁判所の関与により債務整理を行う方法を、法的整理といいます。

法的整理には、会社更生法・民事再生法に基づく再生型の債務整理のほか、破産や清算を行う清算型の債務整理があります。

図表７−23　債務者等の経営状況とＪＡによる支援策

| 債務者の経営状況 | 想定される債務者区分 | 改善策等 | ＪＡによる支援 ||
|---|---|---|---|---|
| ^ | ^ | ^ | 支援目標 | 支援策 |
| 損益の低迷 | 要注意先 | 損益の改善：<br>　売上高拡大<br>　売上高営業利益率向上 | 正常先へのランクアップ | 損益の改善アドバイス<br>経営改善計画作成支援 |
| 貸借対照表の悪化 | 破綻懸念先 | 損益の改善：<br>　売上高拡大<br>　売上高営業利益率向上<br>貸借対照表の改善：<br>　不良在庫の圧縮<br>　遊休資産の売却<br>　事業の再編 | 正常先、要注意先へのランクアップ | 損益の改善アドバイス<br>貸借対照表の改善アドバイス<br>経営改善計画作成支援 |
| 資金繰りの危機 | 実質破綻先<br>破綻先 | 金融支援（私的整理）<br>法的整理 | 要注意先以上へのランクアップもしくは、債権保全・回収 | リスケジュール、金利減免、DDS、DES、債権放棄等 |

## ＪＡの総合事業を生かした経営改善支援

　ここまで、金融（信用事業）の観点からの支援策を解説しました。ＪＡは総合事業を行う組織であることから、信用事業だけでなく、共済事業や経済事業の観点からも経営改善支援を行う必要があります。

　次の図表では、農業を例に、農業に関連する一連の流れを事業の工程（ビジネスプロセス）に分解し、それぞれのプロセスで考えられる経営改善支援策を紹介しています。

**図表７－24　金融支援以外でJAが行うことのできる経営改善支援（例）**

| 工程 | 経営改善取組事項（例） | ＪＡによる支援のポイント（例） |
|---|---|---|
| 作物品種決定 | ・ブランド化<br>・複数作物の組合せ<br>・補助金<br>・新品種導入 | ・産地形成、産地指定サポート<br>・生産計画策定支援<br>・戸別所得補償制度対象助言<br>・技術研修・技術指導 |
| 土地・設備投資 | ・老朽化設備の更新<br>・規模拡大（農地取得）<br>・農機等設備のリース・レンタル<br>・土壌改良 | ・投資計画策定支援<br>・農地斡旋<br>・農機リース<br>・土壌診断 |
| 購買／生産 | ・有利な調達方法の確保<br>・受委託生産<br>・外国人研修生の受入れ | ・予約購買の推進<br>・受委託先斡旋<br>・監理団体としてのサポート |
| 出荷・販売（在庫管理） | ・ビジネスマッチング<br>・直販<br>・トレーサビリティ<br>・宣伝、広告 | ・商談会の開催、直接販売先の紹介<br>・直売所、インターネットによる販売の充実<br>・トレーサビリティシステム導入支援<br>・マスコミ、インターネット対応 |
| 資金繰り | ・動産担保融資（ABL）<br>・法人化<br>・管理会計高度化、青色申告導入<br>・保険・共済（NOSAI）加入 | ・動産担保融資導入支援<br>・農業生産法人設立支援<br>・資金繰り管理支援、税務相談<br>・保険・共済紹介 |

　また、ＪＡの事例ではありませんが、同じ協同組織金融機関の事例として、金融庁が公表している信用組合における経営改善・事業再生支援策の事例を紹介します。この事例では、経営不振に陥った債務者に対して、信用組合が全国的なネットワークを持つ他法人を紹介するという金融支援以外の具体的な改善策を行うとともに、信用組合と債務者、当該他法人、経営改善計画作成の専門家である税理士が一体となって定期的に経営改善会議を開催し、経営改善計画の進捗管理を行っていることがわかります。

## 図表7-25　経営改善・事業再生支援策の実践事例

**「生き残りを賭けた地元密着型スーパーの事業再生」（益田信用組合）**

### 1．当該取組みを始めるに至った経緯、動機、打開が必要だった状況

- 昭和62年に、生鮮食料品を扱う食品スーパーA社が核店舗となって地元業者が集まり協同組合ショッピングセンターを設立。その後、大型ショッピングセンター等との競争激化から、A社は、安売り競争を余儀なくされ、売上の減少を主因とした赤字に転落。従業員マインドの低下もあり新たな販売促進策も奏功せず、また現状の仕入先だけでは粗利増加も見込めない状況。
- 当組合は、A社への元金棚上げの金融支援を実施していたが、今後持続可能な経営を行うためには、安定した利益計上と他社との競争に打ち勝つ付加価値営業が必要であると認識。A社はショッピングセンターの核店舗として地域に不可欠な食品スーパーであり、再生支援を決定。

### 2．当該取組みの具体的内容

- 当組合は、A社と再生に向けた協議を継続していくなかで、単独店としての再生に限界があると判断。
- 当組合取引先B社（食品卸小売業）は、全国規模で展開するボランタリーチェーン*Cの加盟店であり、Cチェーンの共同仕入れの強みと独特の販売ノウハウを生かし業績を伸ばしたいとの意向を把握。
- 当組合は、A社とB社を引き合わせ、平成25年2月、B社がCチェーンの加盟店としてA社とB社の仕入れを専門に行う新会社を立上げ、A社・B社は販売に特化した方式を新たにスタート。
- A社の経営改善支援を行うにあたっては、事業再生に精通し経営革新等支援機関の認定を受けている税理士事務所を選定し、当該税理士事務所とB社、Cチェーンおよび当組合による経営改善会議を通じ業績の進捗状況や管理状況を把握するとともに、必要に応じて協議を行うなど、経営改善に向けた関係者の協調態勢を構築。

*ボランタリーチェーンとは、独立小売店が同じ目的を持った仲間達と組織化し、仕入れ・物流などを共同化している団体。

### 3．当該取組みの成果

- A社の在庫管理はCチェーンのシステムで効率化され、粗利益率が従来以上に上昇、また利用者ニーズに応じた商品を提供できることで商品の無駄を排除することができた。販売促進についてもCチェーンの指導を仰ぎ、顧客の拡大と売上の増加、利益率の改善によって利益確保が図られる体質への転換が図られた。その結果、25年11月以降、A社の売上・利益は回復基調。
- さらには、ショッピングセンターの他の加盟店舗の売上増加にも波及。
- 当組合としても、地域に不可欠な食品スーパーとしての存続が可能となったほか、業容拡大に伴う追加運転資金の支援も検討。

（出典）金融庁「新規融資や経営改善・事業再生支援等における参考事例集（追加版Part1）」

## 参考文献・資料

山浦久司・大倉学著『初級簿記の知識〈第4版〉』日本経済新聞出版社、2011年
渡部裕亘・片山覚・北村敬子編著『検定簿記講義／3級商業簿記』中央経済社、2015年
吉持梢恵著『一番やさしい簿記』日本実業出版社、2014年
山口暁弘編著、税理士法人山田＆パートナーズ監修『図解 所得税法「超」入門』税務経理協会、2015年
「平成25年版 食料・農業・農村白書」農林水産省
国税庁ウェブサイト（https://www.nta.go.jp/）
金融財政事業研究会編『［第12次］業種別審査事典』金融財政事情研究会、2012年
経済法令研究会編『基本と実務がわかる 演習 JA自己査定ワークブック』経済法令研究会、2014年
安達長俊著『金融機関のための農業経営・分析改善アドバイス』金融財政事業研究会、2013年
八木宏典監修『史上最強カラー図解 プロが教える農業のすべてがわかる本』ナツメ社、2010年
リスクモンスター株式会社編『与信管理論』商事法務、2012年
桜井久勝著『財務諸表分析』中央経済社、2015年
「預貯金等受入系統金融機関に係る検査マニュアル」農林水産省
高井英男著『すぐに役立つ中小企業の「与信管理」実務Q&A』セルバ出版、2007年
リスクモンスター株式会社編『与信管理論』商事法務、2012年
深田健太郎・倉沢慎一郎編著「自己査定と資産良化対策講座〈上級コース〉リスク管理と償却・引当の実務」銀行研修社
「資産査定に関する実務事例」全国農業協同組合中央会
トーマツ建設・不動産インダストリーグループ著『Q&A業種別会計実務／13 不動産』中央経済社、2014年
坂上仁志著『経営理念の考え方・つくり方』日本実業出版社、2015年
㈱日本総合研究所 経営戦略研究会著『この1冊ですべてがわかる 経営戦略の基本』日本実業出版社、2008年
納見哲三著『経営改善計画書の作成』すばる舎、2013年
中村中著『バンクミーティング』TKC出版、2014年
新日本監査法人 事業開発部著『実践 事業計画書の作成手順』中経出版、2007年
「ターンアラウンドマネージャー」2011年3月号「キャッシュ・フローを改善するための『実抜計画』作成のポイント」銀行研修社
企業再生実務研究会著『企業再生の実務』金融財政事情研究会、2002年
小池登志男・藤井一郎・佐々木文安著『中小企業経営改善支援マニュアル』金融ブックス、2005年
中小企業基盤整備機構ウェブサイト（http://www.smrj.go.jp/index.html）

## 著者紹介

**有限責任監査法人 トーマツ**

　有限責任監査法人 トーマツは日本におけるデロイト トウシュ トーマツ リミテッド（英国の法令に基づく保証有限責任会社）のメンバーファームの一員であり、監査、マネジメントコンサルティング、株式公開支援、ファイナンシャルアドバイザリーサービス等を提供する日本で最大級の会計事務所のひとつです。国内約40都市に約3,200名の公認会計士を含む約5,500名の専門家を擁し、大規模多国籍企業や主要な日本企業をクライアントとしています。詳細は当法人Webサイト（www.deloitte.com/jp）をご覧ください。

**有限責任監査法人 トーマツ「ＪＡ支援室」**

　ＪＡの持続的成長をサポートする専門部隊である「ＪＡ支援室」は、全国に約100名の専門メンバーを配置し、全国・都道府県組織と連携して全国のＪＡグループに対して、地域性、事業特性を踏まえた、資産査定や事務リスク、内部監査といった内部管理態勢高度化支援、中期経営計画策定支援、組織と人材変革支援、地域農業振興計画の策定支援など総合コンサルティングサービスを提供しています。

【監修】
井上雅彦　有限責任監査法人 トーマツ ＪＡ支援室長

【執筆】
（ＪＡ支援室メンバー）萬屋大輔、岡田裕人、牛窪 崇、齋藤大悟、佐藤浩介、佐藤 元、高山大輔、貫井洋志、服部克栄、別宗公考、松原 創、水戸信之、森 洋輔、米山友二
（発刊当時）

---

**ＪＡ職員のための
融資・査定・経営相談に活かす 決算書の読み方**

| | |
|---|---|
| 2015年10月20日　初版第１刷発行 | 著　者　有限責任監査法人 トーマツ ＪＡ支援室<br>発行者　金　子　幸　司<br>発行所　㈱経済法令研究会<br>〒162-8421 東京都新宿区市谷本村町3-21<br>電話 代表03（3267）4811　制作 03（3267）4823 |

営業所／東京03(3267)4812　大阪06(6261)2911　名古屋052(332)3511　福岡092(411)0805

カバーデザイン／菅田玲子（株式会社ケイズ）　イラスト／渡邊梨沙子（株式会社ケイズ）
制作／北脇美保　印刷／㈱日本制作センター

©2015. For information, contact Deloitte Touche Tohmatsu LLC.　Printed in Japan　ISBN978-4-7668-3307-2

"経済法令グループメールマガジン"配信ご登録のお勧め
当社グループが取り扱う書籍、通信講座、セミナー、検定試験情報等、皆様にお役立ていただける情報をお届けいたします。下記ホームページのトップ画面からご登録ください。
☆　経済法令研究会　http://www.khk.co.jp/　☆

定価はカバーに表示してあります。無断複製・転用等を禁じます。落丁・乱丁本はお取替えいたします。